什么是洞见

哲学与认知科学明德讲坛对话实录

|第一辑|

朱锐 主编

创于1897
商务印书馆
The Commercial Press

目　录

Contents

哥德尔定理与认知科学的局限

Godel's Theorem and the Limitations of Cognitive Science

朱锐

中国人民大学哲学院杰出学者、特聘教授

刘晓力

北京大学哲学博士
中国人民大学哲学院教授

陈小平

中国科学技术大学计算机学院教授

毕彦超

北京师范大学认知神经科学与学习国家重点实验室、
麦戈文脑科学研究院教授

杨天明

中国科学院神经科学研究所高级研究员
动物认知神经机制研究专家

朱锐

今天的主题是“哥德尔定理与认知科学的局限”，我们邀请了 4 位不同领域的专家展开带有一定随机性质的自由讨论。在我看来，认知科学的局限是一个康德式的问题。如果大框架是哥德尔不完全性定理，即我们假设人脑是像计算机一样的东西，它具有自己的算法和一些内在的算法结构，通过一些像是自然选择所造就的不同种类的信息处理方式来认识世界，那么是否意味着哥德尔不完全性定理会表明有些东西对人脑而言是不可知的？当然，对于哥德尔定理，大家是有不同方面的理解的。我们这里所说的只是众多理解的方式之一。

另外一个问题是，哥德尔定理是一个比较难的问题。相信大部分人甚至包括专家，都很难有自信去讨论哥德尔定理的内容以及意义。——当然，刘晓力老师在这方面除外。所以，一开始，我会让刘老师先跟大家简单介绍一下哥德尔定理，尽量把哥德尔定理引入我们今天所讨论的范围。

我们今天主要的工作模式就是自由讨论，尽量非正式一些。因为我觉得认知科学，包括人大的明德讲坛平台成立的动机，就是跨学科。所谓跨学科，在我看来，是让专家暂时成为外行，让大家都从外部的自己不太熟悉的角度去思考自己专业的问题。

今天的主题框架是“哥德尔定理与认知科学的局限”，但我觉得我们应该有一定的开放性。也就是说，专家在讨论自己的问题的时候，可以自由发挥，可以以带有一定童真的方式去谈谈自己对人脑、对计算机、对认知科学的一些大方向的理解。在这之后，我们会邀请线上的观众加入我们的讨论。

感谢神经现实、集智俱乐部、服务器艺术平台的各位老师的大力支持，以及感谢线上听众的参与。

刘晓力

非常感谢大家参加明德讲坛第 13 期，感谢朱锐老师。在这里，我看到了很多非常熟悉的面孔，包括毕彦超老师、陈小平老师，也包括好多认识的人。其实今天的主题是我和朱锐之前聊过的一个话题，而主要的想法是由他提出的。

“哥德尔定理与认知科学的局限”论坛海报上的一段提示①实际上是一个“坑”。哥德尔定理和认知科学的局限相互捆绑，但其实二者未必有必然的联系。从哥德尔定理能不能推出认知科学有局限的结论，这个问题有点儿引人“上贼船”的意思。因此，这首先是一个开放的话题。

海报里面除了提到关键词“哥德尔不完全性定理”“认知科学的局限”，还有“机器不能理解自己的算法”“人脑是由进化造就的信息处理系统”“如果人脑也是计算机，是不是具有认知的封闭性”……这里的每句话，都包含着非常多的预设。当然朱锐刚才也说了，我们先有一个框架，其实这个框架就是一个靶子。我们是认可它还是否定它，要在今天达成共识恐怕是不可能的。况且，我们所有的讨论都不需要有定论。我相信会有很多各不相同的值得争论的观点。

朱锐让我跟大家讲讲研究背景。我自己的博士论文做的是哥德尔思想研究，1999 年发表了论文《哥德尔对心－脑－计算机问题的解》《人工智能的逻辑极限》，2000 年出版了《理性的生命：哥德尔思想研究》。早期可能有一定影响的作品是《计算主义质疑》(2003)、《认知科学研究纲领的困境与走向》(2003)，题目听上去跟我们今天这个主题非常相关。我的主要立场是对第一代认知科学计算主义研究纲领的质疑。或者说，这么多年来，我一直都在一审再审计算主义。2010 年中国社科院建院 55 周年的时候，我做了一个以“重审认知科学中的计算主义”为主题的发言。

后来我又发表了一些认知科学－哲学的文章。我的基本立场是，人类的认知是不可计算的。而这里面最重要的是强调“可计算”的概念，指

① 论坛海报上的文字：“认知科学之所以可能，依赖于这样一个假设：人脑在原则上能够认识自己的活动规律和方法。这个问题看起来似乎没有特殊性，与人是否能认识自己没有实质差别。然而，如果人脑真的是进化造就的计算机，是由各种算法组成的信息处理系统，那么哥德尔不完全性定理是否就意味着有些东西是人脑永远无法知道的？以人工智能为例，尽管机器执行算法，却不能理解算法、不知道算法背后的道理，那么人脑是否会有类似的认知封闭？”

图 1　维也纳求学期间的哥德尔

的就是“图灵机的算法可计算”的概念。今天人工智能专家、神经科学专家和各位听众坐在这里，一定是在这个特定的以图灵可计算为基础的框架里来谈认知封闭性问题。联系哥德尔不完全性定理，我讲的认知是不可计算的结论，主张倡导一种“认知是算法不可完全的”的研究纲领，来寻求认知科学新的出路（这一点我也跟周昌乐教授有过非常多的交流）。而这个新的出路，也就是图灵机意义上的算法再加上自然机制。包括今天讲的量子计算机，最初就是想借用自然机制的计算加上图灵算法。后来我又做了关于具身性、交互和涌现三大隐喻对第二代认知科学研究纲领的意义的研究，之后在进化和具身性背景下讨论了作为行动指南的表征理论、延展认知论题，以及意识的难问题和解释鸿沟。2020 年，我又出版了《认知科学对当代哲学的挑战》，主编了“心灵与认知”丛书。我自己一直都认为，这20年以来我的基本立场没有根本变化，尽管今天的认知科学已经在更大的哲学背景下展开讨论了。

在研究认知科学哲学的过程中，我有一个研究哥德尔思想的背景。至于怎么样理解哥德尔定理与认知科学的局限，我们后面可以再谈。我相信目前来讲认知科学肯定是有局限的，但是比起20年前，如今的研究背景越来越大——不仅仅是在一个哥德尔定理讨论的范围内，我们还可以更多地去关注语言学、神经科学、人工智能、人类学、生命科学，也包括分析哲学和现象学，各种形式的二元论、泛心论，各种自然主义路径的心灵哲学、语言哲学等。随着我们的知识的更新，在讨论这样问题的时候，这个框架也变大了。所以我想，这个问题其实是开放的。

关于计算的概念，当然存在各种各样的定义。除了我们前面讲到的图灵可计算的概念，也有很多广义的或者有时是在隐喻意义上使用的日常的计算：逻辑计算、神经计算、进化计算、复杂生命系统的动力学计算、贝叶斯网络统计计算、量子计算、自然计算……

当然，人工智能的计算机依赖于图灵机，加上冯·诺依曼机体系设计，以及咱们今天的计算机的发展。我们知道为克服计算机CPU（中央处理器）的计算复杂性的瓶颈，现在开发了TPU（张量处理器）系统，例如用于蛋白质折叠结构预测的处理系统、大规模神经形态芯片和神经形态计算机、量子计算机等。其实量子计算机的成功开发从来没有实现过，目前还只是一个计算操作系统状态，也许叫作QPU（量子处理单元）更合适。前几天还爆出微软此前宣称开发出来的量子计算机已经宣告失败的消息。

第一代认知科学的基本假设是，人的心智就是一个计算－表征的数字符号系统。认知科学家萨加德在2008年提出，这一假设受到七大方面的挑战：情感的挑战、意识的挑战、外部世界的挑战、身体的挑战、社会的挑战、动力系统挑战、数学挑战（比如量子计算）。面对挑战，我们站在了十字路口，究竟该何去何从？

那么，到底哥德尔定理跟认知科学的局限有什么样的关系？我先说到这，接下来请其他专家谈一谈。

朱锐

谢谢刘晓力老师，有请陈小平老师。

陈小平

今天很高兴能够参加这样一个跨学科的讨论。前面两位老师都谈到了哥德尔不完全性定理，我觉得这个定理和人工智能是非常有关联的。我想借今天这个机会，谈谈这个话题和对哥德尔不完全性定理相关的人工智能的一些新思考。思考的出发点是什么呢？是人工智能第四次浪潮。如果我们还站在第三次浪潮的观点上，我们就不会想这么远的问题，不会去和哥德尔定理相关联。

和今天这个话题有关的人工智能的问题，我想有三个方面：第一，人工智能的基本假设。这个假设和哥德尔定理非常相关。第二，现有人工智能技术体系的简单回顾。在这个技术体系中，现在我们发现人工智能主要的挑战——根据我在 2019 年得到的一个结果——叫封闭性。封闭性又和今天这个主题——认知封闭性或者说局限性——有关系。第三，我再把对前两个方面的一些讨论提炼成几点有待探讨的问题。

关于人工智能，现在大家讨论得很多。人工智能的开创者，大家都知道是图灵。按照我们现在反思的结果，其实图灵的观点没有完全传达出来。图灵关于人工智能完整的观点，表达在他 1948 年的一篇手稿上。那篇手稿是没有发表的，但这个手稿在图灵图书馆是有保存的。他在其中提出了人工智能的两种观点，一种叫 intelligent machinery，中文可能把它翻译成“智能机器”。什么是智能机器？答案在他的手稿里写得非常清楚：用机器代替人的每一个部分。但是图灵发现，在当时的技术条件下，我们无法研究这种智能机器。所以他建议首先研究没有感知能力和行动能力的机器，这种智能叫 thinking machines，即思维机器。所以其实在图灵的术语里，这两个短语是有区别的，虽然有的时候它们是被混用的。

图 2　哥廷根大学教职工明信片上的希尔伯特

1930 年，数学大师希尔伯特 80 岁退休之际，留下了著名的“23 个问题”，寄望后人解决，从而证明数学是一座逻辑严密、无懈可击的堡垒。可惜第二年，博士毕业才一年的哥德尔即提出“哥德尔不完全性定理”，证明数学意义上的“真”和“可证”是两个不重叠的概念，击碎了希尔伯特的完美数学理想。其所揭示的不完全性，不仅存在于数学或逻辑系统之中，而且普遍存在于人类所使用的语言符号之中。

后来他提出的图灵测试，只是针对思维机器。1950 年的论文只针对思维机器，完全没有涉及智能机器，原因在他 1948 年的手稿里已经说了。后来人工智能的发展也完全验证了图灵的这种判断。他从 20 世纪 50 年代开始研究思维机器，70 年代开始研究智能机器。智能机器人研究和智能机器就非常有关了。历史上还有很多关联，我就不说那么多了。但我不想忽略的一个非常重要的观点是，曾经提到过推理与计算可以相互转化，这在《利维坦》一书里有一段论证，但科学上是不会接受这种论证的。对于这方面，后来一直有相关研究。

1931 年哥德尔证明不完全定理的时候，产生了很多中间的结果，其中有一些中间结果非常重要。比如他证明 KN 可表示和递归函数等价，其中 KN 可表示一个推理系统，递归函数是一个计算系统，这两个系统等价，就意味着推理和计算等价。但是这个结果也只是涵盖一个计算系统、一类函数，对计算可能不具有一般性。但是到 1936—1937 年，图灵提出了图灵机以及图灵论题——可计算的都是图灵可计算的。这时候计算机科学就诞生了。将上面这两个结果合在一起，我们可以得到一个推论，我叫它“哥德尔－图灵推论”。在文献里我没看到过这个词，但这个推论是存在的。它可以表达为——大量复杂推理是图灵可计算的，也就是说大量复杂推理可以转化为图灵机上的计算。图灵对这个推论当然太清楚了，以至于他都不会去说这件事，他觉得这样的一个结果太理所当然了。

那么，在这个推论的基础上，他提出了图灵假说，“图灵假说”这个词也是文献里没有的，但我现在认为我们应该提出这样一个术语。图灵假说的意思是，推理、决策、学习、理解、创造等人类智力活动都可以归结为图灵计算。非常明显，图灵假说是哥德尔－图灵推论的一个实质性推广。

哥德尔－图灵推论只是推理和计算的等价物，而图灵假说则将之推广到推理以外，包括决策、学习、理解、创造。图灵在 1950 年的论文中从头到尾都在讲图灵假说。但图灵假说至少有两千年的科学传统，至少从古希腊的欧式几何开始，一直到现在。

那么图灵测试是什么？图灵测试不是思维机器或者人工智能的定义，而是图灵假说的检验手段。这一点图灵好像没有说清楚，原因可能是他认为明显是这样，他就不需要再说了。所以按照图灵的观点，图灵测试并不是思维机器的定义。这就如同大学教育要通过一系列考试才能够给学生发毕业证书和学位证书，但是大学考试远远不是大学教育的定义。

从这方面来看，这已经和哥德尔的不完全性定理有深层的关系了。但是上面说的是思维机器。关于思维机器，现在我们可以有这么一套理论。

图 3　爱因斯坦的办公室，拍摄于他去世后几个小时

哥德尔是亚里士多德以来最伟大的逻辑家和数学家，他与爱因斯坦相见恨晚，二人成为忘年之交。晚年的爱因斯坦说过："我自己的工作没什么意思，我来上班是为了能同哥德尔一起散步回家。"

有假说有检验，从科学研究规范来说，就有一套较完整的体系了。可是对于智能机器，基本假设是什么？图灵没有说。而其他人有没有说，我没有看到。智能机器的检验手段也不太清楚。所以现在回顾人工智能前三次浪潮，我们发现从基础研究角度，还有很多事情是不清楚的，所以空间非常大，我们能做的事情非常多。

我对两种机器再做一个说明。实际上，思维机器只涉及数据层和知识层，不涉及现实层。而智能机器是三层都涉及，它们之间的主要区别在于有没有行动。智能系统通过行动可以改变现实世界。这种行动是思维机器不考虑的。现在我们人工智能碰到的主要困难在什么地方？主要和现实层有关。如果和现实层无关，其实人工智能已经做得非常好了。图灵测试很明显只针对思维机器。我们对图灵测试有很多批评，一方面这些批评是对的，另一方面做这些批评又不公平，因为图灵测试只是针对思维机器，不是针对所有人工智能的。

人工智能技术体系大概有三次浪潮，其中大家了解比较多的是深度学习。深度学习的主要发展阶段是在 1986—2006 年。在 2006 年《科学》期刊上发表的一篇论文提出了深度学习完整的技术体系。可以说，深度学习在 2006 年已经被做完了，但是全世界都不接受，只有这篇文章的作者们相信。后来经高人指点，他们 2012 年参加 ImageNet 比赛时，在图像分类问题上将误识别率降低了一半。所以到了 2013 年，所有参赛队放弃了自己的方法，统统采用深度学习，到了这个时候，深度学习才被广泛接受。2017 年 AlphaGo Zero（阿尔法元）获胜，人工智能第三次浪潮结束，第四次浪潮已经开始。在三次浪潮中发展出的技术已经非常多，这里没办法全面概括。这其中比较主要的两大类是强力法和训练法。

下面我简单概括一下强力法。它首先要有模型，而这个模型是可解释的。另外它要有推理机或搜索算法。它的模型如果是针对思维机器，那么就是知识库；如果是针对智能机器，那么只有知识库就不够了，还需要模型降射。其实难就难在模型降射。例如，我们有个推理机，也就是一个做推理的程序，然后有个知识库，让它解决具体问题，比如让机器人帮我们就餐。有一些知识我写在了这张表里，用这些知识就可以做推理，比如碗能不能盛米饭，推理机进行推理以后说可以。注意“碗能盛米饭”这个结论在知识库里没有，是推出来的。碗能不能盛汤，经过推理也是可以的。还可以问其他问题，包括非常复杂的问题，都有可能被推出来。这些看上去做得挺好，但其属于思维机器。到了智能机器，还需要有降射，比如知

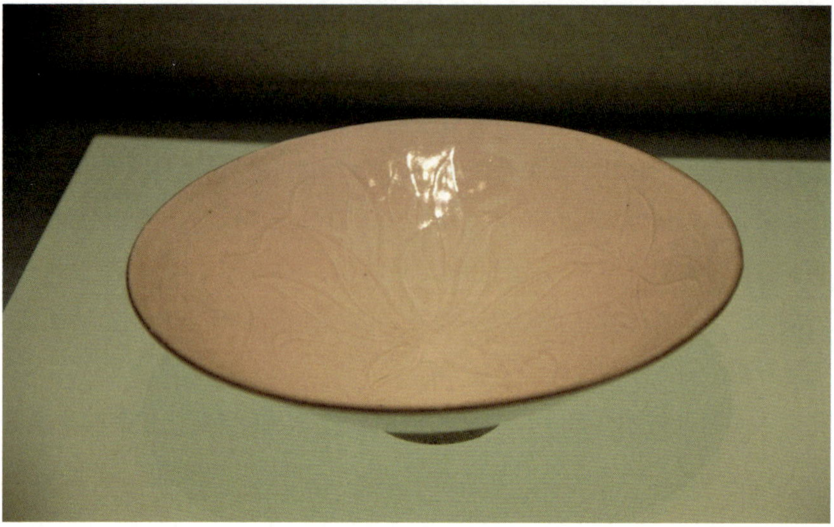

图 4　碗还是盘子?

识库有一个符号叫 bowl，指的是碗。机器人不能只知道一个符号，它要能找到碗，所以就需要降射。一般情况下，降射问题不大，不同的碗都可以对应起来。

智能机器现在遇到的主要问题是什么？举个例子，破碗是不是碗呢？按照一般的观点，破碗也是碗，对吧？从概念分类来说，破碗也是碗。那么我们就在降射里把破碗也对应于 bowl 这个符号。于是就出问题了：破碗能不能盛汤？你原来推理出来碗可以盛汤，现在破碗也是碗，所以破碗也可以盛汤。好，破碗盛汤就有后果了，不仅任务不能完成，而且可能产生一些非常严重的后果，比如说汤洒到地上，让老人滑倒，出了生命危险了。

这说明现在整个知识库都有问题。这就很麻烦。好像有一个简单的办法，就是让破碗在降射里不对应于 bowl。但其实没那么简单，人工智能比这个复杂得多。降射用什么实现？现在一般是通过图像识别算法来实现的，但是图像算法如果不专门处理，通常一定会把破碗识别为碗。

现在我们对破碗就不好处理了，这样的话破碗就变成一个丢失变元。而这个应用里还有多少丢失变元？这就是“语用的无尽性”问题。我们不知道有多少个类似破碗这样的例子。此外，它们是与环境和任务有关的。如果这个环境里没有破碗，那就无所谓；如果任务不需要用碗盛汤，那也无所谓。人工智能现在碰到的难点在于智能机器的语用挑战，具体地说，是语用无尽性挑战。同样，深度学习也是如此。

刚才说的降射中存在的语用无尽性，它的科学挑战是什么？就是可能存在一些丢失变元，而且不知道有没有。技术挑战是什么？就是有些变元我们即使知道了也处理不了——现实中存在很多这样的例子。

第三个挑战是：如果有丢失变元，或者有的变元处理不了，这两种情况会不会造成致命的后果？如果不会造成致命后果，那就简单了；如果会造成致命后果，那就麻烦了。现在的办法是采用封闭性准则，在满足封闭性准则的情况下排除丢失变元。还有一个办法是强封闭准则，根据强封闭准则，三个挑战都能够得到解决。

下面以 AlphaGo（阿尔法围棋）为例。有人说 AlphaGo 做得那么好，好像没有你说得那么难。所以我分析了 AlphaGo，结果发现 AlphaGo 符合封闭性准则。它的第三代战胜了人类所有围棋高手，第四代以 100∶0 的结果战胜了第三代。AlphaGo 有四项核心技术——两项强力法和两项训练法，其中两项训练法有一项是深度学习，所以它的四项核心技术中只有一项是深度学习。可见现在对人工智能误解太多，认为人工智能就是深度学习——这个细节大家有兴趣的话可以讨论。

为什么 AlphagGo 满足封闭性准则？上次我在明德讲坛上讲过关于封闭性准则的六个条件，强力法、训练法各有三个条件。AlphaGo 是封闭性准则的一个正面的例子。在实际应用当中，强力法、训练法只要是应用在封闭性场景，或者把实际问题封闭化，都没有困难。这种场景非常多。封闭化有全封闭化、半封闭化、柔性化等很多种。传统的工业自动化生产线也是封闭化的一种形式，现在我们把封闭性升级，就支持人工智能技术在自动化上的应用。还有一个半封闭化的例子：乌鸦如果打不开一些坚果，就会利用红绿灯。红灯的时候把坚果放在马路上，然后等汽车把坚果碾开了，下一个红灯时乌鸦就去把坚果捡起来。为什么乌鸦这么智能？分析一下就发现，这件事的本质是乌鸦发现并利用了人类创造的一个半封闭系统——交通信号灯系统。而人类则要创造封闭性，还要尝试超越封闭性，任务就更加艰巨了。

总结一下以上内容。首先关于人工智能中的“人工”，我们该怎么理解？过去我们只关注什么是智能，其实我们还应该关注什么是人工。根据我上面的回顾和反思，我们发现人工智能的“人工”有两项基本含义。第一个含义是：根据图灵假说和客观实际，人工智能软件的运行载体只有计算机，或者更准确地说，理论上只有图灵机，没有别的。所以人工智能软件本质上必须是计算机软件，或者说图灵机程序，没有别的可能。第二个含义是：人工智能是由人工建造的，它的建造原理和方法似乎是没有限制的，比如说不一定是由图灵机建造出来的。一个人工智能系统的软件是一个图灵机程序，但是建造这种软件的方法好像没有限制。

这给我们什么启示呢？我们还是要思考人工智能的硬件和软件的建造方法，它还是存在一些客观限制。因为最终你是要在计算机上去跑这个程序的。如果某些建造方法最终得到的人工智能软件不能变成计算机程序，那就对我们没有用。当然在硬件方面，我主要指的是机器人，那就没有这个限制了，这个空间就大了。之所以 20 世纪 80 年代至 90 年代末我们做人工智能的要做机器人，就是因为人工智能软件的局限性很大，但不清楚硬件有什么局限，可施展的空间非常大。

另外还有一些要考虑的问题，我还想不清楚，希望和大家讨论。比如人工智能和神经科学到底是什么关系？人工智能和计算机科学的关系，虽然上面提到一个限制，于是人工智能的软件部分只是计算机科学的一个分支，国际上很长时间确实是这么认为的，但是现在我们总结分析以后发现，计算机科学处理的是能够语法化的语义，而人工智能需要处理的是语用，所以第一个方面的挑战在于语用能不能语法化，这个问题现在还在研究。

第二个方面的挑战，认为专用人工智能已经成功，未来方向是通用人工智能，这是一个比较普遍的观点。我们分析以后发现，现有人工智能技术可以胜任的其实是封闭性问题，如果没有封闭化，专用也做不好，包

图 5　1947 年图灵在拉夫堡大学参加业余田径协会冠军赛

图灵喜欢用跑步来释放巨大的工作压力。1948 年，他参加了英国选拔奥运国手的 AAA 马拉松比赛，并获得了 2 小时 46 分钟 3 秒名列第五的成绩。1948 年的奥运冠军只比他快 10 分钟。

括 AlphaGo——它下围棋当然是专用的。

现在我们碰到了大量实际应用，原生形态是非封闭的，所以需要封闭化。只要封闭化，很多问题都能做好。那么现在就有一个问题：还有一些实际应用没办法封闭化，怎么办？是不是需要通用人工智能技术？这个问题我们一直都在想。最近十几年不仅想，还有大量实验。我们的结果和反思如下：人工智能第一次浪潮做的就是通用问题的处理机制，大家可能认为都失败了，其实没有完全失败。不管怎么说，前三次浪潮都没办法应对语用无尽性挑战，那么对于语用无尽性问题的解决，我们现在认为需要的是随机应变的机制，而“通用人工智能”却不能解决。所以现在看，随机应变比通用更重要。

第三个方面，就是不完全性挑战，刚才刘老师已经有比较详细的介绍。简单来说，任何足够丰富的形式化系统都是不可能完全形式化的。哥德尔也有一个说法，王浩写的那本书里转述了大致观点：人类的直觉，包括智能，是不断发展的。

再补充一个例子。“深度学习三剑客”之一的杨立昆明确说，人类不具备通用智能。人类到底有没有，大家可以讨论。但形式系统不可完全形式化与人类智能的持续发展，二者是一致的。这种一致性对人工智能有什么启发呢？我们对于“到底什么是人类智能”有一个猜想，用一句话来概括，就是相互逻辑不连贯的子系统的共生发育。其中一部分子系统是语用封闭的，通常我们做事做得有效的，都是用语用封闭的子系统；还有一些脑袋里面稀里糊涂一团糟的，都不是语用封闭的。这些人脑中的语用封闭子系统，我们通过实验观察发现，至少一部分是图灵可计算的，而且其中有一部分我们已经实现了图灵可计算。

剩下其余的部分，语用不封闭，我们用开放知识来做。关于开放知识，我今天不去详细展开，只讲大意。最初我们建一个初始模型只考虑一部分情况，还有大量情况我们没有考虑，也没有见过。然后在人工智能系统运行过程中，它碰到了新的情况，这个时候我们让它去识别新的变元。有些情况下我们已经证明这是可以做到的，有的情况下现在还做不到。识别以后，再去让机器人自主地建立一个增量模型，很多情况下是做不到的，但是有的情况下我们已经证明是可以实现的。接下来的挑战就是增量模型和初始模型的整合，这是最难的。我们现在也有一个办法让它们能够整合起来。所以整个开放知识技术体系，实际上就是一种随机应变机制，这在一些情况下已经证明是可以实现的。我就说这些，谢谢大家。

朱锐

感谢陈老师非常引人深思的精彩内容。针对刚才陈小平老师提出的一些问题，我觉得专门研究人脑的两位神经科学家可以从自己的角度，去谈一谈人脑跟计算机相关的问题。有请毕彦超老师。

毕彦超

谢谢朱老师的邀请。我觉得今天的会议安排特别“赞”。陈小平老师是做机器智能的，我是一直做人的研究，后面要发言的杨天明老师正好在做动物的研究。而这几套系统间的智能，其相似性是否可以对比，我一直觉得这是一个特别好玩的问题。理解这个问题，有助于我们（或者至少我）理解人的智能系统。

我觉得跨学科的这种讨论，其实是要花很多时间，要彼此去理解每个学科的核心问题和思维或者说研究方式。

我一直在做人的研究，从认知心理学到认知神经科学，自己关注的核心问题就是人的大脑、人的思维是如何工作的，或者说，人的 mind 是如何工作的。所以，自己会很自然地关心“大脑的工作机制如何产生人的认知”这样的问题。但是这个认知，不仅仅包括刚才几位老师所说的思维、推理，其实也包括我们的情绪、与外界的交互及对外界思维的理解。

虽然我一直受认知科学的训练，但我反倒对“认知科学应该是怎么样的”没有一个特别强的立场。我认为，只要我们对心理、认知、感性或者大脑感兴趣，就可以一起去讨论相似的问题。

我在做人的研究的时候经常会被问：作为人本身去研究人，你觉得这可以实现吗？这个问题好像从字面意义上看和哥德尔定理有一点相似。但我非常坦诚地说，我并不真正理解其他老师所谈到的“计算系统”“可计算性”“封闭性”“一致性”“完备性”这样一些概念。

我只能说，当我们做人的研究的时候，会区分“作为观测的对象”“普通人”和“研究者”这样几个不同的概念。一个普通的人对自己的思考是非常有限的，尽管你确实是自己去理解自己。但这会涉及从研究者的角度去研究观测对象的问题。所以，我倒是经常会跟学生说，我们的思维方式一定是外星人的思维方式。就好比一个外星人到了地球上，发现这里有这么多不同类型的动物，如杨天明老师研究的猴子，甚至还有一类两足直立行走、发明了很多工具的物种。这个物种有一个好玩的智能系统，还发明了很多思维工具（像刚才所说的符号性、数学、实验的基本思维）。如果像这样跳出以往的思维框架，从第三人称的角度思考，就会超越以前我们所认为的人对认知系统理解的局限。通过实验的方式去观测、理解生物的智能系统，这便是实验科学的魅力所在。

对人工智能而言，是我要发明一个智能；但对我们来说，智能就是自然界中我要去理解的一个现象、一个对象。所以如果你问我认知科学的局限性在什么地方，我是持一个非常开放的心态的——通过实验做做看。

我自己是做关于人的知识表征、语言理解、客体理解的研究的，这些也就是刚才陈老师所讲到的封闭性思维系统。但事实上有太多实验证据表明，至少在人的大脑里面，知识系统和行为感知系统有非常紧密的、互相影响的关系。所以，如果从粗浅的层面上对两者进行对比的话，会有很多好玩的、彼此相似的或不同的地方值得我们进一步挖掘。

杨天明

各位老师、各位朋友大家好！很高兴可以参加这次讨论，也非常感谢朱老师和神经现实的邀请。

和其他几位老师有点不一样，我主要是对动物做实验工作，所以我可能会更多从生物角度来思考问题。当然，我也非常关心计算的问题，也会做一些计算模型和神经网络的工作。我觉得大脑所做的计算，从本质上来说，可以概括为 sensorimotor transformation（感觉 - 运动转换）过程，或者也可以说是 sensorimotor mapping（感觉 - 运动映射），也就是我们大脑对不同的感觉该怎么反应。而 transformation 或者说 mapping 的复杂程度在进化的过程中是不断增加的。如水母之类的简单生物，它们从感觉输入到运动输出之间可能只有一层神经元。所以，它们所做的计算就非常简单。但如果是比较高等的动物，就存在一个进行非常复杂的计算的中枢神经系统，来做复杂的 mapping。更重要的是，当大脑拥有一个复杂的记忆系统时，它就可以把当下的感觉刺激和记忆与过去的感觉刺激结合在一起进行反应。

我这里所说的记忆，其实也包括了学习。因为记住某个感觉刺激是好是坏，或者对某个刺激应该做什么反应，这其实就是一个学习的过程。我们认为几乎所有动物的行为都可以归纳为对当下和过去的感觉刺激所形成的反应，而 mapping 就是由神经元组成的神经网络来进行计算。神经网络的计算能力是很强大的。已有数学证明，哪怕是一个非常简单的回馈，人工神经网络就可以完成图灵机所能做到的所有运算。但是神经网络的输入输出可以是实数，而实数本身就已经包括了可计算的数字和不可计算的数字。所以，从这个角度来说，神经网络可以做的事情已经比图灵机要更多。

如果要讨论“我们能做什么推理、不能做什么推理”“这些推理是不是跟图灵机等同”这样的问题，那我们还要考虑另外一个问题——我们的主观体验跟大脑真正在做的计算是不一样的。我们主观能体验到的大脑做的计算，其实只是大脑所做计算中的一小角，而大脑的大量计算是我们意识不到的。

以篮球为例子。篮球明星迈克尔·乔丹可以从各个角度、各个距离把篮球扔进篮筐。那么他每次投篮的时候，篮球出手的角度、力度的计算显然需要符合万有引力定律。但我猜想他对万有引力的了解可能是非常有限的。这就代表着乔丹的大脑可以做非常准确的计算，但并不等于他主观理解计算的过程。这不仅对乔丹来说是这样，对一个非常熟悉万有引力定律的物理学家来说也是这样，物理学家在投篮的时候，也不会去主观运用万有引力定律去计算应该如何出手打篮球。所以通过这种类型的方式来讨论我们大脑所做的思考，在神经科学看来，很有可能是不可靠的。我们需要打开大脑，记录分析神经元的活性，才能够真正了解大脑的思考过程。这也是我们选择用动物来研究大脑的主要原因之一。因为借助目前已有的技术手段来对人脑的神经元活性做记录，还存在不小的障碍。

图 6　迈克尔·乔丹

我的工作主要就是针对 sensorimotor transformation 这样相对来说比较底层的，可能更多属于意识下范围的神经计算研究。而在我们的大脑当中，还有另外一套系统监控我们大脑自身的计算，同时对计算的过程和结果进一步评估和学习。我们把这种过程叫作 metacognition，即元认知。它往往会上升到意识层面，被我们体验到。对这种元认知所涉及的行径计算，我也非常感兴趣。

我个人认为，我们人类与动物认知能力的差别，可能就在于人类拥有一种非常强大的元认知的能力，我们平时思考当中所运用到的各种推理逻辑的计算，也基于元认知。

朱锐

谢谢各位老师。

刚才杨天明老师说，人脑是可以计算实数的，即它的输出可以是实数。但现在的计算机的输入都是离散的。这就意味着实数的计算是图灵机不可计算的。那么，在何种意义上，人脑不可被现在这种图灵机所模拟呢？或者说，在哪些方面人脑是可以从人工智能的角度去理解的，哪些又不可以？

另外一个问题便是毕彦超老师所说的认知科学的局限。我觉得这存在两方面的局限：一个是认知的局限，即人脑到底有没有内在的局限性；另外一个是认知科学的局限。认知科学的局限，从个人的角度来说是很明显的。因为认知科学都是通过各种各样的计算模型去研究人脑的。而在科学方法、科学实验、科学模型之外，人脑的一些（甚至是神秘的）活动方式是认知科学不可模拟、不可理解的。

前面陈小平老师说的内容有一个很重要的点，那便是哥德尔定理和认知科学的关系。在这方面，我前不久刚看过 Roger Penrose（罗杰·彭罗斯）的 *Shadows of the Mind*（《心灵的影子》）。这本书其中有一段就提到，哥德尔跟图灵这两个人在认知科学上，对哥德尔不完全性定理的见解是完全相反的。哥德尔认为，人脑实际上局限于人的 physical brain（物理大脑），而人的 physical brain 基本上是一个计算的机器。这也就意味着，人脑是一个计算系统。但哥德尔认为人的心灵（mind）并不局限于人脑。在他的朋友 Roger 看来，哥德尔的想法有一定的神秘主义色彩。而图灵恰恰认为，人脑所有的活动模式都是图灵可计算的，这也就是陈老师说的图灵假设。但图灵在讨论人脑工作的时候，他一方面认为人脑所有的计算都是图灵可计算的，另一方面又认为人脑有一个突破图灵局限的点——人脑可以犯错误。也就是说人的智能，它之所以不局限于机器智能，是因为人是可以犯错误的。换言之，图灵认为人脑恰恰是因其具备可犯错的能力和方式，才让人脑真正的智能系统呈现出来。这也是武汉大学计算机教授蔡恒进的一个观点。

而从刚才毕老师和杨老师所说的观点加上神经科学总体的研究模式来看，研究人脑往往依靠于人脑损伤、视觉剥夺或者是病理特征等。也就是说，我们是通过这些人脑物理上的或者认知上的错误来理解人脑的。那这种错误跟认知的计算局限是不是有一定的关系？

刘晓力

哥德尔认为，图灵机可计算的概念第一次把形式系统的概念说清楚了。刚才陈小平老师也讲到，图灵可计算概念就是直观上的能行可计算概念的数学定义。哥德尔 1951 年在讨论人心能不能胜过计算机问题时，确实明确区分了心灵、大脑、计算机。他认为，大脑基本像一台计算机，而心灵不是，心－脑同一论的哲学是时代的偏见。就如刚才朱锐所讲的，这里似乎存在所谓神秘的成分。他认为我们的心灵不是算法可以完全计算的，如抽象数学直觉、包含初等数论的算术形式系统中不能证明的数学真理，这些都不是算法可计算的。

在哥德尔看来，人有一种直觉能力，叫作抽象直觉——把握抽象概念的能力。处理和把握抽象概念不是通过图灵计算或者形式化系统演绎推理得出来的。对于更一般的抽象概念，人类可能还没有发展出真正把握它们意义的生物器官——当然不排除在人类长时段的进化史上有可能发展出来——哥德尔把它当作一个科学幻想。他说把心灵看作大脑的物理系统，把大脑看作计算机，这是当代物理主义的哲学偏见，终究会被未来科学所否定。虽然图灵认为人的创造性活动都是可计算的，但哥德尔却认为心灵之所以是不可计算的，就是因为图灵可计算的能力极其有限，它只能处理离散的、有穷的知觉对象的纯粹组合性质，那些性质靠狭隘的对具体时空的直觉就能把握，但对数学内容的把握就不能靠这种感性的直觉，感性的直觉与形式系统符号的意义是无关的，需要一种把握数学抽象概念意义的直觉，这种理性空间的数学直觉是图灵算法不可穷尽的。

哥德尔还举例说，图灵可计算、形式系统中定理可证性这样的概念，都不是人类的发明，这些东西就像珠穆朗玛峰一样原本就在那儿，是依赖抽象数学直觉的人类的发现。特别是通过理解形式系统概念的意义，我们才逐渐看清且发现了它们。因此，哥德尔的不完全性定理给出的是数论形式系统的局限，这就意味着算法的局限。但该定理并没有给出人类理性的局限，这就涉及认知封闭性问题。

我觉得小平老师讲的认知封闭性跟朱锐讲的封闭性，大概是两个概念。小平讲的认知封闭性，是要对解决和处理问题的情境具有计算的封闭性。比如 AlphaGo 下棋是一个封闭的系统，通过明确的命题陈述可以将下棋问题和规则的清晰化进行命题表征，下围棋从根本上讲是一个图灵可计算的问题。但是朱锐提到了认知封闭性——人的大脑作为认知的信息处理系统，其自身是否具有封闭性？甚至更进一步，不光是大脑，正如杨老师所讲，还包括身体，甚至整个人类的有机体。有哲学家认为，不是大脑在计算，而是包括大脑在内的整个活生生的有机体的人，在与环境打交道中即时地处理任务时在计算。那这样一种实时的、审时度势的认知过程，是不是表明大脑具有封闭性？进一步说，人的认知是否具有封闭性？我想朱锐老师指的可能是这个问题。

麦金（C. McGinn）在《我们能解决心身问题吗》一文中明确提出认

知封闭性立场，尽管我们知道存在一些大脑的性质，根据这些性质可以对意识做出某种自然主义的解释；但是，由于感知有限性所导致的“认知封闭性”的制约（例如，人无法体验作为一只蝙蝠会有什么样的感受），对大脑这些性质的完全理解或概念化表征已经超出了人类认知能力的范畴，人类也许还没有发展出表征这些大脑性质的恰当的概念系统。在这个意义上，意识和物质的大脑之间是存在解释鸿沟的。因此，所谓意识难题，并不是一个有待解决的难题，而很可能是一个永远无解的谜题。这是麦金所持的一种怀疑论的态度。

当然，我说这些话并不是表示我赞同麦金，而是因为这可能会为认知的封闭性提供另外的角度。毕竟，我们所说的人的认知封闭性，其实是站在上帝的眼光来讲的（或者像毕老师所说，是外星人的角度）。这样来看，所谓认知的封闭性就变成了“人来研究人的认知，本身是不是具有局限性”这个问题了。

杨天明

我想就刘老师刚才所提到的人思考中的直觉做一些补充。我觉得直觉是一个非常好的点，就如我刚才所说，它是在意识下的大脑里所做的计算。就像我们在思考一个问题的时候，我没有什么逻辑，但我突然觉得某个相关的事情正好是解决这个问题的一个关键点。它突然从我脑子里面冒出来，而这并不代表这个想法是从什么地方飞过来的，它其实也是我大脑计算出来的。但这个计算过程，我主观上没法体验到，也没办法从逻辑推理层面来描述，它是大脑神经网络体验不到的一个计算结果。就连我们平时的思考当中也存在大量的直觉的因素，哪怕你认为人的逻辑推理的思考是完全理性的。就好比一个数学家，他要证明一个定理。虽然证明一步接一步，这些都完全符合逻辑，是完全理性的，但在证明过程当中，他也非常强烈地依赖于直觉。而这也是好的数学家和坏的数学家最大的差别。

所以从某种意义上来说，我觉得用一个逻辑系统、用图灵的理论去描述大脑，是不合适的。因为大脑并不是一个符号系统，并不等同于一个逻辑系统,并不能用数字来表示。大脑可以做的计算肯定是超越逻辑系统的。所以我的观点就是，我们大脑能做的，要比逻辑系统所能做的要多得多。逻辑系统所研究的一些理论，包括封闭性、完备性这样一些东西，其实在大脑当中并不是特别有意义的。

毕彦超

我沿着天明说的补充两句。我觉得我们俩的背景和思维方式都很像，他所补充的也是我想说的。直觉本身其实没有那么神秘，它是你刚好额外地（用他刚才用的词）读取自身状态的那部分。你没有意识到它，并不等于它不是可计算的、不是神经活动、是不存在的。

另外有一点，我和天明的观点有一点点不一样。我觉得我最终并没有真正理解什么才被定义为计算。无论是刘老师最开始讲到的对认知科学的挑战，如具身的、情绪的挑战，还是天明讲到的 sensorimotor transformation 在 mapping 的系统变得更加复杂，然后具有概括的能力，更能提取出来抽象表征等。sensorimotor 当然是可计算的过程，虽然外界的客观世界是一个连续体。但人的神经系统，比如说我们外周视网膜上有一个非常光的蛋白，能够对模拟系统发生化学反应，但它进入神经系统之后，还是会变成一个 label（标签），被编成一套算法。（我相信天明在研究当中会和很多做计算的人合作，用计算的东西去描述，去解释、预测实验结果。）所以在这个过程当中，我非常天真地说，这当然都是计算。

如果我们把这个过程了解得足够清楚，那它们是可以用计算表达出来的。但它显然不是图灵机这种符号逻辑。就碗和破碗的关系而言，大脑当中碗和破碗之间的关系有太多了，此外还有很多种不同类型的关系，存在于大脑中不同的地方。当我回答不同的问题和在不同场景的时候，我都会去利用不同的信息，比如我吃饭的时候我不会用一个破碗。但如果你让我做判断，我当然知道它们其实是一类的，没有什么本质的区别。

所以我想补充的是，我完全同意直觉、概念或者是高等数学，它们没有额外变成不一样的东西，它们仍然是大脑的产品。它们是如何表征的，这是一个很复杂的问题，但只要把这个问题定义出来，我们就可以试图去研究它。

再举个例子，我自己是做概念研究的，我有很多实验就是研究抽象概念是如何在大脑当中进行存储的。第一，我们发现存储机制在大脑不同的地方发生，这表明抽象概念并不是不可研究的。第二，你的确能够看到损伤不同的大脑系统会损伤不同的抽象概念。这就代表在不同的方面会有不同类型的抽象概念或具体概念。第三，以高等数学为例子，2018 年有一篇 *PNAS*（《美国国家科学院院刊》）上发表的文章，研究人员扫描了特别出色的数学家在看到数学题（特别是复杂的数学陈述）时的大脑活动。他们发现极度抽象的高等数学所用的神经环路和一些基础数学类似，比如说顶内沟。然后这些从空间和时间当中抽取出来的抽象信息互相之间存在对应关系，可以彼此做一些解释。所以我想说，那些我们自己觉得是抽象的、直觉的东西，并不等于它真的是抽象的，是直觉的。

而关于人脑是否为可计算的，我自己倒没有那么强的观念。但是我认为如果能够理解清楚的话，这最终会是一个双向的过程。通过用计算的描述，可以帮助我们更好地理解人脑机制，而更好地理解生物机制，最终有助于将它用数学表达出来。那从这种角度来说，即使不是逻辑性的计算，其他感知方面的话也是可以计算的。

陈小平

刚才做神经科学的两位老师都谈到了智能与计算的关系，讲得非常好，我也做点补充说明。首先对于神经科学的一些观察，我非常认同。比如杨老师说到的，有些事情你没有意识到，却可以把这件事做出来，它具体表现为一个行动，或者是一种思考。——这个我是非常认同的。

而人工智能就是把人的一些大脑活动，用计算的观点来重新构造。对于人工智能，存在两种观点，其中一种认为人工智能是人类智能的人工模拟，强调人类智能和人工智能的原理是一样的，方式也是一样的。人脑用什么方式或者人体用什么方式去完成一件事情，相应地，人工智能也用同样的原理、同样的方式去完成。这就是模拟观点。但是模拟观点不是计算观，计算观认为：人工智能是人类智能的人工实现或者计算实现，即人类的思维活动、相关功能及其能力是可以通过计算的办法实现的。当研究者弄清楚了人的思维活动时，便可以用已经发明的逻辑语言，或者说图灵机语言、计算机语言，把这个活动有关的所有因素、所有操作都描述出来。

计算观认为，人工智能不是用人的方式去再现人的思维功能或者过程，而是用穷尽的方式，也就是强力法来完成同样的任务，实现同样的功能，其所用原理和人脑是不一样的。这就是我理解的计算观点，不去追求模拟人的思维原理。当然这种观点有它的局限性。过去认为，计算观之下，人工智能所执行的任务是有规则的，这就够了。这是过去的说法。但我发现这个条件还不够，所以我又提出更强的条件——封闭性。但并不是所有的问题都能够封闭化。那对这些不能封闭化的人类能力，人工智能能不能实现？这在软件方面就碰到天花板了，图灵机就是天花板。因为软件最终是在计算机上实现的，而计算机就是图灵机。所以这是个非常强的限制。就目前来说，突破图灵机已经没人提了，毕竟不是想突破就能突破的。所以，软件方面要想突破，是非常难的。但并不是说没有可能，只是难度比较大。

硬件方面，比如一些人能做的动作，过去的机器人是做不了的，它们的运动控制实际上是遵守图灵机原则的。现在我们做了一些新的硬件，它们的控制原理不是图灵机原理，这样它们就能做一些之前做不到的事，比如说抓豆腐，就算没有传感器，也能抓豆腐，而这在一定的范围内就突破了封闭性。可现在我们也不清楚这样的机器人最终是不是还得归结为图灵机。所以我理解的计算观点，不是说人工智能做的这些计算和人脑是同一个原理，它们可以利用不同原理做相同的事情。【见图 7】

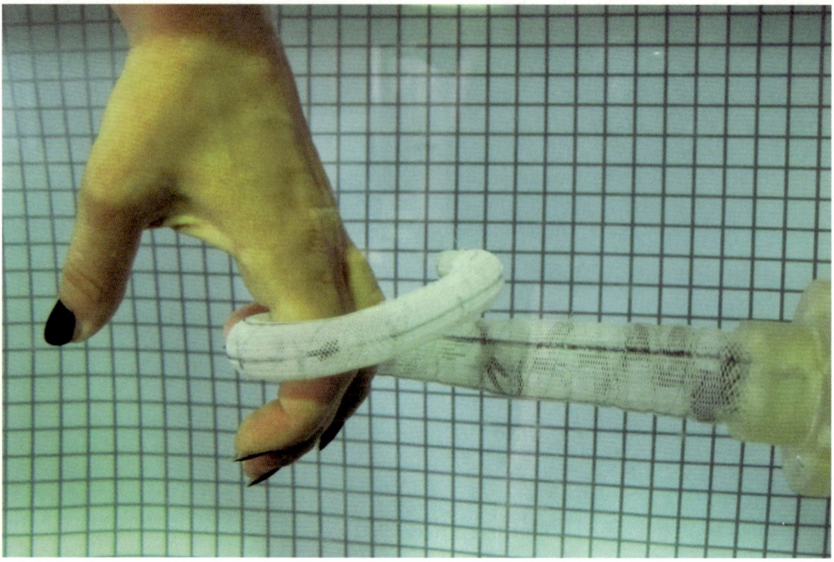

图 7　仿章鱼触手机械臂

更多仿生机器人进展可参见意大利理工学院网站信息 https://www.iit.it/it/web/bioinspired-soft-robotics，以及在 YouTube 网站搜索 vine bot、perch bot、fin wave robot、climbing adhesion、stanford hedgehog、robotic biomimicry 等关键词。

另外还有封闭性，就像之前所说的那样，当人工智能，特别是软件方面处理封闭性问题时，我们就能够把人的功能通过人工智能的方式重新实现。对于认知来说，如果不认为认知完全是一个计算过程的话，那认知的封闭性就是另外一种含义了。所以，我完全认同晓力老师说的。

我再补充一个不成熟的看法——认知其实也是封闭的，但这个封闭和人工智能的封闭有不一样的地方。人工智能在软件方面的封闭是在图灵机语言上，而人的认知封闭是在另一个“语言”上。这个语言是什么，现在还不知道。但是我相信在任何一个给定的时间里，人的认知一定是封闭的。

不过随着时间的推移，人可能进化。不管是软件还是硬件，它都会进化。所以长远来看，对于人脑是不是封闭的，我现在不持观点。

刘晓力

毕老师和杨老师所讲的很有启发性，其实无论是关于大脑知识表征的情感和理性的双系统加工模型也好，还是关于人能调动多模态感知系统实时处理环境信息也罢，我们都是认可神经科学家目前的工作的。

关于两位讲的神经计算的概念，小平老师讲得非常清楚，就是指可以通过数学找到可计算的方法。现在认知科学做的很多研究，其计算概念已经默认了我们大脑是一个计算系统，我们所有的神经活动就是图灵机可计算的，这是认知科学建立之初的基础假设。如果说在大脑中的计算就是指神经元的连接方式的话，现在人工神经网络深度学习确实是在模拟这些活动，尽管还没有成功地模拟真正的人脑运作机制。

问题是，人脑真正的运作机制到底是什么？我认为人类和神经科学家目前对整个人脑的结构、功能和机制，还处在摸不着头脑的阶段。可能我们只知道人在处理某些任务时，或者说采取某一动作时，某些特定脑区的神经元在活动，包括神经细胞、血流等电生理活动。但把大脑所有的活动都称作计算，这个计算的概念就是用得比较宽泛的了，图灵可计算的概念不可能把所有的人脑的工作基础、智能机制、思维机制，甚至包括情感这些意识和无意识的机制完全表达出来。

当然，神经科学家可以通过某些数学的方式把人脑处理任务时的状态计算出来，还可以做函数曲线的拟合、图形匹配或者其他更复杂的图形化的说明，甚至把大脑看作一个动力系统对所处理任务随时间变化的过程进行偏微方程求解。但是，这样的计算并不都是图灵计算。不管是对自然界还是对人的认知问题，我们可以利用更高等的数学去寻求其中的可计算问题的算法，通过编程和工程实现人工模拟的话，首先需要将要解决的问题符号化为形式系统，然后编码化为计算机程序，使机器工程实现。如果这些问题本身是可计算的话，例如下围棋等，就能找到一种算法、一个计算载体去实现。如果问题本身是不可计算的话，那这个算法就不可能找得到，只能去近似模拟它。数学家或神经科学家、人工智能专家在用各种高等数学（例如高等分析、高等代数和高等几何，以及概率统计等手段）寻找算法的过程是数学计算过程，但这个计算不是指图灵可计算的概念。我想，计算的概念本身可能在今天的讨论中已经有很大的歧义了。

朱锐

我觉得我们在某些方面确实对计算的概念的定义不是非常严谨。但我惊讶地发现，哥德尔、图灵、丹尼尔·丹尼特（Daniel Dennett），还有很多科学家包括我、陈老师，都有一个共识：物理系统（physical system）处理信息的方式，就称之为计算。而这个计算肯定是图灵计算，也是通过封闭性实现的。也就是说，如果是计算的话，那肯定是图灵计算，包括深度学习，包括量子计算机，它们都是物理系统在操作计算，也都是图灵计算。而唯一争论的点在于（至少我个人的理解是这样的），人有没有计算之外的或者是不可计算的洞见，比如创造力、直觉，或者是杨老师和毕老师所说的不可计算的感觉？

刘晓力

杨老师跟毕老师说的某些非推理的直觉，其实就是非形式化的、非符号化的洞见。而认知科学建立之初，认知的概念更多地被理解为可计算的概念。那些概念是跟信息处理和图灵可计算的概念连在一起，才建立起认知科学最初的计算－表征研究纲领的。但现在广义的神经计算也好，人的心智的计算也好，可能是在用一个广义的计算概念，它们可以用更大范围的数学计算来表达或描述。同时，认知的基础，神经科学中大脑的处理信息的方式，都可以用数学的方式表征出来的说法，我觉得指的是另外的数学，不是数字化的计算。

朱锐

谢谢刘老师。现在我们邀请观众提问题。北京脑中心的孙聪老师问：我们有手段去理解和研究这些洞见吗？目前的研究手段其实也是具有局限性和封闭性的吗？

杨天明

其实我非常赞同刘老师刚才说的一个点——我们对可计算的用词是有些模糊的。像刚才说的可计算性这些定义，在逻辑系统里面，能否计算其实是一个非常狭窄的概念。在我们看来，有些非常简单的计算，在逻辑系统里反而是不可计算的。比如你要在真实的物理系统里计算一个随机数，它具有噪音，存在很多的随机性。因为我们神经元的发放所产生的动作电位，这些都是随机的。况且，有很多实验证明，神经元层面的随机发放就可以产生行为层次的结果。所以，如果你要去细究逻辑系统的完备性、可计算性，那从这个角度上来说，是不可讨论的，没有意义。

所以我觉得，我们对人脑计算能力的讨论要更有意义的话，应该是指我们计算一个东西的空间复杂度、时间复杂度，即它需要多大的容量，需要多长计算时间，而不是纠结于从一个逻辑系统的角度来考虑这个东西是不是完备、是不是封闭的。在真实的物理系统里面，你能测量到的量都是实数，其中存在很多随机的噪音，就算抛开混沌系统这类问题，我个人也不觉得哥德尔定律或者任何关于完备性的讨论，在真实的大脑系统里面有特别大的意义。这是我个人的观点。

毕彦超

我同意杨老师所说的。刚才刘老师有这样一个问题，我感觉很好玩：我们能不能计算出人脑的所有功能，或者说我们计算的到底是什么？实际上，从我们的角度来看，无论是人还是猴子、小鼠还是蝙蝠，其大脑如何工作、具有什么样的功能，哪怕对存在其中的特定的子系统而言，这些都是非常开放的问题，也正是我们研究的问题所在。

我经常拿颜色来举例子。刚才也说到很多东西是人的发现，不是人的发明。但事实上，颜色只是光的波长。世界上本身是没有颜色的，它完全是人脑构建出来的一种感受。如果换一种动物，比如说狗，它看见的颜色和我们是完全不一样的，而蝙蝠甚至看不见颜色。好玩的是，人会发明出很多系统去改变人的感知。以大家熟知的语言和思维的关系为例。请问，当你使用不同的语言、不同的词汇的时候，它们会不会影响到你的颜色感知？其实科学家们一直都在做这样的研究，而越来越多的证据表明，不同语言的人所习得的不同颜色的词汇会非常早地——在100毫秒的时候——影响他们对颜色的分类和感知。

所以说，人脑所有的功能其实是人脑本身发明出来的东西，甚至人脑这套系统都是如此。小孩在学习的过程中，很多时候会认为世界是连续的。但在他学习的过程当中，你教给他的词汇，会帮助他把这个世界进行切分。而你教给他不同的语言的话，则会帮助他将世界切分成不同的方式。所以说，无论是人还是其他的动物，用什么样的信息去计算生物体的功能，这些都是开放的、好玩的问题。

回到刚才听众问的问题：洞见这种东西可以去研究吗？实验手段是不是有封闭性？首先，实验手段肯定有有限性，就如我跟天明之前所说的那样。尽管我们两个因研究对象不同，实验手段也有一点点区别。在人身上，我们是不太好做有损伤的实验的，所以我们做一些高精度的时间和空间分辨率的实验，比如单细胞活动的记录。而如果需要做损伤类的实验，在特殊的情况下，我们也可以做，比如在癫痫病人脑子里直接插入电极进行观察。而对动物来说，我们可以通过损伤来做实验。也就是说，在人身上，尽管可以去观察脑损伤的病人，但这样的实验手段肯定是有限的，受到很多伦理和技术的限制。当然，实验手段也是在不断发展的。

其次，只要你能够把问题定义了，那这样总是可以去研究的。比如洞见，虽然我自己不做，但我还是看到很多好玩的研究。研究者把被试者放在一些特殊的实验环境里，给他呈现一些可能建立起特殊关系的材料。在相应的特殊情况下，人们可以通过比较快速的直觉来解决这种问题，然后研究者去观察此时神经活动发生了什么变化。比如说在人们发现直觉和洞见时，其视觉皮层的激活会减弱。就好比你进行深度思考时，有时你觉得你在看向远方，视觉当中好像存在一片空白。当然这个发现目前还比较肤浅。但首先得承认这些问题是非常复杂的，也非常出色。当前的实验手段确实存在一些限制，但我还是认为这是可以研究的问题。尽管能否研究清楚是另外一个问题，毕竟，这还涉及我们“怎么才算真正理解”这样的问题。

朱锐

还有一个问题是王球老师提出的：请问杨天明老师，您说人类与其他物种的区别在于元认知。但我们的世界存在如此丰富的物种，其感知、认知、群体和行动能力也千差万别，目前有统一的理论框架去理解人类之外的一切动物吗？谢谢。

杨天明

这个问题非常好。刚刚谈到的人类元认知能力纯粹是我个人的意见。这在目前领域内是没有任何共识的。但不同的动物的神经系统非常不一样。比如说章鱼，它们也有一套非常复杂的中枢神经系统。如果我们认为它有大脑的话，那它的大脑跟脊椎动物、哺乳动物的差别就非常大了。它们是两类完全不同的进化。因为章鱼本身是在海洋当中生活的，它有 8 个触手，所以科学家们研究发现章鱼的中枢神经系统有更多分布式特点。可能它的每一个触手都会有自己的从某种程度上可以说是“意识”的东西，然后它的中枢系统再把分布式系统整合在一起去做决策。这种模式跟我们人，跟我们所熟知的哺乳动物，差别就非常大了。【见图 8】

图 8 “章鱼”剪纸作品

章鱼有 9 个脑、3 个心脏，其中位于头部的 1 个大脑体积最大、任务最重、处理的内容最多，其余 8 个大脑则分布在 8 只触腕。

所以说，我们通常非常习惯我们人类的智能是怎么解决问题的，但这显然不是解决问题的唯一方法。可以想象如果在一个环境非常奇怪的外星球上，也许会有跟人类完全不一样的大脑、不一样的组织、不一样的计算方法在解决问题。这些都是我们所不知道的开放问题。神经科学领域的主流还是聚焦在人或者类似人的系统中，如去研究猕猴的大脑是怎么解决问题的。——我只能说这么一点，如果大家有兴趣的话，可以去看一些关于大脑进化的书。回头我会在网上贴一下我推荐的书目[①]，大家可以去看一下。我觉得这会对理解大脑非常有帮助。

朱锐

武汉大学的蔡恒进老师要求加入我们的讨论。

蔡恒进

我想回到最核心的问题，就是刚才朱老师讲的，人跟图灵计算、图灵机之间的差别就在于人会犯错误。这是非常关键的点。假如这个世界是可计算的，那从认知科学或者我们自身的体验来讲，我们之所以觉得自己跟这个世界存在强烈的冲突，原因主要就在于我们对图灵可计算的理解实际上是有缺陷的。

当然就算从基础层面讲，从柏拉图传统、爱因斯坦的大统一模型到图灵计算，这些都是一脉相承的。实际上，几乎每一个人都会受思想的影响，但这个思想本身可能是有问题的。

我想讲的是什么呢？就是听起来好像我们所有的东西都可以说成是图灵可计算的，但实际上（像陈老师刚才也讲了）我们不能超越图灵计算。这一点恰恰是错的，我也是通过十几二十年的思考才达到这个结论。这个关键就在于图灵是说人是可以犯错的。举一个简单例子——芝诺悖论。阿基里斯追不上在前方的乌龟，这个逻辑很简单。当你走到乌龟上次经过的位置，乌龟就已经走出去了一段距离，你还得去追，但它还会走，那么这就是一个悖论。可我们都知道，阿基里斯一定会超过乌龟。问题是在“追

---

① 杨老师的推荐书目：*Brain through time – A natural history of vertebrates* (by Georg F. Striedter & R. Glenn Northcutt)；*The deep history of ourselves – The four-billion-year story of how we got conscious brains* (by Joseph LeDoux)；*Other minds – The octopus, the sea, and the deep origins of consciousness* (by Peter Godfery–Smith)。

赶上一个位置”这样的形式化下表述，我们是没有超越乌龟的可能的。而图灵机实际上就相当于一个完全形式化的系统，它不允许犯错误。一旦有错误，所有的论证都失效了，比如说停机。因为对我们真正的物理系统来说，我们人的系统是会死的。我就是想说，实际上人不是图灵可计算的，就这么一个结论。细节就不讲了。

朱锐

各位老师有没有想要回答的？

陈小平

我们做人工智能，做机器人，还是从我们的行当出发吧。相关的问题我们也很关注，但是对于人到底是不是图灵可计算的，我确实没有一个明确的观点。刚才蔡老师谈到允许犯错，这确实非常重要，这也是计算机、人工智能的一个基本约束。

当然，犯错是一个粗略的说法。说得更具体一些，就是我在封闭性准则里提到的两个准则。其中一个是强封闭性准则。强封闭性准则包含失误非致命性条件。有的时候，人工智能可以犯错误，只要不致命（不一定是死人了），即只要是用户可接受的错误，那这个时候就比较好办。比如说聊天程序。其实聊天这个事是非常难的，但为什么很多人做，原因就在于它有失误非致命性。假如聊天聊出问题了，怪聊天程序，这没有人会认同的。所以，在这种情况下犯错是没关系的。而如果出的问题有致命性，对人工智能和计算机来说，就无法接受了。这也是非常大的一个约束，所以这一点我确实是认同的。

补充一点，除了犯错以外，还有一种现象——融差性，融是融合的、融汇的融。我们认为，人之所以有更强的能力，是因为人在利用误差、利用偏差来完成任务。而这个现象是不是能归结为图灵计算？我们现在倾向于不能归结，但也还没有定论，所以可以讨论的问题还非常多。

朱锐

好，谢谢！请问几位老师怎么看待情感计算的发展，比如现在流行的用神经网络预测人类看到一段视频、一幅图像所产生的情感、情绪，用计算机判断一个具有主观性、复杂性、微妙性的感知问题——它的局限性在哪？

毕彦超

我觉得情绪体验是个非常复杂的过程。我们以前以为这是一些简单的分类，是简单的杏仁核神经反应，但我觉得其实复杂得多。而如果把人特定的主观情绪体验作为一个模拟的对象，就是把它当成一个数据集，我觉得这是可以模拟的。但是，是不是可计算，我就不懂了。

刘晓力

我想现在的智能机器还没有达到产生真正情感这样的程度。刚才毕老师讲得很好，我们让人工智能做的不过是一种情感的模拟【见图9】，我认为更多还是从表情和行为动作上去模拟人的情感。虽然在很多方面已经做得很好了，但这还是相当初等的。可以说现在机器人的情感都是假的，它们并不真正有情感。但从某一个侧面比如从表情或者行为动作来看，它们能做得很好。现在情感机器人都能作为伴侣谈情说爱，甚至有网上约会的男女恋爱机器人，行为和表情都相当逼真，但这些在我看来，都是在图灵可计算的条件下做出来的人工模拟。我想，人类情感是发自内在的、主动的一种主观体验。所以，在我看来，目前的情感机器人仅处于缺少自主性的模拟的初等层次。

图 9　机器人 Ai-Da 及她的自画像

世界上第一个仿真人艺术家机器人 Ai-Da，拥有丰富细腻的面部表情和肢体语言，会自主创作画作，可以与人类交流互动，但她承认自己并不具有主观感受。其他新近精致的互动机器人作品可以在 YouTube 网站搜索相关视频，如：日本的 SEER、迪士尼的 GAZE、英国的 Ameca。

陈小平

针对这个问题，我们有两个组在做相关的工作。从很实际的项目角度来看，某些种类的表情所反映的人的心理状况，是有可能通过大量数据训练来形成的，就是刚才毕老师提到那种方式，通过大量数据训练达到比较高的准确率。但是不是所有的表情、所有的心理活动都能够通过训练来识别？特别是有时候人的表情都是假的。所以从原理上，我同意毕老师说的，也同意刘老师说的。

现在这部分工作是从应用的角度去做的。一些实际应用部门非常需要这样的情感机器人。比如说有的部门就提出要求，要求机器人能识别用户是不是马上就要发火了。如果这个能识别的话，就非常有用。毕竟，等用户发火了，吵起来了，后果就很严重。但做起来当然不容易，需要提前识别人的情绪变化。如果是已经发火了，那好识别。但要提前识别，这个就很难了。

杨天明

我想说两点。第一点，我们的人工系统是为人服务的，那么为人服务就要跟人之间有交流。而跟人之间有交流，就需要理解人类的情感，从这个角度去考虑，为人服务的人工智能系统需要理解人的情感。但我另外想说的是，情感其实并不是一个智能系统的必要组成部分，如果脱离了为人服务的框架限定的话，完全可以做一个不需要情感的智能系统。

第二点，从我们自己对大脑的研究工作来讲，据科学家最新的研究发现，情感相关的神经环路其实跟价值计算的神经环路在很大程度上是重合的。我们知道，价值计算是我们大脑做决策的过程里非常重要的一个步骤。我们做决策的一个基本原则就是趋利避害。从这个角度来说，情感计算本身其实跟价值计算是重合的。这跟我刚才说的直觉有很大的相通的地方。做价值计算，有很多部分是不需要用逻辑来算的，是在我们意识下的层面，神经环路“唰”的一下就算出来了。然后我们主观的体验就是情感，你觉得这个东西好或者这个东西不好，你看到这个东西高兴或者不高兴，依赖于计算的结果去做决策，同时我主观上感受到了这种情感。

朱锐

刚刚有一位线上的听众问的就是这个问题，关于价值计算或者是道德选择的计算。刚才杨老师已经回答了，谢谢杨老师。现在没有机会深入讨论这个问题，下一次我们会继续请杨老师深入地谈情感或者是价值计算的问题。

另外一个问题是这样的：根据哥德尔定理，目前的计算机是有局限的，因此人的大脑也是有局限的。认知是否可以分为大脑和心灵的两部分？认知科学是否有局限？

陈小平

这个问题比较开放，好像不太好回答。听刘老师多次提到过，大脑、心灵是有区别的。在中国文化里，也有这样类似的区别。现在人工智能做的，大脑也没做到，我们只能说，我们希望用这个机器实现一部分人脑的智力功能，实现的原理有可能跟人是不一样的。这样一说，就显得人工智能其实还很不错。

我想强调一下这个事情。我前面提到了 AlphaGo，它其实非常厉害，有人说 AlphaGo 至少 20 段，柯洁说人类下围棋下了几千年都是错的。下围棋完全是人的智力活动，为什么现在人工智能能做得这么好？因为人工智能也就是 AlphaGo 下围棋，和人下围棋的原理是不一样的。它是封闭的，只考虑落子。棋盘上有 361 个落子，加上 1 个 Pass，那就是 362 个落子。AlphaGo 只考虑 362 个落子在不同棋局下的胜率。所以这个问题就封闭化了，和对手无关了，面对所有对手都是一样的。那这么做的效果是什么？就是远远超过人类。下棋超过人类倒是无所谓，尽管对棋手来说几乎是灭顶之灾，可过了一段时间之后也就无所谓了，现在很多棋手天天和 AlphaGo 下棋。这样的技术对人类的帮助其实是非常大的。人类面对的很多问题，自己是解决不好的，人工智能可以帮助我们把这些问题解决得非常好。

但另一方面也存在一些风险，有些问题如果让人工智能做了，会产生一些我们不想要的非常严重的后果。这又是我们需要密切关注的。所以，在不同条件下到底会出现什么情况，其后的发展空间、产生的后果、影响的广泛性和深刻性，都是难以想象的、值得关注的。我也希望有更多的人来关注这件事情。

朱锐

伦理学上存在道德是否具有情感的争议，但是有人认为伦理不能还原为情感，人类似乎能够超越自身的一些冲动和情绪。因为我们会因为一件事情仅仅是正当的、和善的，就去做一些对个体和人类群体生存有害的行为。有没有老师想回答这个问题？

杨天明

我觉得在这方面并没有严肃的神经科学角度的回答。首先，我认为道德当中有很多情感的因素。然后，我们平时思考的一些道德问题、推理问题，我觉得都有一些后知后觉的成分。也就是说我们先预设了一个结论，然后想努力地证明这个结论是对的。当然，我这是瞎说，只是我个人的一种看法，并没有任何科学的依据。

刘晓力

今天谈认知科学的局限，实际上假设了等同于传统认知科学第一代纲领的局限，可以说是狭义的局限。只谈最初建立认知科学时的假设，人脑就是一个计算－表征系统，而且还要坚持人脑就是一个图灵可计算的系统的话，那这就是认知科学最大的局限。从另一个角度，广义的认知科学是七大学科构成的学科交叉群，神经科学和人工智能只是其中的两个最活跃的子学科，此外还有哲学、心理学、语言学、人类学和教育学等其他学科。我相信交叉研究本身一定是有局限的，但不同学科的交叉对话会提供更多的对传统的研究纲领的不断修正。这个也是我们讲的另一层面的认知科学是否具有局限的问题。我们之所以要做这样一个跨学科的论坛，就是要把这样的问题打通，而不仅仅局限在某一个学科的角度思考问题。

朱锐

我在此跟大家分享一个小故事，“认知科学的局限”这个问题实际上是在另外一个场合——刘晓力老师讨论哥德尔定理的时候，毕老师提出的问题。我当时觉得毕老师的问题特别好，所以今天再拿来讨论。

毕彦超

我觉得这也不光是我提出的，因为我自己并不知道它们的关系。刚才天明也说，我们做这些方面的时候很少去想这些问题。因为它作为一个自然研究的对象，还在不断带领我们不断进入新的世界。我上次之所以会问到，是因为哥德尔他自己也确实提过，我有点好奇他为什么这么说。所以我觉得今天至少是一个学习的机会，更好地阐明了不同的领域当中，关于所谓的计算或者是不同类型的智能，它们自身的局限。

然后我也觉得，不同学科当前所关心的问题有一些差别，相关的定义也并不完全一样。能不能通过这种跨学科的讨论去突破学科自身的局限，我希望会对未来有一些思考和帮助。

朱锐

这个问题大概也算是一个评论，是对陈老师提出的。这位同学说，封闭化的形成，是将一个原本非封闭的问题，如一个应用场景，变成封闭的具体手段，包括场景裁剪和场景改造。所以封闭化不是永远可行的，但在产业中的很多部门是切实可行的?

陈小平

我觉得这个问题提得非常好，最近几年，我特别希望有更多的人，尤其是产业的人能关注封闭性和封闭化。最近几年，我参与了国家的一些规划，也做了比较多的调研，去了很多企业，包括从最大到最小的很多人工智能企业和机器人企业。我发现，现在国内企业普遍有一个方面还有很大提升的空间——国内的一些企业，特别是一些比较新的企业，往往会把基础研究中的一些最新的成果直接拿来做产品，并没有进一步分析这些技术现在是不是到了可以做产品的阶段，而是简单地认为最新的就是最好的。

在这种情况下，就更需要我们的企业能够对自己产品所用的技术做更深入的分析。如果你认为自己的技术是人工智能的最强技术，它一定能成功，而不管这个技术是否可以应用于非封闭化的场景，就会存在非常大的风险。用人工智能技术去做应用，通常希望在比较短的时间内达到预期目标。这个时间一般是不超过 3 年的，有的企业是做技术的，可能做的时间长一点，但最多也就 10 年到 15 年。我的预期是，在未来 15 年内，主要依靠现有人工智能技术，其中大部分技术的应用需要对场景进行封闭化。所以在未来 15 年之内，我们就面临这样的问题——如果盲目地用一些最新的技术去做产品，这不仅对我们企业会造成非常大的损失，对整个中国产业的发展也有非常大的风险，所以希望能引起更多人的重视。

朱锐

谢谢各位老师在百忙之中给我们观众带来精彩的讨论。尽管这个论坛在很多方面估计不尽人意，但这也只是一个开始。此外，我们相信这样跨学科的讨论会不仅会成为一个大趋势，而且在某种意义上会带来一定突破。我觉得哲学跟科学之间的交流，不仅仅对哲学有意义，对科学也非常有意义。

在未来两周之内，我们很快就会有第二期的论坛，四周以后还会有第三期——第二期讲理解，第三期讲洞见。我们会延续今天讨论的内容，欢迎大家来参加。然后再次感谢神经现实、集智俱乐部，谢谢刘晓力老师、毕彦超老师、陈小平老师，还有杨天明老师，非常感谢。希望以后有更多的合作。

理解

Understanding

朱锐

中国人民大学哲学院杰出学者、特聘教授

陈楸帆

科幻作家
中国科普作家协会副理事长

高山

山西大学科学技术哲学研究中心教授

胡郁

科大讯飞联合创始人
科技部“863 类人智能重点项目”首席专家
中国科学技术大学兼职教授、博士生导师

刘畅

中国人民大学哲学院副教授
中国现代外国哲学学会理事
维特根斯坦哲学专业委员会秘书长

朱锐

大家晚上好！我是今天的主持人朱锐。欢迎大家来到哲学与认知科学明德讲坛第 14 期暨服务器艺术人工智能哲学论坛第 2 期。

今天我们探讨的内容是如何理解“理解”，如何去达成理解，理解的标准是什么、边界又在哪里。我们有幸邀请到来自科幻、量子物理、人工智能、自然语言处理和哲学等不同领域的专家来共同研讨这个话题。下面就有请科幻作家陈楸帆老师，山西大学科学技术哲学研究中心教授高山老师，科大讯飞联合创始人、国家“863 类人智能重点项目”首席专家胡郁老师，中国人民大学哲学院副教授刘畅老师。非常荣幸与各位老师从不同角度共同探讨今天的主题——理解。我想把今晚的讨论分三个部分，分别是障碍、模型和误解。

我们首先讨论理解的障碍。量子物理应该是讨论中最难的一部分内容，所以就先从高山老师开始。

高老师好！在您看来，量子物理是否彻底改变了人类对世界的认知？这又是否说明了世界是不可知的？美国量子物理学家理查德·费曼似乎曾说过：“没有哪个物理学家能够真正理解量子力学。”请问他为什么这样说？您是否赞同他的说法？当物理学家在谈“理解”的时候，他们的标准是什么？

高山

朱老师一下提了好多个问题，我先从费曼的这句话开始。大家知道费曼是一位比较有名的物理学家，在量子场论、量子电动力学做了很多奠基性的工作，在量子力学领域也做了一些基础性的工作，包括编写了一套很有名的《费曼物理学讲义》，其中就有量子力学这一卷。20 世纪 60 年代，在康奈尔大学给学生上课的时候，他确实曾经说过：“没有人理解量子力学。”

图 1　两组相同缝距的双缝干涉条纹（上组缝宽 0.08mm，下组缝宽 0.04mm）

为了验证光究竟是粒子还是波，1807 年，34 岁的英国学者托马斯·杨（Thomas Young）进行了第一次双缝实验，在观测屏上得到类似上图的干涉条纹，证明光是一种波。随着物理理论和实验技术的发展，后来的物理学家又进行了各种双缝实验的变体。比如 1965 年，著名物理学家费曼预测，如果我们用一个摄像机去观察光子究竟通过了哪条缝，那么观测屏上就不会出现干涉条纹，而是出现与双缝对应的两道亮斑，体现出光的粒子性。最终实验结果完全符合费曼的预期。

费曼的这种说法在当时的环境下是可以理解的。提及量子力学，尤其要提及双缝实验这个比较经典的实验。这个实验最早就是从光开始做的。20 世纪 60 年代，人们用单个的电子做过双缝实验，现在单光子的双缝实验或者是多缝实验已经验证了量子力学这个预言，这是没有问题的。

费曼之所以说这样的话，原因在于怎么理解这个“实验”本身，或者怎么理解“双缝实验”【见图 1】这种现象及其得到的结果。简单说来，这里实际上有两个问题。

费曼在这里想要理解的东西是量子力学理论本身。大家知道物理学是一种经验科学，在物理理论里有一套数学方程，方程里的量又要和实验的结果有一个对应。量子力学满足这个基本要求，它有一个波函数，满足一个薛定谔方程。波函数绝对值的平方也和实验测量结果的概率有一定的联系。这形成了一个量子力学简单的体系。有了这样的规则，物理学家可以做实验或者是在技术上去做革新，比如量子通讯、量子计算，但这些工作本身并没有达到理解量子理论的程度。费曼感到困惑的地方是，双缝实验的结果是如何出现的？普通人理解的电子是一个很小很小的粒子，可以把它比喻成很小的带电小球。但如果用这样一种图像去理解双缝实验，是无法解释最后形成一个干涉图样的原理的。这就导致一种理解上的困难——可能和今天的主题有关系。

但是，理解量子力学这件事情在我看来和今天我们讨论“理解”这一层次相比还是最表面、最简单的。可以简单地说，人们不理解量子力学的原因在于他们是用经典物理图像去理解量子物理的过程，这已经被证明是不可能的。所以，费曼说无法理解量子力学的意思是用经典的图像，比如用牛顿力学经典粒子的运动或者是经典波的运动去理解双缝实验是不可能的。于是在历史上，科学家们以两种道路来探索量子力学。

玻尔、海森堡、狄拉克、玻恩等人认为没有一个实在的图像可以解释微观世界的过程，包括双缝实验。这就形成20世纪二三十年代以后的哥本哈根学派。这个学派反对有一个实在图像在微观世界里存在，可以说，他们对实在论不是特别友好。直到今天，还有一些物理学家持有这种观点，包括很多教科书里有一些论述。这是一条道路。

但是今天更主流的路径认为，我们可以在实在层次上理解量子力学，现在形成了几大可以替代教科书标准量子力学的观点。例如，所谓“隐变量”“玻姆诠释”“多世界理论”“坍缩理论”等，他们都对量子力学各种实验和测量问题的一些悖论给出了解释，他们提供了一种图像，但是这种图像是不是最终的实在图像，还存在很大争议。用玻姆诠释解释双缝实验时，电子不只是一个粒子，而且是一个附带着一个波场可以引导运动的东西。假设出这样一个实在图像，量子力学的双缝实验可以理解，但至于这种图像是不是最终的实在图像，目前的实验还不能判定这一点。费曼的观点在当时或者是现在看来似乎有一些悲观，可以认为有一些实证论或者是操作论的哲学潮流在里头。但是我们今天量子力学 - 哲学比较主流的看法是坚持实在论，认为“电子”有一种实在的图像在里面，通过双缝一定有一个过程，这个过程最终人类可以理解。

——就是这样一个大概的简述，稍微回答一下朱老师关于双缝实验的问题。大家有没有其他看法，或者是进一步的问题？

胡郁

我有一个问题：传统意义上，人类是生活在一个宏观的物理世界当中的，这是不是可以理解为我们的脑结构更适合于看到宏观现象，而很难想象那种微观世界，特别是在量子层面的物理现象？我不知道这是不是跟我们人脑的认知结构有一定关系。

高山

的确，我们日常所接触的世界基本是用牛顿力学描述的。量子力学和牛顿力学在很大程度上是完全不同的，这使得我们理解量子力学时有一定困难。在现在很多研究者看来，量子力学可以改变我们对世界的一个认知图像，就像库恩所说的范式转换。

经典物理学从亚里士多德到牛顿就有一种范式转换。亚里士多德认为，对于物体，不推它它就不动，牛顿则认为物体本身可以保持一个运动的状态，这在亚里士多德看来是不可能的。经典力学内部也有一个对世界图像的看法的转变。量子力学或者相对论对我们理解时空运动有一个更革命性的变化，这个变化在今天看来，至少有几种替代理论，比如玻姆诠释利用双缝实验可以提供一个图像和解释，但是这种解释最终是不是正确的，或者说最终真实的图像是不是人类能够找到的，对此我保持开放的态度，这最终需要经验的支持，不同量子力学理论像玻姆诠释、多世界理论最终都需要通过实验来检验。

图 2　第一个做双缝实验的托马斯·杨的肖像

第一个做双缝实验的跨界天才托马斯·杨被称为“最后一个什么都知道的人”。他的一生只有短暂的 56 年，却过得极其丰富精彩。他 2 岁就开始阅读，13 岁已经可以阅读拉丁文、希腊语、法语和意大利语。他的成就包括成为哥廷根大学医学博士（只用一年就毕业了）、波动光学与生理光学的创始人、拉普拉斯天体力学研究者、语言学奠基人、“杨氏音律”发明者、破译罗塞达石碑关键人物、走钢丝表演艺术家、保险经济学专家、大不列颠皇家研究院自然哲学教授，并且能够演奏那个时代的几乎所有乐器。他还是巨额遗产继承人，他继承的遗产令本就努力的他如虎添翼，可以尽情把才华都发挥在有需要的地方。

胡郁

我再延伸一点，我了解一些量子力学入门的知识，也读过霍金的几本书。我们从小学到高中到大学受到的是传统物理学教育，要想理解相对论，不管是狭义相对论还是广义相对论，在思维范式上要有一个转换的过程。但是我发现有一些人转换得比较快，有一些人转换得比较慢，这就造成学习量子力学的人，有的能比较快地找到感觉，有的则需要花很长的时间，不同人之间的差异也挺大的。我不确定这和人的聪明程度是否有关系，但是跟大脑结构性差异肯定是有关系的。

高山

这是有可能的，您说的这个现象不仅仅在理解量子力学方面，可能在理解任何比较难理解的东西方面都会存在，理解问题跟我们的经验、学习的知识体系都有关系。

朱锐

第二个问题，我想问陈老师：以您的理解，什么是所谓的黑暗森林法则？您是否同意其中的一些说法？

陈楸帆

我们要讲刘慈欣老师的黑暗森林法则，就必须先从费米悖论【见图 4 及图 5】开始讲。费米悖论又得从德雷克方程开始讲，德雷克方程就是通过设置一系列的常数，形成一个漏斗形的结构，然后去假设在银河系里可能存在的文明的数量。经过计算，人们总体倾向于智慧生命在银河系或者是宇宙间是非常庞大的一个数量，这就引出一个费米悖论。如果智慧生命

图 3　苏联科幻电影《索拉里斯星》剧照

除了“入侵者”以外，科幻文学或电影也经常把地外生命塑造成“帮助者”的角色。比如《2001 太空漫游》中的神秘“黑石”，从远古一路引领人类的智能进步。再比如《索拉里斯星》中有智慧的海洋状生命体，在被人类狂轰滥炸式地研究之后，并没有以其高端的科技实力报复人类，反而创造出主角的亡妻、母亲、父亲，帮助他与内心的伤痛、歉疚和解。

在宇宙间如此普遍，为什么我们迄今为止就没有进行所谓的第三类接触或者是公认的跟外星文明的接触？

刘慈欣老师“黑暗森林”法则的一个最大的前提在于此。他提出两个假设：一是宇宙间所有智慧文明的目的是为了生存；二是宇宙间的物质资源是有限的。

每种文明为了争取自己的生存，必须不断地向外扩张。在扩张的过程中，一旦发现有其他文明存在，最符合博弈论的一种做法就是马上去把它消灭，哪怕它的文明程度对于你来说非常初级。因为考虑到信号到达有一个时间差，派出一个去消灭它的飞船需要经历几千年或者是上百年的时间才能到达。在这段时间里，你观测到的文明有可能已经发展出某种超级武器或者是能够威胁到你的科技，使得你不得不去这么做，否则它就会消灭你。所以黑暗森林法则就是基于这样两个假设提出来的一种宇宙社会学的定理。所有的文明在刘慈欣老师的《三体》里面，都像是一个在黑暗森林里前进的猎人，大家可能都不敢出声，怕一出声别人就会向你开火。

而在我看来，这种理论其实有很多假设前提存在：首先，文明的终极目的是不是生存？这一点我们可以讨论。其次，宇宙间的物质资源是有限的，但是我们是不是必须通过对外扩张、掠夺、征服的方式来获得自身的生存空间？这也是一个前提，这种理论带有非常强的“冷战思维”。

在中国，尤其在互联网界，这个理论之所以受到追捧，是因为我们处于这样一种冷战思维占主导地位的社会环境里，大家都会这么去想，包括降维攻击、猜疑链的概念。

所谓的猜疑链，是当两个异质文明发生接触的时候，因为语言、技术、文化等等方面的巨大差异，没有办法在很短的时间内达成沟通上的共识，这就是今天说的“理解”。在很多科幻小说、电影里都探讨过这样的问题，比如《降临》，它是一部根据特德·姜的小说《你一生的故事》改编的电影，整个故事就是在讲怎样破解外星人的一种语言，有点儿像是回看历史。当欧洲的殖民者到达美洲的时候接触到了土著人，双方存在着非常多的误解，有可能这种误解会导致灾难性的结果，这些确实在人类的历史中不断地发生。

科幻作品里经常在探讨完全不同基础甚至是硅基跟碳基两种不同文明之间发生接触时，如何理解对方，如何达成一种共识，或者双方是否索性进行一种你死我活的零和博弈，必须消灭对方，否则自己就没有生存空间。在我看来，这是一个价值观的立场问题。你相信什么，你就能够建立起一个非常自洽的理论假设。

我想到去年拿诺贝尔物理学奖的彭罗斯，他在 20 世纪 80 年代写了一本书——《皇帝的新脑》(*The Emperor's New Mind*)，他在里面提出一个很大胆的假设——人类的意识是一个量子的过程。他是作为一个数学家从哥德尔不完备定理推出这样一个结论的，中间有很多大的假设，但他需要找到一个在生物学上可以承载量子过程的一个结构。这个结构至今没有找到，包括很多科学家说量子是一个需要超低温、非常脆弱的状态，在大脑又湿又热、充满了噪音干扰的环境里，其实不太可能产生这样的一个量子效应。这其中有太多的空间让我们去想象，对于我来说这些都是非常好的可以作为科幻小说的题材。

图 4　恩里科·费米在黑板前

费米是意大利皇家科学院院士。1938 年，由于太太是犹太人，费米在去领取诺贝尔奖的途中选择直接移民美国，并先后在哥伦比亚大学和芝加哥大学任物理学教授，因提出“链式反应理论”及成功主持搭建第一个核反应堆而被称为“核能之父”。费米的研究动机在于为人类创造一种新的能源。

朱锐

陈老师，除了《皇帝的新脑》，彭罗斯还写了一本新书叫《心灵的影子》（*Shadows of the Mind*），里面提到了一个新的假设Microtubule hypothesis（微管假设），就是陈老师所说的承载量子过程的结构。其他老师对陈老师的观点有什么问题和评论？

高山

我对外星文明挺关注的，我有时候在思考，按照费米的推理，宇宙

图 5 《纽约客》刊登的外星人偷垃圾桶漫画

1950 年某天午餐时，费米在阿拉莫斯核基地与同事们探讨上面这幅漫画并提出疑问 :“大家都在哪儿呢？”费米后来对银河系里可能存在的高等文明数量进行了简单的估算，但没有继续认真研究，更没有提出过“费米悖论”。“费米悖论”其实来自后人发表的论文。之所以有“费米悖论”之名，可能是因为美国国会曾想借助费米的大名来停止资助 NASA（美国国家航空航天局）寻找外星人的计划。“费米悖论”声称，如果我们到现在还没被外星人造访，他们应该就不存在。

中应该存在很多类人文明或者是更高级的文明，为什么我们没有发现？有一个原因会不会是，我们现在所探测到的星体都是过去的景象，比如我们现在探测到十亿光年以前的信号只是十亿年以前的一个状态，或者是星球上的元素、光谱学的分布，但由于相对论的限制，那些星球的目前的状态是无法知道的。

银河系的直径大概十万光年，十万年以前的事情可以探测到，但十万年以后银河系边缘到底有没有其他文明，我们是不知道的。我们对宇宙深处的探测，实际上就是对过去进行回望。现在星体离我们越远，我们对过去越深入，我们对现在就越是无知。我们就更加不了解它的现在状态是什么，甚至可能星体本身已不存在。这个问题有一些研究者已经想到了，我们现在如果把这个问题考虑进来，探测到的适合文明生存的星球或者是可居住的行星比例小就可以有一定的解释，但也不能完全解释为什么还没有发现外星文明。

刘慈欣的书里说的每一个文明都想隐藏自己，这也是一个假设，从人类目前的知识来说，想隐藏自己还是挺困难的。如果是发光体或者是地球这种很暗的状况，会很难探测到。我对这个问题也非常感兴趣。

彭罗斯的一些观点将来写到科幻的小说里还是挺有新意的，大脑的量子结构虽然现在没有得到证实，但至少是很有启发的，编成故事或者创作成科幻文学是很有意义的。

陈楸帆

谢谢高山老师，《2001 太空漫游》的作者克拉克说过，在宇宙里面，不管人类是孤独的还是不孤独的，都会令人感觉非常恐惧，因为那都是非常极端的一种状态。

如果人类是宇宙唯一的智慧生命，我能想象到的一种可能性是马斯克所说的，我们所处的世界是虚拟的世界。我们在一个虚拟的世界里就只能够观测到我们自身的存在，而其他都是在虚拟之外或者是像平行宇宙的虚拟世界。

朱锐

胡老师好，因为您是专门研究人工语言处理的，您认为机器理解人类语言主要的障碍在哪儿？对机器而言，理解语义与情境、人类情感，真正的挑战在哪里？

胡郁

我认为人类之所以跟动物不一样，是因为人类的智能和机器的智能不同。要把智能分解成几种不同类型——运算智能、感知智能、运动智能和认知智能。

运算智能是算加减乘除，机器特别擅长，人不是很擅长，因为人的大脑没有被训练完成这个工作。其中的原因也很简单，人类的祖先在非洲大草原上要竞争要活下来，算数字对他们来讲没有太大的作用。在人类文明高度发达以后才发现数学很重要，此时人类的大脑没有进化成特别适合数字计算的形态，所以人类发明了计算机。

计算机就是为了计算而产生的，计算机诞生伊始在运算能力上就远远超越了人类。人和动物都有的智能是感知智能和运动智能。这两个智能加在一起，就是人类的祖先和动物在非洲大草原上能够存活下来或者是能够吃到别人东西的原因。感知智能是眼观六路、耳听八方，能够感觉到周围的变化。运动智能是像动物一样快速地捕捉或者是逃跑。

以色列的历史学家尤瓦尔·赫拉利在《人类简史》里说，人类的祖先有很多不同支猿人，非洲有智人，欧洲有尼安德特人，中国有直立人，东南亚有梭罗人，后来发现虽然这些猿人都会用石器，都会用火，但最后是非洲智人打败所有其他猿人，成为人类祖先。

《人类简史》写到非洲智人和其他猿人最大的区别是他们会使用语言。所以我认为人类最高的智能叫作认知智能。因为有了语言，人对世界的认知发生了变化。对于天上的月亮，动物只知道那是一个发光的东西，而人类知道那是个卫星，在反射太阳这颗恒星的光芒，这种情况下，语言成为人类不同于其他的动物，甚至不同于其他的猿人最早产生的一种能力。所以认知智能是非常重要的，我把它叫作“语言的理解”“知识的表达”“逻

图 6　电影《模仿游戏》中译码机器 Bombe 的拍摄道具（现收藏于布莱切利公园）

图灵并没有提出过“图灵测试”。1950 年，图灵在论文中提出一个类似极简“狼人杀”游戏的“模仿游戏”（The Imitation Game）。在游戏中，身处另一个房间的提问者需要通过打字提问判断 X 和 Y 谁是女人，而 X、Y 两人中的男人要尽量误导提问者。图灵用“如果这个捣乱的男人被换成一台电脑会如何？”“提问者的误判率会改变吗？”来代替“机器能否思考”这个过于宽泛的问题。

辑的推理”和“最终决策”。

说到机器人，它最擅长的是什么呢？最擅长的是运算智能。现在图像识别、语音识别技术已经快速发展，所以各种机器人在感知智能和运动智能上越来越发达，现在机器人跟人类的差距就体现在认知智能上。人脑是怎样运作起来的？到现在为止还没有搞清楚。人的大脑皮层哪些部分存储了哪些概念，概念之间进行怎么样的逻辑推理，推理以后怎么样做出决策？在研究人脑的过程中，现在还没有办法详细地从人脑结构去分析。陈老师也提到，人脑中间会不会存在量子效应？会不会是量子效应导致这么复杂的语言能力在人脑里面得到进化而产生出来的？

现在，我们所能够利用的其实是计算机——我不讲量子计算机，量子计算机是另外一个讨论的范畴——我们这里讲的计算机还是在哥德尔的不确定性定理下，图灵机逻辑基础上的冯·诺依曼结构的电子计算机所能做到的。这里有一个非常有意思的事情，我们发现，计算机实现的感知智能和运动智能，与人和动物实现的感知智能和运动智能结果看上去一样，但实现的过程是不一样的。比如说下围棋，计算机是靠大量的计算和存储，而人不是靠这个，像柯洁、李世石他们并不能算得那么快，存得那么多，他们是靠灵感，但是计算机是靠算得比较多，从而在最终结果上超越人类。

举两个例子，大家就能明白。

第一个例子，语音识别。我们在听一个人讲话的时候把它记录下来，请问记录下来的文字我们能不能理解呢？记录下来的人一定会理解这些文字。但是计算机在做语音识别的时候，虽然会把文字一模一样地写出来，但是它根本不理解这些文字里面的内容，因为它的算法决定了它不需要理解内容。

第二个例子，我们做了一个程序——帮老师改作文。一开始很多老师都不相信，计算机能看懂意思吗？凭什么打出来的分跟老师是一样的呢？事实证明，计算机通过统计文章中关键词的范围——是不是有比喻，是不是有排比，是不是引用了名人名言——学习老师对这些作文打分的规律，它就能够得出和人类一致性很高、方差很小的打分结果。

刚才提到我们很难理解量子世界，计算机世界实现的最终功能也是采用各自领域的不同方法，只是结果看起来和人的一样而已。在理解语言这件事情上也是一样。现在计算机理解语言其实不是计算机真理解语言，而是我们的研发人员想用某种形式，让计算机存储的东西表现得像理解了一样。我们的自然语言理解，除了算法上的东西之外，最近的一条道路是知识图谱或者是建立在知识图谱上的推理过程。

我们假设对语言的理解是建立在一个知识图谱的基础上的，其中有很多关键词，这些词之间有一个一个的关系。我们以人类可以理解而计算机又可以执行为前提，想出了一套基于知识图谱的存储知识、逻辑推理以及最后决策的一些方法，然后告诉计算机通过算法把这套方法实现出来。这其实还是人类理解语言的一种方式，这种方式与我们人脑是不是这样理解其实没有关系，这还是我们人类的一种解释，我们希望这种解释能够被现代的计算机成功地执行。所以说我认为其实我们直到现在也没有教会计算机真正理解这些东西。

这两个问题是相关的，值得我们长期地去研究和讨论。一个是人的大脑到底是如何理解语言的，另一个是我们用什么样的方法告诉计算机让它表现得看起来像理解了语言。这两个问题现在都是开放性的问题，都还没有答案，值得研究人员长期研究。

我个人的研究兴趣都跟人工智能有关，我的三个研究领域——人工智能、机器人、脑科学，我认为它们之间有非常紧密的联系。

朱锐

谢谢！我看到观众席里有著名学者江怡老师，欢迎您随时加入我们的讨论。

其他嘉宾对胡老师的观点有没有什么样的看法？

陈楸帆

我回应一下胡老师刚才非常有启发的分享。去年我跟创新工场 AI 研究院一起合作，用 GPT-2 做人工智能写作的项目，我们先去预训练了一个模型，其中有几个亿参数，训练之后让它写科幻小说。我们发现它能够写出来的一些东西感觉是理解了语言的一些意思，包括在故事的情节、人物的关系上，似乎有一些接近于人类比较初级的一种水平。我们能否把 GPT 这种暴力美学式的语言理解模型视为某种程度上的理解呢？【见图 7】

图 7　语序与语义

以往的自然语言模型只能按照自然语序一个一个地处理词语。Transformer 模型用词语间位置关系概率来单独处理语序问题，从而可以批量并行处理海量语言文字信息，大大节省算力。基于 Transformer 发展出的 GPT 系列也受到广泛关注。目前，Transformer 在图像处理领域也胜过了其他传统模型。

胡郁

在这里我想讲一种“人择原理”，我们人类是一种智慧生物，会对一些现象做出一些解释。当我们观察到的现象与人类的智慧有相近的地方，我们就会偏向于将其解释为其具有一定的智能。但这也要看智能是怎么定义的，机器实现的目的是让它看起来像智能一样，而事实上，机器实现的过程跟我们想象的大脑里边实现的过程可能完全不一样。比如说你认为机器有情感或者有智能，其实是人类选择性解释的一种结果。从哲学角度讲，一种是从表现上来判断，还有一种是从过程上来判断。

朱锐

胡老师，我是学哲学的，我可以保证每个人都是哲学家，而且最好的哲学家肯定不是我们。

胡郁

我们多探讨。

朱锐

第一个模式是沟通的障碍。刘畅老师，您从哲学层面怎么理解“理解”？

刘畅

谢谢朱老师！我实在没有能力代表哲学来定义何为“理解”。不过，刚才三位老师都从各自领域的角度谈了很多很有见地的想法，所以接下来，我想我或许可以结合刚才诸位老师提到的几个点，来谈谈我对“理解”的理解。

首先，高山老师举了一个耐人寻味的例子——量子力学家费曼在一次讲座上说，他敢保证，没有人真正理解量子力学。说到“没有人”时，费曼显然是把他自己也包括了进去。不过，从另一种意义上显然又得说，当费曼说出这番话时，在场应该没有人比他更懂量子力学了。我作为一个十足的门外汉，也可以放心大胆地说：“我不懂、不理解量子力学。”但我的“不理解”与费曼的“不理解”，却显然不是一个意思。那么，我们应当如何确定“理解”与“不理解”的标准与边界呢？

我想引用奥斯汀的一句话（很多人可能也说过类似的话）：我们生活的这个世界，如果发生的事情什么跟什么都一模一样，我们从来分辨不出事情之间有任何差异，那么可以保证，在这样的世界里，我们是什么也理解不了的。反过来也一样：假如事情什么跟什么都不一样，我们从来都不能在其中找到任何共同点、任何规律，那么在这样的世界里，我们也一样不会有任何的理解。对于这个假设，大家想必都会赞同。但我进一步想说的是，无论我们怎样不断地拓展我们的理解能力，从原则上讲，我们从来都是在用有限的理解模式去理解无穷的现象的。假如事情是反过来的，每发生一件事情，我们都要有一个对应的理解模式、一个对应的概念去理解它——于是有一千件事，我们就得拿一千个概念去理解，有一万件事，我们就得拿一万个概念去理解——那样的话，我们其实就不会有任何理解。

我特别赞同胡郁老师最后提到的人择原理。我也想强调，我们后天之所以能培养起对各式各样事物的理解能力，是因为我们从幼年起就树立了一些基本的理解模式。通过把新事物类比于旧事物，把新有的理解嫁接到既有的理解上，我们不断丰富、不断更新着我们的理解，从而，在这些有限范式构成的框架中，我们能够去理解更加丰富多样的现象。我想，这是我们理解拓展的一个基本模式。

所以，回到量子力学的例子，我们发现，我们面临的是理解拓展的两面性。一方面，如果我们的理解模式过于单一，显然就会限制我们理解的拓展。就像刚才高山老师讲的，假如我们的思维过分限定在经典物理学所给予我们的世界图像上，那么要我们去理解更多的现象就会变得非常困难。但问题也有另外一面：假如每出现一种有待解释的物理现象，我们就单独为它搭配上一种“理解模式”，每一种“理解模式”之间丝毫没有共通之处，那么再谈“理解的拓展”就没有意义了。

我们彼此能够相互理解，的确基于我们的许多共识，但我更想说的是，很多时候，我们相互理解，不等于我们最后达成的意见完全一致。我们每个人都有自己固有的经验、固有的感受、固有的生活、固有的知识，以这些作为基础，我们慢慢形成了我们理解事情的一套范式。我们的相互理解是这些范式之间的交流与交融，也就是阐释学所说的“视域融合”。所以，对话是要寻求相同的语言，但不是要用相同的语言说相同的话。我们通过

图 8　达特茅斯学院的贝克图书馆

1955 年，约翰·麦卡锡等计算机科学家撰写了一份 1956 年暑期研究项目申请书，在达特茅斯会议上第一次明确提出“人工智能”一词。研究项目的目的在于尝试用计算机来模拟、探索人类智能的运作方式。此后，人工智能与认知科学两个学科并肩前行多年，至 20 世纪 90 年代渐行渐远，人工智能的研究目标也扩展到认知科学以外的很多其他领域。这份申请书及后续活动资料可见于 http://raysolomonoff.com/dartmouth/dart.html，或搜索 Dartmouth 1956。

对话达成的，首先是“相通”的理解，而不是“相同”的理解。

陈楸帆老师讲到费米悖论，讲到文明之间如何交流、如何理解，也是非常有趣的一个话题。我们应当把什么样的东西理解为“生命”，把什么样的生命形态理解为“文明”呢？我们的衡量标准是什么？我觉得，这不可避免地要比照我们对地球生命、对人类文明的既有理解。以此为前提，我们才可能进而尝试去设想、去理解其他与我们不同的生命或文明。一类东西的存在方式若是太过特殊，它们与我们若是太过不同，我们就得问问自己：我们还有没有权力把它叫作生命，或者把它存在的方式叫作文明？我们设想一种“外星文明”，就已经意味着，我们在设想那其中有很多我们可以理解的东西，至少是我们有理由把它理解作“文明”的东西。

让我最受启发的是胡郁老师提到的一系列观点。比如上面提到的人择原理，比如对语言的强调。胡老师还对智能做了四个分类，其中我非常认同的一点是把“认知”和“运算”区分为截然不同的两类智能。我也觉得，认知智能是不能被还原成为运算智能的。

最后，我还想补充一点：尽管任何理解上的拓展总不可避免地要以既有的理解作为起点，但应当把它与“人类中心主义”的观点严格区分开来。我同样反对人类中心主义。我们的理解需要有一个起点，但有起点，不等于在起点处原地踏步，不等于我们理解任何事情时，都要执着在人类的角度上，都要以人类的视角、人类的利益作为永远的起点和归宿。真正的理解是一场对话，而不是自说自话。

胡郁

特别好。我们还有两个模式要讨论，第二个模式是模型的问题，其中有三个问题。

问题一：理解自己跟理解别人或者是理解外在世界、理解对象之间有没有根本的区别？是靠同一种理解模型，还是完全根本不同的建模来理解自己？在哲学上总是说理解自己是最难的，这是怎么回事？大家可以从模型的角度说一下。

陈楸帆

我简单地说一下，这涉及一个主客体的问题，认知主客体其实跟认识主体的过程不一样，当你认识主体的时候，你的思维过程包含在里面。

就像我们在会议室打开麦克风那样，会产生声音回输，这相当于自我认知过程中的一个递归结构。递归是计算机语言里面非常基本的一个结构，可以用它来解决很多的问题，它也存在于我们思维的模式中。

当你要去认知或者是理解自我的时候，必须借助递归结构，等于是你在认知正在认知自己的这个自己。这个话说得有点儿绕，但就是这样，是一个不断循环的过程，我们没有办法完全跳脱出这样一个反馈回环，来真正客观地认知或者是理解自己，这是我的一个理解。但对于客体来说，可以作为一个外部的客体、客观存在的事物、他者来做认知。作为自我，首先身体的图式，一种不管是先天或者在童年被培养出来的这种认知世界的模式，都会嵌合在你的理解过程里，我们没有办法把这部分脱离出去，这是我的一个看法。

胡郁

我举两个例子：

一、有一句成语“旁观者清，当局者迷”，某种程度上就是刚才说的主体和客体的关系，当我们以第三者身份和亲历者身份分别看同一件事情时，会有不同的表现。

二、抑郁症的成因主要是大脑上神经递质的分泌出现了一些问题，神经递质在神经元和神经元传递兴奋这件事情时借助于此。

朱锐

第二个问题涉及想象和理解的关系。很多人觉得科幻的想象是理解世界的一个重要的部分，人与人之间的理解也包括很多设身处地的道德和心理的想象。我们应该怎么样理解想象和理解之间的关系，理解想象对理解的意义以及重要性？在哪些方面，理解是不可能离开想象的？

胡郁

关于这个问题，我先来发个言。我特别喜欢凡尔纳著名的《海底两万里》，他很早就预测了潜艇、坦克等一系列那个时候还不存在的东西。

我们刚才提到了人理解火的问题，最早在使用火的时候，人其实对火的理解不够深入，只是知道这个东西能把动物给烧得更好吃，至于火这种化学现象原理，早期的人类是根本不知道的。但是当人类吃饱喝足以后，就开始分化出来宗教、哲学、艺术，还有科学。正是因为有了想象这个能力，我们才会说“大胆想象，小心求证”，任何事情我们可能是使用在前、理解在后，这个过程中就需要想象。

我们发现，从古到今，很多物理和化学的规则、规律，都是先从实用主义的角度先应用，再通过想象，再通过验证。像哥德巴赫猜想这些理论一开始都是想象出来的，包括爱因斯坦的狭义相对论和广义相对论，在当时的情况下，不管是数学上的猜想还是物理上的实验都没有办法对它们进行验证。但是，这些想象出来的东西很好地引导了我们朝这个地方去思考、去求索，最后使得我们的理解更加深入。

陈楸帆

我非常同意胡老师的观点，很多时候我们把想象理解得有点儿狭隘，包括把它作为一种叙事性的想象或者是文学性的想象，但想象宽泛一点来说是一种推理能力。认知科学方面，现在有一种东西叫作预测性编码，就是我们大脑时时刻刻都在猜测外部世界发生了什么，将真实发生的事情跟你的猜想作一个拟合，于是不断地调整自己行为的一个决策。这样的一个东西可以被视为想象，它并不是完全从外部得到的这种信息和刺激来作为对世界认知的依据，而是有非常多猜测的部分在里边。

从这个角度看，人类如果没有了想象，人类就无法去发展自己的文明。现在我们会说想象力重要，是因为它决定了你能不能跳脱出当下此时此地的这种处境、境地，能够对更长期的未来做出一个预测、决策、判断，从而制定一些更长期的方针。这可能会引导人类从一个个体变成部落，建立国家，建立宗教，建立起现代科学，等等。这是非常重要的能力。赫拉利说过，讲故事是人类区别于动物的非常核心的一个能力。这个故事更可能是一种想象性的故事，是能够建立共识、共情的故事。

朱锐

第二个模型的最后一个问题，稍微哲学一点。计算机科学家朱迪亚·珀尔（Judea Pearl）认为，任何一件事情，如果不能教会机器，就算不上真正懂得。神经科学家现在都是从分子生物学的角度研究学习、记忆。还原主义是在科学之中非常流行的理解模式，把上面还原到下面，最终还原到量子物理。从科学的角度来说，还原主义是不是真正唯一的理解模式？

刘畅

我说一个我自己的体会，也可能不是那么相关：对待学生、对待小孩，我们衡量他们是在死记硬背还是真的理解了，一个重要的标准就是看他能不能换一个说法，把他要去理解的事情再说一遍。这就是我们平常所说的触类旁通、举一反三，这才是真正的理解。刚才朱锐老师所讲的——不能教会机器，我们自己就不理解——可能就是反过来把这个衡量标准应用到了我们自己身上。教人类的小孩学习一件事情与教一台机器学习同样的事情，我们使用的语言、采用的思维模式是完全不同的。对于我们自己是否当真理解了这件事情，这也是一项严峻的考验。

我们用另一门陌生的语言（机器能够"理解"的语言）来表达我们语言中的某个意思，不单单是要把我们的意思转译一下，而我们的既有理解本身原封不动；相反，经过转译之后，我们会发现这个过程也丰富、加深了我们既有的理解。就像歌德说的，多一门语言，你就多一个世界。如果从这个角度来理解朱锐老师刚才所说的，那么我会觉得理解拓展的模式更像一棵树——它的根脉从一个起点不断向四面八方贯通、伸展、加深——而这不太像是还原论的画面。实际上，把所有事物都还原到一个单一的模式上去理解，这不太像一个特别善于理解的人会采用的方式。毕竟，如果一个人不论遇上什么事情都要用一个模式去理解，我们就会觉得这个人就有些缺乏想象力，缺乏共情、设身处地的能力，我们可能会因此说，他不是一个富有理解力的人。

高山

我对这个话题也很感兴趣。只不过我在这个领域的研究经验非常少，但是我对人工智能领域或者是机器和人的未来有一个信念，人类现在具备的能力，最终是完全可以用机器来实现的，包括理解，包括情感，包括所有我们人类现在产生的我们可以有的东西，最终在机器中是完全可以实现的，但这不一定是所谓还原主义。因为人类本身的大脑，无论是神经元还是神经网络，最终也是原子、分子，最终也是一套系统，而为什么产生很多目前来讲机器很难实现、低级动物很难具有的东西，我认为是因为这之中有一个时间跨度的问题，要经过多少亿年的进化。

进化就是一个学习的过程，我们要给机器时间，目前要求用几年或者十几年就要实现一个什么东西，这相对于人类的时间非常短，现在有很多策略会加快这个过程，给我的感觉是，最终机器是完全可以做到和人类一样程度的。

当然，它最终也可以和人类之间相互理解。现在对于机器的定义也比较窄，机器被定义为由硅片或者实验室其他材料制造而成之物，不是碳水化合物，但是人类本身在某种意义上，从物理学家的角度来说也是一台机器，只不过是氢、氧、氮这些元素集合起来组成的，大脑神经元结构比较复杂，处理某些问题比较有效。这些问题虽然现在机器实现起来有困难，但是原理上没有任何阻碍，没有一个原理说机器不能实现人类能够实现的东西。不管人类如何理解这个世界，最终机器也可以做到这一点。

朱锐

现在进入第三个问题：误解。

问题一：动物为什么掌握不了火？人尽管掌握了火，但是绝大部分时间内却错把火当成是金、木、水、土一样的东西，这种误解和掌握之间，人尽管是误解但同时又掌握了火。误解和掌握之间怎样理解？火是技术的原型。胡老师讲人是先使用，后来才理解，但我们现在处于技术社会，对技术很大的反对声音是人类误解了技术，误用了技术。胡老师所说的先使用后理解，是不是恰恰造就了现代技术社会的一个基本困境？

胡郁

我之前对这个问题也有思考，关于火或者是类似于火的物质。火是一种化学现象，它挺复杂的，不像金、木、水是物理上可以感知的东西。我认为这分为两个方面。

首先，有两种科学上的研究方式：一种是黑匣子，不需要理解里面是怎样的工作原理，只需知道输入输出是什么关系，知道什么样的输入进去，什么样的输出就会出来。其实神经网络就是这么一个东西，输入跟输出的状态跟人一样，我们不知道人脑是怎么回事，我们并不知道人脑的工作原理是什么，但是人类能够让一个小孩从 6 岁到 17 岁学会很多的技能，在这个过程中，我们一点都不知道脑子里面的神经系统是怎么工作的，但是很早就会使用脑子。而深度神经网络是一种方法规律，只有我搞清楚它的规律，才能够对它进行泛化和扩展，来辅助原来的输入输出。这就告诉我们，在使用一个东西的时候，有两种方法。一种方法只知道输入输出就可以，属于知其然；另一种方法是搞清楚内部原理，我们叫知其所以然。

其次，当我们知其然的时候——跟上一个话题有关系——我们想象其中的工作原理。这个时候想象可能是错误的，但是没有关系，我们在知其然的过程中想到知其所以然的过程，在想象中一定会有误解，但是想象的次数多了就找到了真正的关系——我认为它们之间的关系是这样的。

陈楸帆

补充一点，现在 AI 的可解释性被欧洲政策制定部门作为非常重要的方面来衡量这些大科技公司的成果。因为这个可能涉及你刚才所说的是不是造成了技术社会不可控、不可知，甚至会带来毁灭性后果的重要的原因。

朱锐

谢谢！第二个问题，刚才已经讨论过了，我想再问一次。神经科学有一个很有名的例子——裂脑人实验【见图 9、10】，它揭示出人总是不由自主地去解释世界。即使编故事、编谎话也得解释，人类就是解释性的动物，

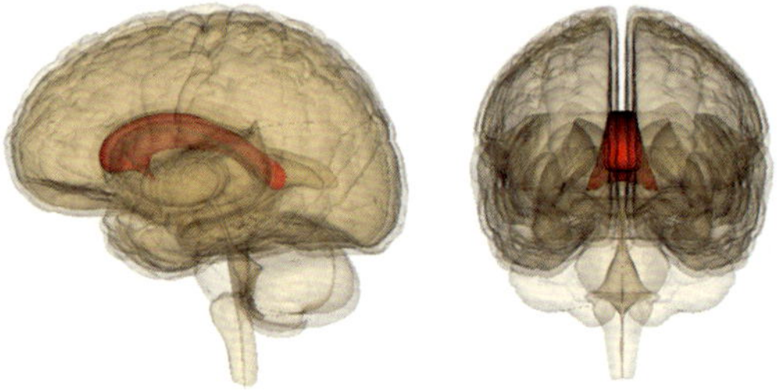

图 9　胼胝体与裂脑人

连接大脑左右半球的“胼胝体”中汇聚了 2 亿根神经纤维。癫痫发作的原因是左右两个大脑半球信号不受控制地蹿来蹿去。20 世纪 40 年代，外科医生们用切断胼胝体的方法治愈了癫痫。但这些“裂脑人”又产生了一些其他“症状”，其中一种叫“异手症”，比如右手刚把衣服扣子扣上，左手就把扣子解开了，仿佛左右半脑产生了不同的意志。关于“裂脑人”是否分裂成了两个意识主体，学界尚未有统一的定论。

图 10　裂脑人实验左右视野示意图

裂脑人的左脑负责右侧身体的活动，右脑则反之，但语言功能单独由左脑负责。在实验中，加扎尼加博士给左眼看的是雪景，给右眼看的是鸡爪。因此选择图片时，左手选择了铲雪用的铲子，右手选择了鸡。当裂脑人被要求解释他的选择时，负责解释的左脑由于看不到雪中牧场，因此会仅仅根据鸡爪而解释说：选鸡是因为鸡爪，而选铲子是因为铲子可以铲鸡屎。

总是想理解世界是怎么回事。包括撒谎、裂脑人的实验以及儿童时代喜欢说故事的现象，是否说明“说明误解”也是理解，而且人宁愿接受误解，也不愿意接受不理解？

刘畅

我想刚才朱老师引用的是亚里士多德的一句名言：人天生就是求理解的。误解，是错误的理解；mis-understand，它首先也得是一种understand，只不过它理解错了。不过很多时候，我觉得仅满足于分辨一种理解是不是“误解”，是“正确”还是“错误”，仍是远远不够的。我们还要防范另一些东西。比如，一个人的理解存在问题，不一定是因为他理解“错”了，而是因为他理解得过分单薄、过分肤浅、过于表面。中国古代有一个故事说，一个人一直说他知道老虎可怕，但有一次他当真遇见了猛虎，他才明白，自己之前根本不懂得什么叫可怕。同样，“我”可能格外擅长给人讲大道理，比如“做人就该真诚”，以及如何如何，但在真正考验“我”真诚的那个节骨眼上，“我”立马成了一个伪君子。我们可能会说，这个人对“做人就该真诚”的理解只是流于口头、流于表面，但这仍不是说，他的理解压根就是错误的。我们现在去反思技术，要面对的困难可能也并不全是在相关的问题上我们完全不理解，或者理解得完全错了，而更可能是怎样才能把我们的理解贯彻到感受上，深入到行动上，怎样做到身体力行，怎样达到这种意义上的更丰厚、更真切的理解——这也应当成为不断努力的一个方向。

朱锐

谢谢刘老师。最后一个问题：我们是不是高估了理解？可能理解根本不重要，现在假设理解等于了解，当然这之间有差别，中国古话说知子莫过父，夫妻之间相互不了解的很少。但是现在离婚率非常高，父子不和也是很常见的现象。如果这样看，也许不理解或者不了解根本不会影响社会之间的交往、和平共处。我们可不可以这样去想：会不会在一个多元社会，甚至是多种族、多星球的社会之中，理解的市场价值会不断地降低，我们是不是高估了理解？

陈楸帆

亚当·斯密的整个理论建立在一个同情共感的基础上，他说过一句话：除非用你的眼睛去看，用你的手去触摸，否则我没有办法真正完全地理解你。这就道出理解从根本上是一个生物性的存在，在跨个体之间没有办法完全实现真正意义上的理解。在我看来，唯一有可能的是什么？就是当埃隆·马斯克的 Neuralink 这样的一个脑机接口，能够真正把我们所观、所感、所想以这种编码的形式完全无损地传递到另一个个体的意识当中，创造出完全相同的一种感受或者是思绪时，从信息熵的角度，才是一个近乎无损的传递，这在我看来是一种理解的终极形态，除此之外可能都是一种假设、一种伪造的理解。

刘晓力

我插一句，我觉得刚才提的这个问题是所有问题中最深刻的问题之一，我尝试着谈一下是否存在特别充分的、圆满的“理解”，或者对“误解”有一种消极和负面的评判。在我看来，由于我们自身的局限，不可能有那么圆满的理解，也不可能达到圆满理解。因为人和人之间的个体差异，社会群体之间包括观念的差异，肯定会造成多种不理解和误解。包括对文学艺术创作语言的理解，也包括对于政治问题的见解，其实都建立在某些误解的基础上，事实上，误解本身就是拓展理解的一个渠道。如果通过脑机接口技术达到人与人之间的所感所想都能没有信息损耗地交流理解，做到非常圆满的理解，在我看来是没有必要的，这样的交流可能会造成社会的更加扁平化。

如果脑机接口实现所有内在的信息可相互沟通共享，世界就没了由差异造成的或者误解和不理解所造成的丰富性。如果虚构的空间、政治图谋的空间或者资本运作的空间都没有了，这个世界的色彩也相应缺失了。误解和不理解是一个丰富的世界所不可避免的，是社会有活力的体现。出于真诚的虚构或者出于真诚的不理解，是人际交往中的常态。我为了在这个社会中能够自我生存，还能够跟整个社会互联互动，我情愿接受包含真诚的误解的空间，也不愿意接受无差别的完全理解的空间。这种差异空间才是丰富的能够展开主体创造的空间。这是我的理解。

陈楸帆

刚才晓力老师说得非常有意思，让我突然想起三体里面的“三体文明”，它就是一个完全透明、每个个体之间没有秘密的文明。刘慈欣老师描绘这么一个特别发达的远超人类之上的文明，背后有很多潜台词可以挖掘。

江怡

刚才各位老师谈得都特别好，我借这个机会讲几句。我从刚才各位老师的谈话当中比较明显地感觉到，科学的维度要远远地超过哲学的维度。

从“理解”这个话题本身出发，我之所以今天能够来参加这个讨论，很大原因是这个主题是一个很哲学的话题，但是现在放在一个科学的维度上理解，突然发现在这里面科学家跟哲学家之间可以对话。但是这种对话的前提是什么？前提是我们对理解这个话题要有一个共同的认知，而这个前提本身是哲学的，并且我认为这个哲学前提应该是要批判的。如果真要达到一个共同的理解或者是完全的理解，这就不是人类社会了。

人类社会的存在，正如晓力老师说的一样，虽然不是完全能够接受本来就建立在误解之上的人类社会，但是我们是不可能达到完全的理解的。无论是刘畅所说的以相通的方式来解释“理解”的性质，还是高山老师说的以“人机共存”的方式处理“理解”的问题。但是从理解的性质出发到关于理解与想象的关系、理解和误解之间的关系，一直到最后讲理解是否可能，其实这是一个从科学走向哲学的路程。

我对今天这个话题的解读是，以科学的方式出发，但是得到了一个哲学的结果。哲学的结果不是说达成一个哲学的共识，而是达到了对哲学问题的一个更加深入的讨论。这个讨论给我的感觉是，大家已经开始慢慢理解或者触摸到哲学上所处理的概念跟科学上所讲的理解概念之间的差异。

朱锐

感谢江老师，江老师作为一个哲学家对科学持这种开放性态度是我们需要敬佩的。现在进入观众提问的环节。先问一个跟下一讲有关系的“洞见”问题，这个观众的问题基本上把下一讲的问题在今天提出来了：如何理解超越语言媒介的“理解”，如释迦拈花、迦叶微笑？

陈楸帆

在我看来，这个问题提出了一种二元分法，把日常以理性为主、计算性为主的思维的模式与一种直觉性的、顿悟性的认知对立起来。我认为这两者不一定是完全对立的。因为在日常生活里，在你以为是理性的、逻辑的、推理的很多思维过程中，其实可能暗含着直觉性的、顿悟性的认知和思维的过程。所以，如果大脑里真的存在量子效应，这可能就是一种“量子式的理解模式”。这是我的回答。

刘畅

关于理解，我们可能优先想到的是理解一个语言性的表达，比如理解一句话。但我觉得也不见得仅仅如此，比如我们养了一只小猫，老鼠碰到它就会跑。但设想突然有一天，老鼠在它面前叉腰腆肚，大模大样地坐着不动了，小猫就会“大惑不解”。这里，小猫、老鼠都不用说话——小猫照样会对老鼠的举动不理解，我们照样能从小猫的举动中看出它的不理解。所以，一方面，理解，不一定通过语言的方式表达出来；另一方面，有待理解的，也不见得就是语言性的表达。因此我觉得，不一定要把“超越语言”的理解都要想象成拈花一笑那样，都要从比较“空灵”的角度来设想。而在“拈花一笑”式的理解那里，也同样存在一些问题：你说它理解了，那它理解的到底是“什么”呢？哪怕你也承认，这个“什么”是无法以语言描述的，但你仍然可能想要问这样的问题。我们也可以转而问：释迦拈花一笑的前前后后，又有哪些行事方式贯彻了他的领悟，印证了我们的理解？——我觉得，从这个角度去想，会比拈花一笑的神秘笑容，让我们领会到更多的东西。

江怡

当我们谈到“理解”这个概念的时候，更多还是基于人的一种知性能力，这种知性能力的确是跟语言有关。我们讲“理解”的概念，不是讲每一个人理解一件事情在心里所发生的一些心理活动，所以理解不是一个心理过程，这一点在哲学上，我们是比较容易接受这个看法的。理解不是一个心理过程，那到底是什么呢？它无非表现为两种方式：第一，是用语言的方式表达出我们所理解的内容，因而我们的理解一定跟语言相关。如果说是一种无言的理解，就无法谈论你所理解的内容是什么，每个人都可以有自己内心不同的想法，这种“理解”不一定是大家可以接受的。

第二，理解跟行为相关。当一个事情发生，我们可以理解这个事情，那是因为我们能够按照这种行为方式把它描绘出来，对于行为方式的描述，实际上是我们的一种解释活动。因而“理解”是一种解释，不是心理上发自内心的“我的一种想法”，而是一种对语言或者行为的解释，这是哲学上比较认同的一种看法。

朱锐

谢谢江老师。下面这个问题跟刚才江老说的有一定的关联：理解的主体是否一定要有意识？这也是彭罗斯所强调的，他认为理解必须得有意识。

江怡

首先要界定一下什么叫作“有意识”，这个很重要。因为哲学家和科学家对于什么叫有意识是有不同的解答的。

朱锐

可以这么说，假设机器目前是没有意识的，人是有意识的。尽管我们不知道意识是什么东西，很难定义，但是如果理解的主体必须有意识的话，我们就可以说，机器不可能达到更深的理解或者是对人类语言的理解。

刘畅

从哲学的角度来想这个问题，我们可能首先想问的是：我们如何确定此刻——就在我们现场交流的这一刻——每一个嘉宾、每一个朋友都是有意识的？我们也同样可以问：我们又是怎么确定机器压根就不可能有意识？但我并不是想提出一个怀疑论式的问题——我并不是要怀疑各位是不是 zombie（行尸走肉），相反，我是想强调：我们肯定不是通过字面意义的“同情共感”来确认这一点的。

陈楸帆老师刚才设想的“完全理解”，不管未来我们能不能实现，反正现在我们并没有实现。不过，看起来这并不妨碍我们确认彼此是有意识的。很显然，我们之所以能够确认这一点，并不是因为我们能够复制彼此的意识过程。对这一点的确认是在我们交互理解的过程中实现的。我们把彼此理解作有意识的主体，这是在我们相互沟通、相互交往的过程中得到确定的。在交互理解的场域，我们都把彼此作为有意识、有心灵的有灵之物去看待。这其实是一个事情的两面，而不是一上来就把“理解”或者“意识”当成一种在内部发生的隐秘心理过程。按照后一种观点，我和你要彼此理解，就等于我要把你的心理过程 copy（复制）到我的心里头去；假如我们还不能直接地做到（毕竟我们还不是三体人），我们就要用到一个交流的中介——语言。中介寄送的仍然是装有你的意识的信息包裹，而我要通过解码，间接地把你包裹里的意识 copy 到我的心里边去。——这一整套关于“理解”的想象，恰恰是维特根斯坦所要反对的图式。

朱锐

谢谢刘老师。下面一个问题是有针对性的，这是艺术服务器策展人顾振清老师问胡老师的一个问题。

巴别塔就是否定真正的理解。请问胡老师，应用在前，想象在中一，印证在中二，理解在后，觉悟与直觉则是高阶的理解，理解是否是一种从不理解、误解、理解到觉悟的迭代活动，也是一种态势感知，知行合一、致良知的社会进程？

胡郁

首先必须说一下，这位老师提的东西范围很广，涉及自然科学、人文科学。虽然我也读过佛学、心学，但坦白地讲，我对这方面的了解不是特别多。

我感觉是两个不同层面的东西。比如提到巴别塔，巴别塔的故事是讲人类拥有不同的语言，而我们现在科技的发展让我认为在十年之内，这个问题可能就能被最终解决了，人类之间的语言不再是一个障碍。

你要是问当障碍不在的时候，是不是机器就理解了这个过程，我可以说整个翻译技术的研制过程就是一连串的从尝试到提出新的设想，到被验证是错误的，很多的技术路线不断被证明是不行的，新的技术路线又出来，从而我们对事物的了解越来越深，就是这么一个过程。

但是我很遗憾地告诉大家，就算机器能实现人类语言的翻译，但不可能像人类一样真正理解语言之间的关系。机器不在乎，也不在意，但机器就是实现了这样的功能，使我们人类可以没有障碍地进行交流，机器有这个功能。但是我相信机器十年之后不会有意识，也不会有障碍，这是第一个层面的东西。机器只是实现了看上去好像在向人类解释聪明的事、有智慧的事，但是它的实现方式跟人类的方式和我们现实的方式可能完全不一样。

第二，关于大家讨论到的另外一个层面——人的开悟，这也是我挺有兴趣的一个话题。我有一个朋友原来得抑郁症，后来他开悟了，还想把开悟的经验感觉做成软件，让更多的人能够体验到这种感觉，虽然我体验了很长时间，但是我还没有开悟。刚才讨论的是机器的一种不断的改进，我觉得开悟是对人脑的训练，让人脑达到一种状态，让你自己认为你跟宇宙连为一体，遇到困难不再觉得畏惧。但是我觉得这是一种过程，通过调节人的大脑神经，使人的大脑神经处于一种比较特别的状态，这些状态所表现出来的是与自然融为一体，能够觉得一片光明，悲痛也没有那么悲痛了，很多坎儿也过去了，这是大脑的一种状态，这种状态给我们这样的感觉。我们刚才讲的机器，包括大脑的功能，我认为都是对我们大脑的一种再调整。

朱锐

谢谢胡老师。再问高老师一个问题：据说我们目前只能观测到宇宙的十分之一，那么我们如何真正去理解宇宙？

高山

宇宙学本身现在有很多模型，包括有一个标准的大爆炸宇宙模型等等。即使现在的宇宙是唯一的，我们对宇宙的观测也是有限的，包括宇宙早期的一些信号，可能很难去接收到。这个问题也同样适合于物理学的很多其他领域，包括微观世界中的普朗克尺度，人类在有限的时间内很难用

图 11　500 米口径球面射电望远镜（FAST 望远镜）

1993 年，时任北京天文台副台长的南仁东主张兴建一个直径 500 米的大口径球面射电望远镜。当时我国最大的射电望远镜直径不到 30 米，世界上最大的球面射电望远镜直径也只有 305 米。南仁东将余生投入这个望远镜的建设中。2016 年，这台世界最大的球面射电望远镜在贵州建成，并开放给全世界的科学家进行观测和研究。

这么高的能量探测到它，这个也是目前粒子物理学碰到的主要的危机。

大家可能听到过超弦理论、量子引力，有人说这是不太科学的，走向了数学优美的境地，困境在于物理学有一些领域很难得到经验的支持。作为经验科学，缺少经验本身的验证或者是对理论的指引，这种情况下如何去做物理学或者是如何做科学？对于这个问题，国外有一些学者还是有过一些讨论的。

刚才很多老师都提到想象、联想、推理、假设等，物理学的发展历程就像胡老师说的，需要一个大胆的假设，然后去验证。验证如果缺失，现在很多研究者的一个方法是要追求理论内部的自洽或者是逻辑上的准则。满足这些准则以后，这个理论的预言如果和已知的经验还是一致的，大家可能会对这个理论有所接受，但是这个理论最终是不是能够得到验证或者能不能被接受为一个可以接受的理论，争议变得越来越大，包括量子引力理论的很多猜想，在近期肯定得不到一些实验的验证，但是物理学家还在做研究，这并不能阻止人们进一步探讨，阻止人类有好奇心或者是有欲望进一步探讨。

我们不能完全阻断理论的发展，人类肯定还会继续探索。我们会寻找一种新的检验理论的方式或者是被科学共同体认可的方式继续做这方面的研究。

朱锐

谢谢高老师。这个问题陈老师可以来回答：我们为什么追求被另一个人理解？

陈楸帆

这个问题比较文学，所以由我来回答。追求被理解的感觉是因为我们希望自己的生命具有某种意义，这种意义是能够不局限在此身、此生、此时可以去实现的，这种摆脱自身肉体或者是当下时空束缚的意义感，只能够通过与另外一个个体或者是一个更大的整体的连接来实现，这种连接表现在最简单的一个交互的意义上，那就是理解与被理解。

朱锐

非常好，谢谢陈老师。下面这个问题稍微有点儿复杂，刘老师可以回答一下，因为哲学性比较强。“理解”本身是不是可以被认为是对事实、信息的处理以达到一种自洽的范式？若是这样，人与机器的认知是否是同构的？幼年时期的人也是靠他人对要点标签进行指定，或者从大量同类事件中总结以实现对某个对象的理解，机器的智能也需要类似的过程进行训练。

刘畅

我觉得我们可以分出理解的两种模式。一种是单向的，另一种是双向的、对话式的。比方说，如果我们处理的是单纯的天文学信息，我们就是在进行单向的理解；如果是外星人发送的信号，那就需要双向的理解，因为这里我们所要理解的，本身就是一种带有理解的表达。我们要理解一段地层的地质结构，不需要石头对我们开口讲话。地质学家不需要与石头对话，就能理解石头。但另一方面，地质学家仍需要与地质学家对话。而且，这种在沟通交流中获得的双向理解的能力，是我们得以单向地理解一块石头的前提。毕竟，人很早就掌握石头这种工具了，但要训练一种合格的地质学家的眼光，用这种眼光来理解这块石头，就需要我作为学生向专家学习，或者之后与专家同行交流。我先要在这样那样的对话中，学习理解地质学，学习理解地质学家所说的话，才可能进而从地质学的理解角度，不带对话地去理解那块石头。在单向理解的向度上，人类的工作很大程度上都可以由机器替代来完成。但在更基本的意义上，理解首先是并最终是在人与人之间展开对话。

朱锐

最后有一个非常精彩的评论，来自艺术评论家藏策先生。他说，哈罗德·布鲁姆（Harold Bloom）的误读理论说一切解读皆误读，而创造性正发生于误读之中，即所谓创造性的误读。大家对此有什么评论？

胡郁

我认为一个事情的发展有时候超出了作者思考的范围，恰恰是因为误读。我们都知道中国有《红楼梦》，也有红学研究会，真正写《红楼梦》的曹雪芹可能也没有想到他的《红楼梦》会被研究红学的人解读成各种各样的样子。他的文字里原来也许没有包含那么多的意思，但是后人会对它进行各种讨论，这中间可能存在误读，但这也是创造了新的东西，因为人类文明都是这样一点点慢慢发展出来的——这是我的一点简单的认识。

朱锐

好的，感谢各位嘉宾精彩的分享。由于时间的关系，我们今天的线上讲座就到这里，也同时感谢观看直播的观众朋友们，谢谢大家！

什么是洞见

What is Insight

展翼文

北京大学博古睿中心研究专员
北京大学哲学系博士后

曹翔

人机交互技术专家
哔哩哔哩资深技术专家

圣凯

清华大学道德与宗教研究院副院长、哲学系副主任

严超赣

中国科学院心理研究所研究员
心理所抑郁症大数据国际研究中心主任

杨超

导演、监制

叶峰

首都师范大学哲学系教授
美国普林斯顿大学哲学博士

展翼文

大家晚上好。我是今天的主持人展翼文。欢迎来到哲学与认知科学明德讲坛第 15 期，同时也是服务器艺术人工智能哲学论坛第 3 期。今天我们探讨的内容是：什么是洞见？什么是 insight？洞见的认知特征是怎么样的？理解洞见对我们来说又有什么特殊意义？今天的讨论将会继承中国人民大学哲学与认知科学明德讲坛的优良传统，针对开放性的问题，展开跨学科的对话。

为此我们十分荣幸地邀请到了来自不同领域的 5 位专家学者，与我们共同探讨关于洞见的话题。今天我们邀请到的嘉宾不但阵容非常强大，而且的确非常跨界，他们来自艺术、数学、佛学、人工智能技术和脑科学多个领域。我们期待他们能够自由发挥，畅所欲言，和我们分享在“洞见”这个话题上的洞见。在嘉宾对话问答环节之后，我们还有开放互动的环节，邀请线上观众一起加入讨论，所以也请现场的观众朋友们届时可以在直播聊天室提出自己的问题。

下面有请人机交互技术领域的专家，曾任微软研究院研究员、联想研究院总监，现任哔哩哔哩资深技术专家曹翔老师；清华大学道德与宗教研究院副院长，中国佛教文化研究所副所长，清华大学哲学系副主任、博士生导师圣凯老师；中国科学院心理研究所研究员、博士生导师，心理所抑郁症大数据国际研究中心主任、核磁共振成像研究中心主任严超赣老师；艺术界的专家、中国戏曲学院导演系影视导演专业主任杨超老师；数学和哲学领域的专家、首都师范大学哲学系教授、美国普林斯顿大学哲学博士叶峰老师。

我们希望今天能够与各位老师从不同的角度，共同探讨关于洞见的问题。洞见包括直觉、灵感、顿悟等一系列概念，它们似乎都指向一个我们熟悉却带有神秘色彩的认知现象。既然我们觉得它有些神秘，那我们自然就想问，它是真的存在，还是我们出于误解而以为它存在？如果洞见这种认知现象真实存在，它又有哪些特征、哪些独特的认知意义？洞见究竟是不是一种神秘的现象？如果它是神秘的，它又神秘在哪里？我想先请5位老师依次从各自的角度来谈一下洞见。

我们先从杨超老师开始，因为谈到洞见，我们最自然想到的就是艺术创作中的灵感。所以就请杨超老师先从艺术的角度来谈谈：什么是洞见？艺术灵感到底是内生的，还是外来的？洞见是我们自己发明的，还是我们发现的？

杨超

好，谢谢展老师。确实说起洞见和灵感，艺术灵感好像是大家最容易想到的。但我个人认为洞见其实是不存在的。我认为灵感完全是外生的，这可能和很多普通观众或艺术鉴赏者的感受不同。他们总会觉得很多艺术品的神来之笔、影视剧中非常匪夷所思的一些转折、音乐中美妙的旋律，仿佛都是天赐。但就我个人的经验来说，我从来都没有遇到这种情况。我自己的创作以及我监制的其他青年导演的作品中，全都是各种各样辛苦的算计权衡、精心安排，以及对广阔素材量的掌握。当我们很难跨越目前的困境或找不到方案的时候，一般都是因为我们积累的素材还不够，掌握的信息量还不足。所以作为一个艺术家，我本应该捍卫灵感的存在，但其实就我的经验来说，我没有体验过它的存在。

举个例子，我最近的作品《长江图》已经过去了三四年，回头来看，它最有价值的便是它的时空结构。我相信我开创了一种崭新的叙事结构——男女主人公从长江的头和尾双向行驶，整条河流既是一条物理河流，同时也是一条时间河流。把时空对流的叙事串在一个故事里，观众完全不知道女孩是怎么回事，只能顺着男主人公的视角、逆着时空去领会女主人公的一生。

男孩驾驶货船从上海到宜宾，航程大约是两个月。在这两个月中，他一边逆流而上，一边体会了女孩20年的历程。但我没有从女孩的角度谈，而是完全站在男孩的背后去看这件事。回过头看，我觉得这种叙事方式是

图 1　夜晚水面的反光

它留给电影史的一个创见，也是我一开始的野心。就像张老师说的，它到底是发明，还是发现？其实，电影和艺术能发现一点什么，就已经很了不起了。

我总有野心想要发明点什么，我想发明一种全新的叙事结构。我后来做到了。我忽然意识到把长江当作一条既是物理的也是时间的河流，这好像是一个飞跃性的结构，好像可以称之为洞见。但回头想我是什么时候想到这个结构的，我却完全记不起那个时间点在哪里、发生质变的素材是在第几稿中。

事实上，我回顾自己创作的历程时发现，那恰恰是因为我用了大约两三年时间，经历五六次采风，无数次跟着货船在江上走，看了无数关于长江的信息。我看了长江的每一种面貌，从白天到晚上，尤其是晚上的时候。可能各位都没有这样的经验，在船走到了没有光污染的地方，在远离城镇、完全漆黑的江面上，人的眼睛还能看到江水的层次，那几乎像银河一样恢宏壮美。这时候你会相信水下可能就会有我们曾幻想的生物，比如说龙或者其他生物，也会有很多其他大开的脑洞。

这一切是我长时间在这种游历过程中，连续不断地摄入信息，最后达到的。但我不知道是什么时候做到的。瞬间的跨越是有一点点可能的，待会儿需要各位老师帮我分析一下，它到底是怎么产生的。但我相信素材累积以及对素材精细掌握之后才会产生洞见。它是某种困境中，创作的意志不肯停歇，继续积累，最终在某个魔术时刻产生的——我只能大致这么说。

还有一个故事是在电影的某一重场戏里边，我受到一个巨大的挫折。这场戏是女演员辛芷蕾在江边的一个长篇独白戏，她要在冬天的江上连续地说 7 分多钟的台词和大量非常疯狂的对白，最后还要跳进江里去。在冬天这是非常困难的一场戏，也是影片中非常重要的一场戏。可最后剪接的时候，我总觉得拍得非常不好。我们付出了巨大的努力，我和她排练了很多次，但我在开拍之前非常纠结，我总觉得哪里不对劲，但我说不出来。最后也没办法，因为剧组已经在那了，女演员也付出了很大的努力，电影必须得拍，我们也不可能等了。那么最后就是拍了，拍的时候她在冬天光着脚在江上入水，付出了巨大的意志力和努力。但最后在剪接的时候，我看着那段 7 分钟的长镜头，多次把它接到影片里，又多次把它拿出来。我总觉得不对，但剪接的时候我说不出哪里不对。

直到第二年的某天，我忽然找到不对的地方了。我把它说出来，各位便都能理解，各位如果看了片子就知道，原因特别简单。我当时应该给她披上一条床单，一个疯女人披一条普通的中年妇女睡的那种印花床单在身上。床单很长，这就会使得她在江边泥土中打滚的那种表演具有一种非常诡异的扭曲造型，使得整个戏的观感变得不同。就这么一条床单的差距！说穿了如此简单，但当时就是想不到。如果有这个镜头，影片会好很多，一个镜头能使影片加 5 分左右！但是在剪接台上已经没法改变了。我想了这么久，花了这么多钱，演员还付出了这么痛苦的努力，却拍不出我想要的感觉，直到几年后才想到那条床单——那是不是一个未发生的洞见呢？

毕竟在当时我怎么想都想不到。所以我虽然不认为灵感是内生的，我不认为存在通灵式、直觉式的洞见，但我确实觉得存在一些方法可以让我们在这种创作过程中，把自己的头脑和心灵更专注地凝聚在某一个方向上。我们有时候需要一些刺激，才会打开这扇门。

所以说我对洞见的看法是有点纠结的，我认为它需要大量的外部素材。但是我也想掌握一种内心方法，能够帮助我们更好地洞见。这是我今天来的一个目的。我想听后面几位老师帮我们分析，艺术家有没有可能寻找到一种内心操练的方法，能够更快地、更准确地抵达临界点，找到灵感。我就先说这么多，谢谢各位。

展翼文

好，谢谢杨超老师的分享，杨老师认为不存在洞见，也承认就算存在一些方法或者是一些刺激，我们还是需要很多时间进行前期的积累（如采风）。这些我们不能否认，再天才的人也需要一些前期积累，但好像杨老师也承认有一个瞬间的跨越，或者说某种量变到质变的时刻，甚至杨老师说是一个魔术时刻。杨老师既然用魔术这个词来描述，似乎就是说它还是比较神秘、不太好解释的。

我想把话筒交给我们的嘉宾，看看他们对魔术时刻有什么看法。严老师，您是脑科学专家，要不您来给我们解答一下这个魔术时刻是怎么回事。

严超赣

杨老师刚才讲得非常好，讲到了他怎么产生洞见。当然他描述的动机很符合我们心理学上研究的 insight——有时候叫洞见，有时候叫顿悟。它首先有突发性，刚才杨老师也讲到，好像突然在那么一刻，我就想通了。另外它也有直指性，一旦想通这个东西，我们就觉得它好像很明白。如果我以前想到了，一件事情突然被打通了，像是一件很自然而然的事情。它还有持续性，这一次想通了以后就不用再冥思苦想了，自此我永远都知道有这么一个直接的解决方案。

顿悟还有一个特点，就是刚才杨老师认为的，我们每次都要非常辛苦地做很多的积累，去长江去采风，苦思冥想，做了这么多东西之后，最后才会有这个结果。这也是洞见的一个特点，它会有障碍。你要对此苦思冥想、反复地思考，才会有那么一刻突然想通，这才产生了洞见。我们知道我们学很多东西或想很多东西的时候，可能是不断试错，有 1000 种方案，我试了 999 种，然后得到最后的一种方案。但有的时候一刹那我就领会了要点。

而我们很多脑科学家分析发现，你产生洞见的时候，大脑是具有一定特征的。因为我们大脑（主要是右半球）的活动会跟洞见比较有关系，特别是右侧颞叶与记忆有关的一些区域，在产生洞见的时候它的活动会非常强【见图 2】。可能很多事件和知识体系本来就存在那里，之前是比较弱的连接，突然有那么一刻像 spark（火花）一样，这些连接突然就明显地建立起来，你就顿悟了。

当然它还有一个特点，不知道杨老师以前在实践中有没有过。我们发现在顿悟之前，大脑有一个活动的模式，就是我们的视觉区的阿尔法波不会增强，反而会抑制。也就是在洞见之前，你的外部输入通道会暂时被抑制，然后我们颞叶的活动会突然增高。好像那些很弱的连接，那些原来看不出来的连接，突然就明显地建立起来，完成了融会贯通，产生了顿悟和洞见。如果后面有时间，我们可以再聊有什么方法能够提高洞见的能力。

展翼文

非常感谢严老师的回答，而且还留了一个线索——其实我们是有一些方法可以提高洞见的能力。我也非常期待其他老师对于艺术的洞见或对

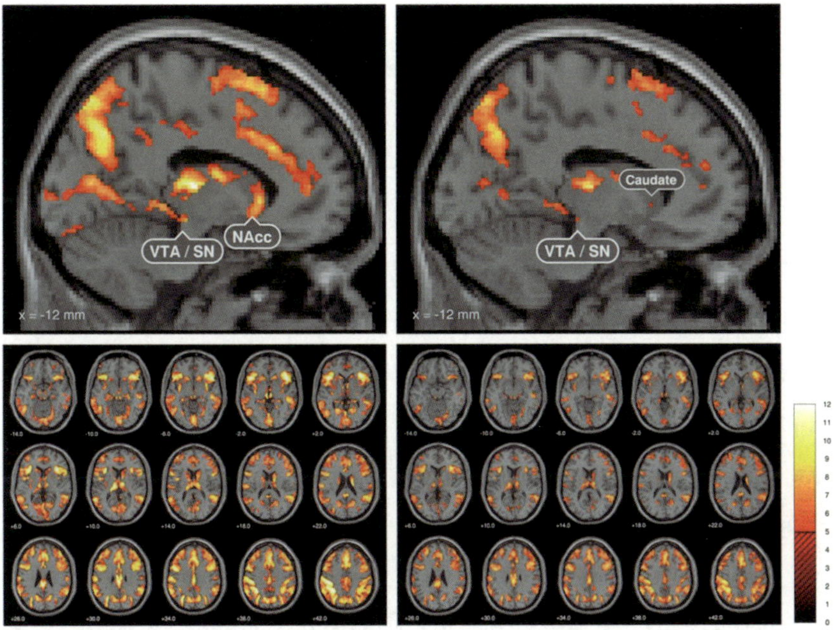

图 2　脑部功能性磁共振成像，洞见时刻（左），理性思考时刻（右）

于大脑向杨老师和严老师提问。

圣凯

我想问杨老师，在感到似乎是灵感来临的两次体验之前，你是否都有遭遇严老师讲到的壁垒？也就是说，你是不是在这两种情况中都存在过壁垒，后来才体悟到那似乎是洞见？

杨超

是的，有壁垒，这是一个特征。没到那种困境的时候，倒没有什么洞见可言。因为艺术创作其实有一种简单的方法，就是去模仿，按照类型、按照模式去做，这也没有人会说你不好。但我是个艺术电影导演，我需要我的作品每一次的形式和结构都是全新的，我得给电影艺术贡献点什么，就像刚才说的，发明点什么。而这种要求就导致我每次都得去面对困境。所以我觉得如果说困境不够，往往就意味着这次不会有什么创造性的东西涌现。对我们来说，第一个问题可能是：找到困境的方向在哪里？

刚才严老师提到的那个问题，我觉得很有意思，想追问一下，因为这对我很有帮助。你提到抑制视觉，我很想知道，如果我想找到一个新的故事结构、新的叙事方式，那么我应该倾向于更多地去采风、去看，把信息输入进来，还是说我应该在家冥想，减少视觉输入，不要看？哪种会更有利于激发洞见呢？

严超赣

按照我们的大脑研究来说，这两种都需要。你首先得采风，去采集足够的素材，让你的海马体在记忆里产生足够多的连接。而洞见的那一刻，是原来两个似乎没有连接的东西突然联系上。但如果这个东西没有进入你的大脑，就是说任何的采风都不做，那要大脑突然产生一个连接，就是无源之水了。

首先，广泛的采风使得你的大脑里面存有那些弱的连接。连接存在之后，再关闭这些输入的通道，进行思考。这很简单，比如闭上眼睛，或者由外向的注意变为内生的注意。这个时候，就有可能让微弱的连接在你的思考和关注下突然搭上些什么，然后产生明显的连接。我想你的顿悟好像原来也在记忆里，突然搭上连接之后，你就想通了，就产生了一个很创新的东西。

杨超

有道理。但就像你说的，我没办法去抑制视觉，我每天要处理 1 万件事，剧组在等待指令，每一时刻都有不同任务。如果拍摄现场没有琐事干扰，如果我有独处时间，那可能这个问题就解决了。可能导演和音乐家区别很大，不同之处在于，导演是一个既要创作又要统筹全局的职业，这可能是难度所在。

严超赣

那未来你要考虑，让自己既要有工作的时间，也要留一点独立思考的时间。

杨超

的确是。

展翼文

刚才杨老师也提到电影创作可能跟音乐创作不太一样，我们说音乐创作有一个很有名的例子，当然也可能有点神话过头了，那就是莫扎特。大家说莫扎特作曲的时候，他写出来的谱子没有任何修改，甚至说他脑子里直接出现了音乐，他只是把它写下来了，那这样似乎也不需要前期采风或积累很多的外部信息——莫扎特往那一坐，就可以直接把脑子里的东西写下来。那存在这种区别吗？还是说这肯定是一种神话？

图 3　莫扎特 C 大调四重奏曲谱

杨超

说实话我是不信的。我见过很多现场的即兴，爵士的或者其他风格的乐队的。我见过很多很有才华的音乐家，他们即兴的东西都远远不如他们非即兴的作品好（如果他们愿意接受艰苦的煎熬过程，把非即兴的作品做出来的话）。我想过度强调即兴好过非即兴的，要么是偷懒，要么就是个人的选择。因为即兴会使创作变得容易，使生活变得容易。但我想最好的东西，肯定不是一次就完成的。莫扎特的事迹并没有留下记录，那到底是否真的存在过这样一个天才呢？我不敢下定论。毕竟，音乐是最接近人本身的一种直觉或一种情绪艺术。恭听各位老师的看法。

图 4　莫扎特和贝多芬在 1787 年（钢版画）

传言 1787 年，17 岁的贝多芬在维也纳见到了 31 岁的莫扎特，后来还做过莫扎特的学生。另一种比较确定的说法是，莫扎特在那一年现场听到了贝多芬的演奏，后来还在自己的学生面前评价了贝多芬的演奏水平：很出色，但不够连贯。

展翼文

我觉得灵感的事好像是比较奇怪的，我自己有时候在做梦的时候觉得自己有灵感，好像想到了很了不得的东西，醒来以后却发现好像没有什么价值。这可能需要大家再考虑。

我们现在邀请我们第二位嘉宾圣凯老师，请圣凯老师从佛学的角度来谈一谈洞见。因为我们大家都说佛学，特别是禅宗，他们会强调顿悟。而顿悟可能跟我们刚才讲到的艺术创作还不太一样。因为艺术创作，比如杨超老师他提到的要创作出一些新鲜的作品，要拿出一些新的东西，通过采风等提出一些新的想法。但是禅宗中的顿悟似乎强调把一些已有的困惑与已有的问题给解决掉，所以就想请圣凯老师讲一讲您是怎么看待洞见，特别就是佛学中关于顿悟的问题的。

圣凯

谢谢。禅宗的顿悟过程实际上可以用三句话表示。第一句话叫“看山是山，看水是水”。这就是按照线性思维模式或者说一般思维模式对事物以及关系的认识。我们看到水看到山，乃至杨老师说到对长江不断了解的过程，我觉得这些都是一种认知的过程。

第二个就是修道论的开始，而它实际上就是一句话，叫“看山不是山，看水不是水”。这是一个自我否定的过程。实际上在整个佛教哲学或佛教的修道论里面，自我否定是非常重要的。打破已知事物原有的关系，甚如佛教讲的去除执着，都是在“看山不是山，看水不是水”的表达模式里。刚才严老师讲的是方法论，实际上就是说如何实现“看山不是山，看水不是水”。

从佛教整个修学体系来讲，禅宗的方法论也是佛教的一个部分，就是戒、定、慧三学。戒实际上是自制力，即一个人的自律、自觉、自我约束。就像严老师说需要一个独处的时间、一种自我约束的状态，这个就是一个戒的过程。任何人想获得洞见，都需要基于自我约束，基于自律。第二个方面就是定。在洞见里面，我看到认知心理学里会强调睡眠，这实际说明坐禅是有效的。因为睡眠跟坐禅在大脑的休息作用上是一致的，而且坐禅会更有效。洞见一定是刻苦训练出来的，而不存在一种天才式的觉悟。只有通过不断锤炼，也就是专注力的培养，它才能最后达成慧。

我觉得慧实际上代表着一种领悟力。等杨老师突然悟到这一点的时候，慧就已经过了。因为这种洞见并没有产生力量，这不是领悟力。领悟力是基于洞察，它需要达成整体性。我觉得领悟里面最重要的是需要有整体性。而这个就是佛教讲的缘起论——你所观察对象相关性的整体成就。你突然意识到她披着一个被单，这个在你整体意识里是模糊的，是之前没被观察到的。实际上缘起里最好的时间、最好的表达乃至最好的价值呈现，也应该真实。所以领悟实际上是需要真实的。我觉得戒定慧三学作为一个修道体系，是佛教从古至今绵延两千多年里对人类精神领域最大的一个贡献。好的精神状态是有标准的，这个标准就是一个人基于自我约束的力量，基于专注的力量，基于能够达成真实的理解、整体性的理解，乃至很多时候对模糊性的问题能获得一种灵感。我觉得这可能就是洞见和顿悟的过程。

实际上，顿悟的内容，反而不神秘。它最后的表达特别简单，就叫“看山还是山，看水还是水”。我们真正真实的理解，或者说整体的理解就是生活本身。它是一个应有之义，是宇宙万物在时间维度里、关系维度里，实现了一种既独立又相关的整体性的观察成就。

我自己早年有一个经验。实际上我从 1993 年开始到 1996 年，一直深受失眠的困扰，严重到我只差去吃安眠药，其他所有的治疗失眠的药基本上都吃过了。但在 1996 年冬天，我学习了《楞严经》。《楞严经》里面有一句话特别简单，叫“根与尘脱”，它就是感官世界跟外界的一种脱离。我主要有两种恐惧，一种是声音恐惧，另一种就是光线恐惧。我的失眠主要是对声音的恐惧，所以我常年无法入眠。在 1996 年冬天，我守住念头，不理会外界声音干扰。突然有一个刹那，那个声音消失了。于是，困扰我将近 4 年的失眠，就在那晚获得解决，且再没出现过。我想这一刹就比较符合一种洞见的产生。但并没有说你产生这么一个洞见之后，所有问题都能获得解决。所以，我们可能还没有获得整体性的解决。这可能就是洞见的一个问题。

还有一个就是杨老师说的，为什么我们很难获得一个真正的洞见？因为洞见它需要有一个足够的确定感，而确定感需要经验上的指导和情感上的确认。如果没人给你确认，你也不敢去触摸。这也就是禅宗的禅师在开悟以后，一定要找老师确认。对他的开悟，老师并不是做指导，而是做确认，是一种情感上的确认和经验上的确认。我想对禅宗的顿悟，可以简单理解为这样一个过程。请大家多批评指正，谢谢大家。

展翼文

好，谢谢圣凯老师的分享，圣凯老师提到修道的方法戒定慧，还提到顿悟、“看山还是山，看水还是水”，甚至还提到了自己关于治疗失眠的经验，这些都非常宝贵，也非常有趣。不知道其他老师有没有什么想要提问的。严老师，因为您说有一些方法可以训练洞见，不知道在心理学中关于训练洞见的方法，和刚才圣凯老师提到的戒定慧有没有什么关系？

严超赣

我觉得你这个提问非常有慧，为什么？这个提问正好也是答案之一。当然我们待会儿会讲一些别的提高洞见或顿悟的办法。

刚才圣凯老师提到佛学里面的戒定慧，在我们心理学里，用的佛学里面最多的一个词是“正念冥想”。正念冥想现在在心理学界的研究非常火热。一位外国人卡巴金来到中国学了一些佛学之后，回到西方，创建了一个叫正念冥想的体系。他就拿了我们中国禅宗的戒定，然后把难学的佛学理论的东西先去掉，把其中专注自己、专注当下、不去价值评判这些东西抽离出来，发现这些东西很好用，很多抑郁的人练了正念冥想之后不抑郁了，当然也包括治疗圣凯老师说的失眠。实际上有一种失眠的疗法就是正念冥想疗法。练正念冥想，可以帮助我们消除抑郁，帮助我们改善睡眠，改善身心健康，提高我们的专注力，提高我们的 insight，这确实是一个很好的东西。在我们的苹果手机的 health 里，你会看到你今天的运动是多少，吃的东西是什么，此外还有一条就叫 mindfulness，就是正念冥想。也许

图 5　乔·卡巴金

乔·卡巴金，1964 年毕业于哈佛大学，1971 年获得美国麻省理工学院分子生物学博士学位。1979 年，卡巴金将禅宗中的非宗教内容与他的医学实践结合，创造了后来风靡全球的正念冥想体系。

圣凯老师可以多教我们一些做正念冥想、提高我们的幸福感、提高我们洞见的能力的方法。

展翼文

那关于圣凯老师提到的有关佛教的顿悟，其他老师还有没有想要追问的内容？没有的话，我们就把问题留到后面解答。

现在我们要从佛学跳到数学。我小时候觉得自己数学学得挺好，但到了北大念本科的时候，感觉自己被碾压了。我苦苦思索做不出来的数学题，我的学霸同学似乎看了一眼就知道答案是什么。这让我自尊心备受打击。后来我就改行不做数学做哲学了。但我们知道叶峰老师不但哲学做得好，数学也特别好。所以就想请叶老师来讲一讲数学。有一本很有名的书叫作《一个数学家的辩白》，英国数学家哈代编写的。里面提到印度数学家拉马努金，他似乎就是一个数学天才的典型，他的能力似乎不能复制，就像音乐领域的莫扎特一样。所以就想请问叶老师，洞见或者直觉，对数学家来说，究竟重不重要，或者存不存在这样的洞见和直觉？如果存在的话，数学家的直觉有什么特征？

叶峰

其实我现在做的主要还是哲学，也包含数学哲学和数学基础、数理逻辑这些东西。数学里的洞见，跟刚才杨老师提到的艺术的洞见，我觉得应该是相似的，问题就在于你怎么理解什么是洞见，是否具有严老师说的洞见的特征。

举个例子：中学的平面几何题，大家可能都做过。它有时候很难，想半天也想不出该怎么证明。但突然间，你想到一条辅助线，只要辅助线一画，你就觉得原来这么简单。那这个就跟刚才严老师说的洞见特征是一样的。它具有瞬时性，并且当你发现以后便会认为它很简单。那我估计不

图 6　拉马努金邮票

印度数学天才拉马努金没有系统正规地接受过数学教育，大学也因严重偏科而辍学，只能工作之余凭兴趣继续学习数学。他凭直觉推导出 3900 个数学公式和命题，对人类科学发展做出巨大贡献。

只是数学，其他的科学研究里涉及的这种洞见都相似。

刚才有一个问题：洞见是外来的，还是内生的？我也同意杨老师说的，我们肯定需要有大量外来的素材。数学聪明的人肯定从小就学了很多，可能之前就学了很多奥数。他不会是什么都没学过，天生什么题都能解。也许他的大脑确实是在某些方面更容易建立联系，更灵活一些。那在这个意义上，他的数学能力更强，洞见更容易出现。但如果从哲学上来说，我们首先要弄清楚什么是洞见的思维过程，什么又不是。那典型的非洞见的思维过程，在数学里头就是按照一定的规则做计算。这就是把一个公式摆在那里，然后一步一步照着公式去做。但突然间，你想到一个新解法，那么这个多多少少可以说是洞见。当然有些题可能太简单了，而相应的洞见太浅显，就不能叫它洞见，更多只是想到而已。而如果有一个问题比较难，你想了好久了，突然间知道解法，那这个就是洞见。

数学家也是这样，大家可能听过华裔数学家张益唐。他提到自己想到孪生素数猜想相关的一个证明是在他朋友的后花园散步时，突然就产生了这个念头。这些都有洞见的特征——突然间产生，产生以后就变得显而易见了。所以洞见是内生的，还是外来的？从这个意义上来说，可能都是程度问题。

展老师刚才提及的印度有名的拉马努金，他并不是凭空想出那么多正确的数学公式的，他也是经过大量的努力。但他的脑结构确实跟别人不一样。比如说开根号心算，可能他的心算能力很强，可以在大脑中直接进行数学计算。那这个就跟别的人不一样。

关于数学洞见，我发觉自己没有太多可说的。但对于洞见跟哲学的关系，这方面我倒是有点负面的看法。因为哲学里头总有那么一种说法——哲学里深刻的思想都是靠洞见，都是直觉。且哲学跟科学不一样，毕竟科学肯定要有大量实验、大量的推理论证，然后计算、试错等，而哲学更多的是顿悟。这也恰恰说明哲学的很多东西并不是那么可靠。哲学里洞见有点被滥用，想象的东西太多，就显得不太实在。而这就要回到从哲学上看洞见的本质是什么的问题。如果把洞见神秘化，即认为凭借一种洞见，我们可以认识到某种超自然的东西，认识到柏拉图所说的理念或者其他的东西。那问题就在于，以我们现在的科学背景，这是可以理解的吗？

就像刚才严老师说的，谈论洞见有一个前提——洞见是什么？它归根到底就是神经网络的活动。而这些神经活动有一些特征，也许是脑区的一些方面产生的连接。而大脑之所以存在洞见这种活动，可能是演化产生的，是大脑对人类所处环境的一种适应。也就是说，大脑的一些先天结构使得它只需经过少数的训练，就能够识别环境中非常复杂的模式。比如说AlphaGo下围棋，它不是按照输入的规则去下棋，而是靠神经元网络的深

图 7　数学家张益唐

张益唐 1991 年于美国普渡大学拿到博士学位后一直没能谋得教职，但他没有转行做 IT（信息技术）或金融，而是继续潜心研究数学，以在餐馆打工维持最基本的生活需要，直至 1999 年才得到一个讲师席位。2013 年 5 月 18 日，他的论文《素数间的有界距离》在国际数学界顶级期刊《数学年刊》发表，张益唐在随后的一年接连获得美国数学学会 2014 年度柯尔数论奖、2014 年麦克阿瑟天才奖、2014 年度瑞典皇家科学院罗夫·肖克奖数学奖。

度学习，就可以说它不靠语言的逻辑推理进行计算，而是将它归为某种直觉洞见。但实际它也只是一种神经网络计算。如果我们接受这种对洞见本质的看法的话，那我们可以说传统哲学里有很多类似看法。有些传统哲学家认为，我们可以靠某种洞见去认识某些超自然的真理，或者认识自然世界背后的一些真理，比如柏拉图所说的理念世界。这些就有点可疑了。因为如果洞见活动本身是大脑神经元在自然环境下的活动，那它凭什么去认识某种超出自然世界、物质世界之外的抽象的理念世界的真理呢？而哲学中类似的例子还不少。

回到数学——对数学中无穷的理解。一种数学哲学的观念就是说，我们是靠某种洞见、某种直觉去直接把握无穷的数学世界的。那么这个无

图 8　柏拉图的洞穴之喻

柏拉图认为存在"现象世界"和"理念世界"。数学柏拉图主义认为，数学真理是理念世界中的客观存在，人们只有通过抽象直觉才能认识数学真理。

穷世界是彻底超出物理世界之外的吗？毕竟无论从宇宙尺度还是从普朗克尺度来看，我们的物理世界都是有限的。那无穷的数学世界就好像是另外一个独立于物质世界的世界，而我们可以靠洞见去认识这个世界。如果我们接受洞见是脑神经元活动这么一个观念的话，那数学柏拉图主义这种哲学就很可疑。对此更好的解释，就不是说大脑有某种神秘的洞见能力，可以让一个人去瞥见超越自然世界的东西，而应该说无穷是大脑根据我们对自然世界的认识所形成的想象、所制造的虚构，而这可能是对数学的一个更好的哲学解释。

展翼文

好，谢谢叶老师。叶老师从数学和哲学出发，对洞见做了一个剖析。他认为我们不应该把洞见神秘化，同时他也从数学哲学的角度提出，我们应该采取一种非柏拉图主义的也就是有穷主义的观点，这是叶老师的哲学观点。当然叶老师也提到，洞见可能涉及的不是一种简单的计算。罗杰·彭罗斯关于洞见也大概有类似的观点，他认为洞见可能是一种非计算的，甚至是不可计算的一种认识。比如说画辅助线。我就特别羡慕数学学霸画辅助线的能力，这个能力不是计算，而是看到了两个问题之间的关联，或者两个概念之间的关联。它不仅仅是根据一定的公理进行的演绎推理。所以请叶老师能不能讲一讲关于画辅助线的问题。

叶峰

也许应该请做人工神经网络的曹老师发言。在我的理解中，它其实就是一种神经元计算，它不以逻辑规则、语言规则来进行计算推理，它不是依赖人工智能的传统方式、按规则进行搜索，尽管它归根到底还是一种神经网络计算。而把一个两个好像不相关的东西连起来，也许是因为这种神经网络计算有一种很特别的效率，但我也并不清楚。

这种计算是否要与基于逻辑和语言推理的计算区分开呢？事实上，这还是一种神经网络技术。所以彭罗斯认为其间有量子干涉的因素，一个方面当然被主流所反对，或者说支持他的人可能并不太多。而另一个方面，即使有量子干涉效应，那按现在的说法，理论上量子计算机并没有超出图灵计算的范畴，但它们的效率是不一样的。而这也许还是要请做人工神经网络的老师来展开说。

展翼文

那我们就完美地切换到曹翔老师，我想请曹翔老师从人机交互的角度来谈一谈洞见的问题。我们首先想到的著名例子就是 AlphaGo。它有所谓的“神之一手”，当然这是一种比喻，但似乎现在深度学习的人工智能，有时候的确会呈现出一种机器的洞见，它有点像一种黑箱操作，而这种黑箱操作好像又很成功，甚至可以大行其道。这到底是怎么一回事呢？比如我知道现在的职业棋手就喜欢按照电脑给出的胜率下棋，胜率高一个百分点、低一个百分点，他们就可能会盲从。而这未必是建立在对电脑任何招法思路的理解上，他们只是模仿 AI 的招法。所以我想请曹老师来分析一下，这种机器式的洞见到底是什么。如果我们就这样盲从了，会不会对知识的理解和获取带来消极的影响？

曹翔

好的，谢谢。刚才叶老师已经帮我做了一些预告了。从大的方面来说，人工智能其实有两大流派，或者说两大阶段。刚才叶老师也提到了，有一派比较传统，基于规则。说白了，就是我们需要告诉机器每件事情上有哪些道理，比如这个领域里面有哪些数学定义、哪些物理定理，然后把这些知识输到机器里面，机器再根据这些去做推理。大概从 20 世纪 50 年代到八九十年代，这一派是人工智能的一个主流。实话实说，这种人工智能做得不是很成功，就如大家刚刚讲到的那样，如果这些都得靠人教，那它永远不可能比人聪明。更何况，人如何把这些东西总结成规则也是很难的一件事。

另一大流派就基于数据驱动，或者说基于深度神经网络。我打个比方，如果说传统的、基于推理的流派更像是教条主义的话，那基于数据则是经验主义，因为它的整套算法里并没有显性地体现任何具体的知识。它整个的神经网络受人脑结构的启发，是一个通用的功能网络。大量的数据（大量的经验），让它从经验里得到一些可以称作直觉的东西。而直觉的一大特点就是知其然不知其所以然。好比我看到叶老师，我知道这是叶老师，但是你要问为什么我知道他是叶老师，我还真说不出来。这是因为我之前看到过很多他的照片，所以形成了这么一种直觉。实际上现在主流的基于神经网络的人工智能，很大程度与这种状况类似——通过大量的数据训练，形成了好像是直觉的东西。你问它一个问题，它会给一个很好的答案或者是最优的答案，可实际上这个答案背后的原因它完全不知道。这非常像一种人类的直觉。至于 AlphaGo，某种意义上也可以说它是靠直觉在下棋。

人类做这种下棋的人工智能其实已经做了很久，从 20 世纪 60 年代开始做国际象棋到 90 年代下赢国际棋王。传统做下象棋的智能都有一种特定的方法，就是算棋。其实我们人类下棋就是这样，比如我要往后算多少步。如果你能往后算（推演）5 步的棋局，我能算 10 步，那我就比你牛。而如果他能算 25 步，那他就比我更牛。但这是传统的人工智能的下棋方式，而这种方式应用在围棋上并不太成功。因为围棋太复杂了，变数太多，根本算不过来。你要往后算 100 步，机器就炸了。而象棋的变数相对来说是比较少的。那 AlphaGo 的成功恰恰在于它在某种意义上真的像莫扎特或拉马努金一样，能够看一眼整个棋局便告诉你，“就下这儿没错，我认为这最好”。

那这是什么？其实也是来自经验。当然我们平时所说的很多人工智能，它的经验其实也是人给它的经验。比如人脸识别，我需要给它很多人脸照片，然后告诉它这是谁，它从中学习，之后才知道这是谁。而 AlphaGo 之所以做得比人好，是因为它的经验不来自人，而来自它自己（它是自己跟自己下棋）。AlphaGo 的第一代实际上还是结合了一些人的经验——我们把一些棋谱输进去让它学习了。但是 AlphaGo 的第二代叫 AlphaGo Zero，Zero 的意思就是从 0 开始，它的整个程序里没有任何人类的棋谱，它的程序只告诉它围棋的基本规则。然后它就从 0 开始自己跟自己下，下了可能上亿盘。然后在这个过程中，它积累了远远超过任何一个人类棋手穷尽一生能够有的下棋经验，甚至可能超过整个人类历史上所有棋手下棋经验的总和。以此它总结出了一种下出好棋的直觉，它看到整个棋局，它就知道在哪里下最好。

但如果你问它为什么下在那儿最好，先不说它能否听懂这个问题，因为听懂人类的语言需要另外一套人工智能系统，假设它能听懂这个问题，它也没法告诉你，因为它的行为其实可以理解为一种直觉。之所以说它有时候可以“神来一手”，是因为它的经验已经超过人类的经验了，那它下的时候可能人类已经理解不了它为什么这么下。你可能觉得它是一个有神一样直觉的棋手。但本质上这可能还不能称之为洞见。从刚才一些老师说的例子来说，我觉得洞见是有一个飞跃的过程，它本质上是从感性认识上升到理性认识。而这其实也是人类最强的地方。对于 AlphaGo 来说，不管下哪步对它来说都一样，它就是凭直觉在下。你不管它真是“神来一手”，还是“臭棋一篓”，对它来说那只是它感觉最对的那手。它并没有苦思冥想、突然开窍的过程，它就是依靠直觉。

那这其实可能也是目前人工智能最大的挑战。毕竟，大部分的人工智能都只能很好地解决非常特定的任务。好比说 AlphaGo，它只会下棋，不会别的，因为它所有的经验都来自下棋。换一个人脸识别的人工智能，它只能识别人脸。因为它们是纯粹的经验主义，它们不能从经验里提取规则，说白了就是它不能在经验主义和教条主义中间建立桥梁。我们平时都说单一的经验主义或单一的教条主义不好。因为从人的角度来讲，真正好的，是能够具体问题具体分析，就是把感性认识上升到理性认识，而这是人能够做到的事情。据我所知，目前在人工智能领域，还没有人提出一种可行的方式，把基于数据的智能上升到基于规则的智能。这也可能是大家认为人工智能在未来若干年之内还没有办法真正挑战人类的原因。因为它始终是基于非常具体的经验在做事。从这个意义上，可以说人工智能是有直觉，但还不能说它有洞见。

我觉得另外一个话题也比较有意思——最开始咱们提到艺术创作，

包括即兴创作这件事。现在也有一些人工智能在做创作，包括自动作曲、自动作诗、自动写小说等。这个过程还真有点像我们刚才说的即兴创作。在去年，大家可能听说过 GPT3，它是一个通过学习网上几乎所有文章（几百亿篇）而得出来的模型。它可以自己写文章、编对话、写诗。而它写的过程，并不像我们那样，要先去构思，想清楚开头、结尾与重点。它就是一个字一个字地写。它先生成第一个字，然后根据模型，写下最大概率会在第一个字之后的字作为第二个字。那第二个之后最大概率会接上哪个字呢？它再写下第三个字。这样一个字一个字地往下编。这其实就挺像一个即兴创作的过程。因为它有太多的经验在背后驱动，所以最终它写出来的东西像模像样，还很有结构。所以从某种意义上说，它真的可以做到一定意义上的即兴创作。

这可能会引起另外一个大家常提的问题——人工智能有没有可能具备真正的创造力？那在我举的这个例子里，它还不能算真正具有创造力。因为实际上它就是“天下文章一大抄”，它写的终究还是那些东西。它很难从读的几百万篇文章、学到的内容里编出独创的文章。独创的文章是基于作者个人的人生阅历，而它没有人生阅历，只是抄了其他人的文章，抄了里面人的人生阅历。但如果我们以更大的规模把人类历史上所有的故事、所有的电影、所有电视剧、所有人能体会到的人生阅历，通过文字的方式去“喂”给它，那理论上它其实也是有可能真的创造出一个你觉得它有人生阅历的文章。但现在还没有达到这一步，所以我觉得很多东西我们都可以拭目以待。

展翼文

谢谢曹老师。曹老师区分了基于数据和基于规则的人工智能，然后提到我们现在基于数据的人工智能算是有直觉，但不一定有洞见。这种有直觉的人工智能确实已经非常强大，所以这是否意味着洞见这个概念只是一个相对的说法。聪明人的计算能力，在较笨的人看来就很神奇。我认为是洞见的东西，在我的学霸同学眼中就是基本的算术。那人的洞见对上帝来说是不是也只是一种普通的算术？

杨超

听到曹老师的讲解，我非常开心，对我蛮有启发。我第一次听到对“神之一手”如此有趣的解释。我看过 AlphaGo 与李世石对抗的那盘棋，也听过高手全盘回顾。我现在才明白那“神之一手”“神”在哪里，它“神”在盘数和实战经验。它是长时间自己跟自己下，下了1000万盘，甚至1亿盘，而这几乎是全人类经验的总和。所以它“神”在它下了 1 亿盘而已，这个数字是超人的，这就是“神”。这个解释我觉得非常合理，完全符合我的想象。如果一个艺术家能掌握这么多素材、这么多经验，那他当然可以非常准确地给出最好的方案。

曹老师刚才启发我一个很有意思的问题：AlphaGo 会沮丧吗？我们知道高手，哪怕是李世石、李昌浩、柯洁，他们在下关键手的时候，他内心深处受到的心理考验是非常巨大的。他们会沮丧，会紧张，会恐惧。他们会翻来覆去，想象如果失败怎么办，而人的心脏很多时候是承受不了的。那 AlphaGo 会不会设置一个机制——如果它这次下错了、失败了，就去惩罚自己。它会在系统内部惩罚自己吗？它的未来有存在这种可能吗？

曹翔

这是一个特别有意思的问题，我觉得这个问题可以分两个方面来回答。

第一个就是人工智能有没有情绪的问题。大而化之，至少此时此刻的人工智能真的是没有情绪的。它进行的是纯粹的理性思考，如果它的活动能称之为思考的话。或者进一步来讲，人工智能，它是没有人生意义的。它存在的意义就是完成相关任务，所以，它也没有什么得失心。它不知道自己为什么活着，不知道自己是否被人哄骗了。这些它都不知道。

图 9　被深蓝击败的加里·卡斯帕罗夫（Garry Kasparov）

但对于人来说，人的情绪其实不完全是理性的，因为人的情绪实际上跟化学物质相关。（这个方面，严老师应该比我懂得更深刻。）所以说，人的情绪和人的神经网络，其实它们不是完全一样的机理。除非算法有意地去让人工智能模拟人的情绪，或者说假装它存在情绪——这肯定是可以做到的。但它是否真的有，我还是持怀疑态度。因为机械连意识都没有，那它怎么能有真正意义上的情绪呢？

第二个问题就是，机器会不会因为做错了一件事而去惩罚自己？这还真的会。因为有一种人工智能算法是基于一种思路来做的，它叫强化学习，英文叫 Reinforcement Learning。强化学习比较适合的场景，是在没有标准答案的情况下需要去想方法来解决问题的场景。好比说下棋某种意义上也是一种强化学习，因为下棋也没有标准答案。那么在实际的操作中，机器人要基于实际环境做出判断，比如我应该往哪去走，而这些都属于没有标准答案的。那强化学习的思路就是说，当我不知道标准答案时，我就去尝试，先随机产生一个策略去试一试。比如说走路：机器人往左边走一步，看看会发生什么，是否有可能会掉坑里。如果掉坑里，机器人就在它的脑子里给自己记一个过，说以后就不能再往左走了。但如果它往左走，结果还上坡了，那么就意味着这种情况下，这是一个好的策略。那它可能就会在这种类似情况更倾向于往左走。某种意义上，这就是一个奖惩机制。当然还是那句话，虽然它有奖惩机制，但是我想这个机器应该不会因为错误惩罚而不开心。

展翼文

还有没有其他老师有关于 AI 的问题？

圣凯

我想问曹老师，就是在算法里面，它有没有最后的临界点？就是刚才叶老师提到的无穷或者有穷的临界点。你刚才说到的人工智能有直觉，直觉是通过算法不断产生一种算法经验，这种经验里面有没有什么东西是不能算的？

曹翔

这个问题提得还挺哲学的。以我的理解，人能够明确地定义的问题，基本上都是可以用某种算法去解决的。当然人明确定义的问题可能有两大类：一种是逻辑性的问题，可以由传统的基于规则的方式去解决；另一种是直觉性的或经验的问题，可以通过数据去驱动。但机器自己不能定义问题。定义问题，是从感性上升到理性的。人能够提出问题，机器只会回答问题。

杨超

我想向曹老师提一个本来应该问圣凯老师的问题：我不知道你是不

图 10　118 岁的虚云法师

除了释迦牟尼静坐七天七夜开悟的传说，从古至今还有很多长时间冥想入定的例子。比如虚云法师（1840—1959）常常一入定就是十天半个月。

是对佛教有兴趣，从人机交互专家的角度来看，你觉得释迦牟尼最后在菩提树下洞见的那个东西是什么？

曹翔

这个我还真不敢回答，因为我对佛和佛学没有那么深的研究。我觉得可能还是因为人会寻找人生的意义。我觉得很多作为人生观的哲学，不管是宗教还是佛家，它的很多洞见都是寻找人生的意义。而这其实是人特有的东西。当然如果从纯粹唯物主义的角度来讲，你可以说人生本来就没有意义，生命只是偶然的存在。虽然它本没有意义，但因为有意识，我们也需要主观为它赋予一个意义。这是人非常特别的东西，可能很多洞见最终是得到了这样的见解。而机器本来就没有目的，所以我想除非人有意识地去给它这样的任务，否则它应该不会产生关于探究它自身人生意义的洞见。

杨超

这个问题我顺道问一下圣凯老师：您觉得佛陀在菩提树下，他洞见的是您刚才说的整体性的真实吗，还是对整体性真实的一个想象？

圣凯

实际上，从佛教来看，人生只有两个问题：一个是生死问题，生死问题是一个有限和无限的问题，或者说是必然性和偶然性的悖论问题。这是一个具有普遍性的问题。另一个就是刚才曹老师说到的人生意义问题，我觉得这两个问题是佛教思考人生里面的两个着眼点。佛陀的觉悟过程，实际上是从思考生死问题到思考人生问题。他在出家前游四门实际上就是在思考这两个问题。人有“老”“病”“死”，这三门就是思考生死问题，而最后一门就是思考人生意义问题。

所以佛陀首先说修道，就是为了解决这两个问题。在菩提树下的觉悟，在佛教的整个定义里，就是以“缘起”两个字来定义佛陀觉悟的内容。那如果把缘起作为佛陀觉悟的内容，实际上就是基于万物的相关性和我们的存在，用因果律或者说必然性来定义佛陀觉悟的内容。

展翼文

我们聊洞见，自然而然地就聊到了人生意义的问题。而刚才聊洞见的时候，其实关心的是洞见是不是真实存在的。它可能并不存在，那人生意义的问题是不是也可能并不存在？我想叶老师是不是关于人生意义的问题有一些观点？

叶峰

我接着刚才几个问题来说。其实有三个不同的东西都叫洞见。第一个是对世界的知识，就是说认识真理。其中包括 AlphaGo 下棋，它知道这一步是好的棋，这一步会导向赢棋，这都是对事实真理的认识。这也包括科学家的洞见或者对社会发展的洞见。

第二个是想象，也就是艺术家的洞见，艺术家并不是想要去告诉别人真相，而是要创造出一个世界出来，所以这是一种想象的洞见。

第三个是佛教的洞见，可能实际上是在改变自己的情绪状态。比如说你原来有憎恨，陷于一种怨恨、不满的负面情绪中。然后这情绪消散了，完全变了。这既不是认识一个事实真理，也不是想象或创造一个东西，而是改变了自己的这种情绪状态。当然在传统的关于人生意义的学说里，一般把它说成认识人生意义的真理，或者体悟到人生的真理。

刚才严老师讲到的那些研究正念的心理学家，他们关心的主要是大脑达到哪一种状态，这种情绪反应是否是正面的，所以在这个意义上也算是认识到了人生真理。所谓有没有人生意义，这就在于自己了。如果你的大脑达到了我们认为的那种正面的、好的情绪状态，那你的生活就更积极、更完美，那就是认识到或达到了人生的意义。这样，就并不一定要谈论人生没有意义的话题了。

展翼文

谢谢叶老师。我们刚才从机器聊到人生，自然而然地就要回到人脑。现在就有请严超赣老师从脑科学的角度来和我们谈一谈洞见。洞见的脑机制是什么？有洞见的大脑和没有洞见的大脑，有没有任何科学上可以观察到的区别？如果有区别，这样的区别是什么？对我们有没有什么借鉴意义？

严超赣

其实心理学家一直对洞见、顿悟或者说 insight，都非常感兴趣。因为很多观点认为 insight 对人类创新非常重要。我们都听过阿基米德的故事，皇帝要让他检验金皇冠是不是掺了假，他苦思冥想没有答案。在泡澡时，他突然从浴缸里跳出来说，“我想到了”。于是，他就用该黄冠排出的水量跟纯金排出的水量进行对比，得到了答案。此外，还有牛顿被苹果砸到提出万有引力定律的故事，这些都有类似“啊哈”的时刻。所以心理学家们就非常想研究这类现象。因为很多创新性的观念可能都是苦思冥想之后，在某刻突然被发现，就像杨老师说“我突然就想到了有这么一个解决方案”。但这种突然发现，研究起来实际很是困难，因为我们不能把阿基米德招来专门做研究，也不能把杨老师在长江采风之后苦思冥想的时刻拿来研究。因为它千载难逢，所以，心理学家们主要就会用类似“啊哈”时刻的一些东西来研究，其中包括一些字谜、猜谜，或者一些非常难的、需要跳出思维定式的题，让被试者来做这些题目，记录他们想通的过程。

此外比较有意思的一点是，心理学家最早研究洞见时，研究的不是人类。大概在 19 世纪年 20 年代，德国格式塔学派心理学家苛勒研究的是黑猩猩。他在很高的地方挂一个香蕉，然后在路上摆几个箱子。他发现黑猩猩并不是不停试错，而是在明显想明白之后，再去搭箱子，然后摘香蕉。另外，猩猩还会发现需要将两个棍子绑在一起，才能扒到离得很远的香蕉。而这些发现并不是尝试错误，或者想象 1 万种可能才学到的。它是突然就有的一个系统性解决方案。所以，心理学家们在实验室也通过这种现象进行研究。比如说，我们经常会让被试者做一些字谜或者猜一些谜语，观察他们有洞见的那一刻。我们对他们进行脑电实验，或者进

图 11　沃尔夫冈·苛勒代表作《人猿的智慧》

“格式塔”从德文 Gestalt 音译而来，意为完形、整体。格式塔心理学主张把人的心理作为一个整体来探讨。在纳粹的压迫下，苛勒等格式塔心理学创始人流亡到美国。通过黑猩猩实验，苛勒提出了“学习顿悟说”。

行磁共振。通过对大脑进行扫描，我们发现洞见还是有一些特征的。刚才提到大脑左右两半球，左半球可能跟纯粹的思考、语言、精准分析这些有关，右半球的连接就更宽泛一些，可能跟我们右侧大脑的锥体神经等有更广泛的、不是那么精细的分化有关系。特别是右侧颞叶，它在洞见那一刻的活动是最高的。

刚才也提到，在洞见之前，视觉区的活动会被抑制，好像是我们抑制了外界的输入。然后跟记忆有关的这些脑区，如右侧颞叶，在这一刹那，它们完成了洞见。我们也发现了它的一些特点，也许对大家有参考意义。在洞见之前，我们所有的更多的不是外源性注意，不是在注意外面的事物或专心做一件任务、思考一件事情，而是内源性注意。这个时候你没有一个外界特定的事情在关注、特定的任务在进行，反而更多在关注自己。那这个时候更能够产生洞见或者产生顿悟。这也就是刚才圣凯老师提到的，做正念冥想，更多的不是执行一个特定的任务。

而有洞见的人跟没有洞见的人，其大脑还是存在一些区别的。有洞见的人，或者说更能用洞见的方式来解决问题的人，在不做任何任务的时候，他右侧大脑的活动要比其他人高一些，特别是右侧颞叶这个地方。也就是说我们右侧颞叶的活动可能非常重要，它的增高有可能代表着我们能产生更多的洞见。可能我们就会想，既然洞见这个东西这么好，那我们要怎么样才能增加我们的洞见呢？

第一，你要采集很多的信息。因为洞见本质上还是通过我们的大脑加工完成的。它将原来存在弱连接关系的这些概念，在我们与记忆相关的脑区突然搭上，而搭上的一刹那就好像解决问题了。但你必须有那些基础材料，不是只靠苦思冥想就可以解开哥德巴赫猜想。这些人肯定是做了很多相应的学习、相应的思考。张益唐也是对孪生素数这一块做了很多的研究，有了那些材料，才有可能在散步的时候突然搭上那么一下。

第二，洞见产生的时刻，并不是你特别专注地在做一件特定的事情，甚至不是你思考这个问题的时候。反而在你的注意力没那么集中，即具有比较广泛性的注意时，更容易产生。

第三，积极情绪对产生洞见也有很大帮助。当然，也有人说有些艺术家非常痛苦，非常抑郁，做出了非常好的艺术作品。但大体上来说，对于洞见、顿悟或创造性这件事情，积极情绪是有益的。所以，让自己开心一些。因为开心会使我们的注意力更加宽泛，这种宽泛的注意有利于提高我们的洞见。而消极情绪会让你的注意力更集中一点。

那有没有什么药物可以提高洞见？目前对药物还没有太多的科学依据。但有一种东西大家可能经常使用——喝酒。确实有研究表明，酒精在一定程度上能提高洞见。可能喝酒之后，你的注意力没那么集中，这样那些概念之间的弱连接就很容易被激发出来，互相之间突然搭上，就可能产生洞见，然后便得到了问题的答案。

当然还有很多科学家用脑刺激的办法，如有的人用 tDCS 做研究，也就是经颅电刺激。其实就是在我们头皮外面加上电极【见图 12】，然后让电流流经我们的头皮，用电流来干扰我们大脑的活动。我们发现当阳极放在右侧脑时（相当于是强化刺激右侧脑区的活动，降低左侧脑活动），能够提高 insight 的活动。

各位专家有兴趣的话，可以根据这样的研究，买一个 tDCS 刺激下自己，看是不是当我想不出这个电影该怎么导时，用了它就能突然想通。这样的提案真不是完全的瞎说，因为我们科学家要讲证据，而确实存在实验室的证据表明，这些方案某种程度上能提高我们的洞见。

总而言之，洞见是我们大脑的产物。我个人不认为有在我们的经验之外的超现实主义的或者没有任何依据的神来之笔的东西。我们首先要有基本的元素，要创造一个条件，让那些弱连接、弱概念关联起来。如果你太集中在某一块，那些弱的地方就完全被抑制，你也没办法获得注意，也没办法搭起连接。但是你有这些元素，又比较开心，注意力比较宽泛时，那弱的连接就有可能被你的注意力捕获到，当它们相连，洞见产生，从而做出非常有创造性的东西。所以也希望大家能够变得更加有洞见。

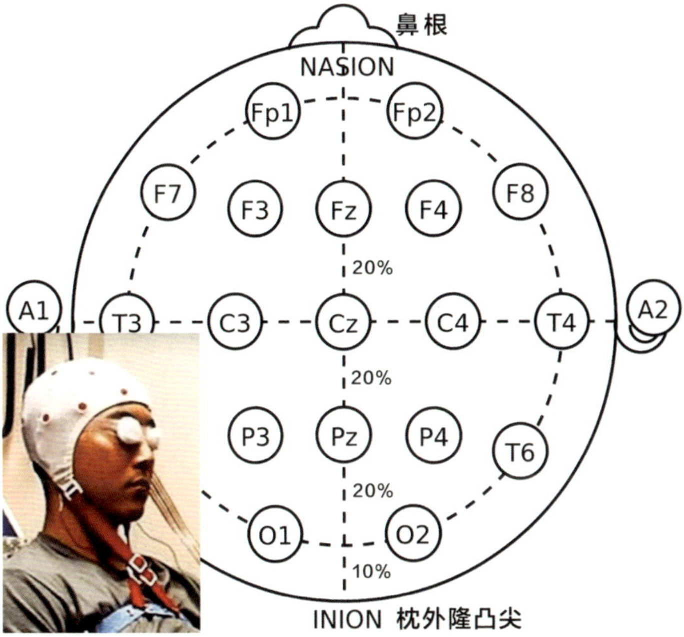

图 12 经颅直流电刺激及 10–20 系统

tDCS(经颅直流电刺激)一般使用 10–20 系统来定位及放置电极。不同的电极位置及阴阳电极组合方式被称作“电极蒙太奇”。阳极刺激通常能增强刺激部位的神经元兴奋性，阴极则反之。上图为头顶俯视图。

展翼文

非常感谢严老师给洞见提供了一个脑科学的解释，同时还提供了一些方法上的指导。我看到杨老师若有所思，有请杨老师。

杨超

学到了不少，尤其是弱连接变成强连接这个说法，对我很有启发。确实如果你非常狭窄地专注在一个点上，你就会放弃对其他点的连接。从我自身创作需要来出发，圣凯老师、严老师，还有其他老师的说法，让我想了很多。我之前只知道“戒”“定”“慧”这三个字，没想到经老师们这么一解释，发现它们还真蛮有价值的。

对我们的创作来说，这个“戒”叫“深入六尘”，聚焦在一个方向上，疯狂地接触，通过眼耳鼻舌身意让信息进来；然后“定”是圣凯老师说的“根与尘脱”，我觉得这个词也很漂亮；“慧”是指产生某些连接。此外，我觉得连接这个词特别准，确实是那种看似不相关的、非常弱的连接在前两步都做对了之后，就会产生强连接。这样连起来，会产生一个对世界的整体认识。谢谢各位老师。

圣凯

我问一下严老师关于左右脑的问题，就是说在人类思维里面，左脑的逻辑分析，跟右脑带有洞见相关的分析，会不会产生矛盾？就是说当右脑的洞见区非常活跃的时候，它会不会抑制左脑的逻辑能力，有洞见的人，他的逻辑能力会不会突然变差？或者说我们左脑发达了，会不会抑制右脑，右脑发达了会不会抑制左脑？从人类理想来说，这种均衡状态肯定是值得追求的，我们能否实现这种均衡的整体性成长？

严超赣

您的问题非常好。我们会不会因为试图提高右脑的能力、提高洞见的能力，反而把我们左脑的分析性思维的能力抑制下去了呢？比如说有人通过 tDCS 把我们右侧的大脑变得活跃，把 insight 进行提升，把左脑的活动进行抑制，那这样会不会有副作用？从目前的研究报道来看，并没有发现把分析性思维（analytic thinking）的活动进行抑制会有长时间的副作用。

实际上我们的生活现实就是如此，一直在强调分析性思维活动。我们从小学开始学语文、数学、物理，这些都是比较强调分析性思维的学科，甚至包括我们大多数人都是右撇子，大脑的语言区也主要是由左脑来负责，且我们每天都在用语言。所以，以前就有一种说法，我们左脑用得会比较多一些，那很多人就认为我们要开发右脑，包括商业机构的全脑开发。开发右脑，有些是商业噱头，有些确实是有一定的意义的。因为右脑在我们的形象性思维加工包括洞见方面，都是具有一定的功能的。

但事实上，我们的很多任务，其实是左右脑协调完成的。所以以前有人说有很多很厉害的人，他们会专门训练左手写字、左手活动，来提升他的右脑，提升一些创造力。这听起来虽然可能有点像笑话，但未必完全没有道理。我个人也认为多开发一点右脑，一定程度上还是有一定道理的。如果我们能让左右脑均衡发展，我觉得对我们的发展是有利的。

展翼文

好的，非常感谢严老师的回答。实际上我们现在已经进入自由讨论的环节了。希望各个老师随时提问，也希望我们的观众在聊天区留下问题。我们会找机会见缝插针向各位老师提问。那第一个问题，先有请人民大学的哲学教授朱锐老师。

朱锐

各位嘉宾好，非常感谢能参与今天的精彩讨论。我有一个简单的问题想问，就是运动跟洞见的关系。因为在美国，人们都很强调运动教育，鼓励学生参加运动。然后从我个人的经验来说，如果我需要去找灵感的时候，我便会去爬山。也许恰恰是让自己不去注意现在思考的问题，让严老师说的那种发散性的内容得以产生。那请问各种运动跟洞见之间是否存在一种必然联系？

严超赣

我就朱老师的观点说一下。首先我不知道运动跟洞见有多强的直接关系，但是间接关系一定是有的。因为积极情绪可以促进我们的洞见，而运动与积极情绪很有关系。所以我们经常会建议患有抑郁的朋友多运动，多晒太阳，这样可以提高情绪。

当然了，刚才朱老师也说到，我们在运动的时候，不再专注于原来狭窄的问题进行思考，那些平常因专注思考而抑制的弱链接，会更可能强有力地连接起来。我觉得通过运动来提升这些洞见，可能是有好处的。当然对于职业的运动员，因训练而带来的运动，对洞见的提升，可能又未必了，因为职业的运动员运动很可能只是狭窄地训练职业的动作。但对于普通人，多做点体育运动，多做点阳光下的运动，我觉得是有助于我们产生洞见的。

杨超

从我个人经验来说，运动对我有巨大帮助。这其实也是圣凯老师说的正念冥想的一种代替方式。因为我可能没有能力去冥想。毕竟，在冥想中完全定下来太难。所以连续的运动、重复的运动，包括爬山，非常像是一种动态冥想的感觉。对我个人很有帮助。当然如果我能够持续打坐三个小时可能会更好，只是这难度对普通人来说会比较大。

圣凯

刚才杨超老师说到坐禅。“坐”跟“禅”之间有个悖论——坐不一定是禅，也就是说，不是你坐在那里就有禅，也不能说你坐在那里就有insight，就有洞见。之所以说“坐”禅，是因为在“行”“住”“坐”“卧”四个姿势里面，坐这个姿势最有稳定性，可以提高专注力。但实际上真正洞见的产生，就是说从佛陀时代到现在，我们看所有的佛教开悟者的经历，他都是在运动中实现的，反而不是坐在那里突然开悟的。这些都是在生活的某一刹那，就是严超赣老师说的，是在动态里面的突发性实现。这也能说明坐禅不一定导致开悟，开悟的突发性决定了它不是在坐的时候实现的，而是在有助于突破临界点的某个动态时刻里。我想可能要从这个角度来思考运动的问题。

杨超

我们还是会非常向往佛陀那样连坐七天七夜那种神奇的定。

圣凯

我觉得没有必要。实际上很多训练还是应该回到自身缘起的训练。如果你的腿不好，你就应该少坐一点，而不是以一成不变的状态追求身体姿势，这不符合每个人的特殊性。

严超赣

圣凯老师，我想问你一个问题。我们很多人都羡慕佛陀或者仰慕佛学，我们都在追问人生的意义是什么。好像佛陀已经解决了人生的意义这个问题，不再每天纠结“我活着为了什么”。但人生的意义往往是让我们痛苦的问题，也是让很多哲学家痛苦的问题，让人千百年来都在思考。佛陀或者高僧们，真的顿悟或者说解决了人生意义这个问题吗？这个问题真的不再困扰你们吗？

圣凯

我觉得这是个很好的问题。这实际上可以从几个维度来思考：第一，

图 13　南华寺六祖惠能坐化真身塑像

禅宗六祖惠能创立禅宗南宗，打破坐禅习定的修持方法，主张“于一切处行住坐卧，常行一直心”，使得禅宗趋向平民化，促进了南宗的传播，使其成为汉传佛教主流。

意义是个有限的无限拓展的问题，这是一个悖论。悖论在人类社会里面比比皆是。比如说儒家讲立德立言。立德立言是典型的意义实现方式，就是说通过事业、通过著作进行智慧传承等，这都是意义实现的过程。所以在这个意义实现过程里，人类总是千姿百态，各有差别，而不是说只有佛陀、只有佛教的方法是唯一的方法。我想我们需要多元主义，或者说人们作为一种特殊的主体，人生需要多元，这是我们应该关切的问题。我从来不觉得只有佛陀才是一个人生意义的圆满者。在普遍的人类对哲学、宗教艺术的追求过程里，很多人都找到了人生的意义。

第二，回到宗教，无论是禁欲主义还是其他不同宗教的追求方式，都只不过是不同的生活方式中的一个。

第三，意义真正解决的不是你有什么样的生活，因为生活的缘起是很难转化的。比如说杨老师这辈子应该以电影为业了。如果他要跟我换一个职位，到清华大学教哲学。可能他得下辈子轮回一遍再来，这就是一个有限性的问题。所以我想人生意义很大一个部分的作用应该是回到每个人的缘起里去思考，不应该有一个普遍性、终极性的意义设定。

第四，如果说我们真的有一个普遍性问题的话，这个时候实际上都是一种超拔，是一种救赎，是要实现有限向无限的超拔过程。我问杨老师，为什么人类大脑有一种从有限迈向无限的欲望？

严超赣

这个问题可以是哲学问题，但它也可以是脑科学问题。比如我们现在天天研究大脑，这本身也是个很奇怪的问题。大脑的神经元为什么要搞清楚自己的神经元是怎么运作的？大脑为什么要理解大脑怎么运作呢？之前朱老师做过哥德尔不完备性定理的讨论，就是我们能不能用自己的头发把自己举起来？大脑能不能研究清楚大脑自己的方式？

实际上我觉得我们还是存在好奇心。我们的大脑大概只有三磅重，那在这么狭窄的空间里，要试图去理解无限的世界，理解无限的宇宙，甚至自身运转的奥秘，这可能是我们产生智慧，当然也有可能是产生痛苦的来源之一。

杨超

我非常欣赏圣凯老师宽容的态度。面对每一个不同领域不同个体的处境，如果都从因缘出发去活出自己的意义，他应该就算是活出意义了。但确实就像您说的，从无限到有限之间，人就有这么一个欲望在。这个东西到底从哪来的，是内生的还是外来的，其实我们也不太可能真的知道，但它确实存在。

面对这个时代知识的无限细分，就像圣凯老师刚才说的，如果我去清华教哲学的话，那我自己会非常痛苦，因为隔行像是隔了一个大屏障一样，而我们能这样交流其实很少见。在知识如此细分的时代，我反而特别期待出现百科全书式的学者或者大知识分子。我觉得目前的环境真的蛮缺这种人的。好像大家越来越安于自己的小领域——在我的领域之内，我是一个专家权威，这就知足了。也没有人再去想如何发明大统一场【见图 14】，或者能够解释这一切的东西。但这个愿望是健康的，是有价值的。我感觉如果知识分子或者学者不去努力期待大百科全书式的知识分子出现的话，那就会有某种力量、某种意识形态或者某种东西，来替我们去统一这些知识。所以我觉得今天的讨论蛮有意义，各个不同的知识点的连接和理解确实蛮有意义。可能不是我们在座 5 位，但最终还是应该会出现大知识分子、大学者。

展翼文

非常感谢杨老师。我就见缝插针，因为网上其实有很多网友的问题，我就抓紧时间归纳一下这些问题。有一个问题可能比较哲学：洞见发现的东西和非洞见发现的东西，有没有什么本质的区别？几位老师的观点其实比较相似，都强调洞见可以被还原为神经和自然的过程。但是有没有可能从洞见发现的内容和用这些内容来还原洞见产生的过程，这是否会产生一种哲学上的悖论？

叶峰

我想看看我是不是明白这个问题。可能其中有几个不同的问题，一个是说洞见发现的东西跟非洞见发现的东西有什么不同。那我想，从哲学的角度来看，归根到底是要有一个经验的检验，就像科学一样。那只要是做科学研究，最终理论还要经过实验的检验，而不是说仅仅通过洞见就可

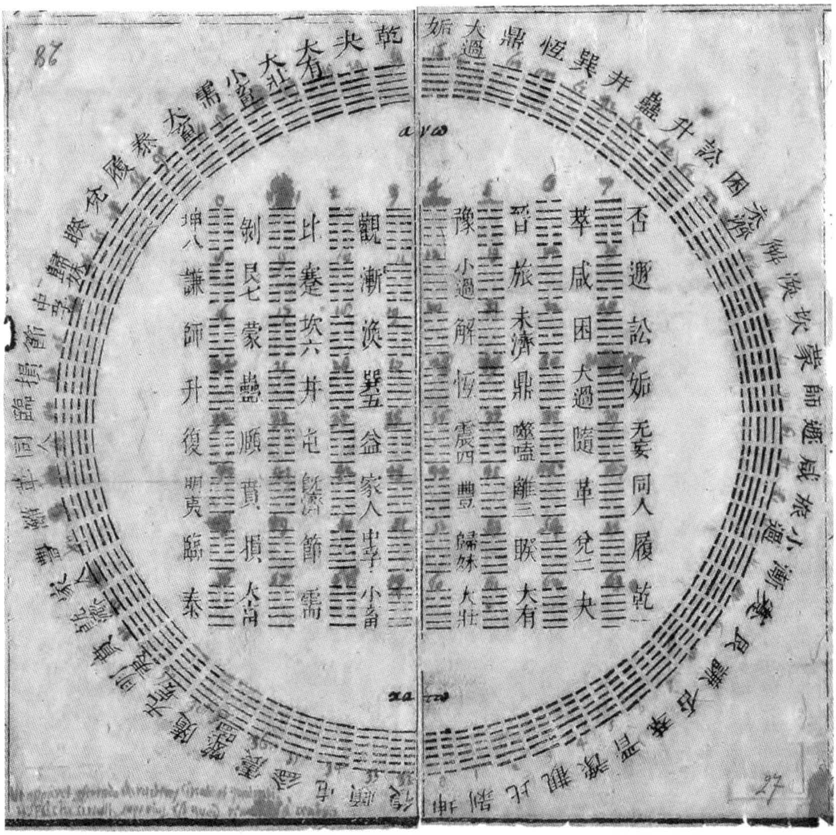

图 14　数学家莱布尼茨收藏及标注过的易经卦象图

古往今来，人类一直在追求给所有问题一个统一的回答，比如《易经》就是用一套符号形式系统地描述万物的变化。超引力、大统一场论、终极理论、万物理论，都是物理学家给这个回答起的名字。物理学大统一事业的第一步是牛顿的万有引力定律。它第一次把天体运动与地上运动用数学的方式联系了起来。当前这一物理统一事业面临的挑战是：验证引力、电磁力、强核力和弱核力都是同一种力的不同伪装。

以直接得到真理。所以就这个意义上来看，应该可能也没什么不同，只是方法路径不一样。

然后另外一个问题是，我们都承认洞见归根到底是脑神经元的活动，是可还原的，那这其中有没有什么悖论？这个意思是不是说你实际上是在一种循环论证之中。你先假设一切就是脑神经元，所以洞见也是，然后以此去理解洞见。可有的人的理解是相反的，他根据他的洞见得到了对世界完全不同的解释，那他也许就不接受你的观点。那他们应该如何互相理解呢？——我不知道是不是这样的一个问题。如果是这么一个问题的话，我个人的回答也只能是：现在科学对这些解释最完整最全面，所以也就只能相信科学家们提出来的这些东西。

展翼文

我猜网友可能是想到了爱因斯坦的名言——世界最不可思议的地方，竟然是可以思议的。我们竟然可以把洞见这样的东西还原为一些神经和自然的过程。

曹翔

我有一个理解，不知道正不正确。很多在传统意义上进行推理得到的结论是可以明确、无歧义地被人们理解的，但洞见可能需要二次解读。

比如我们说机器没有洞见，但机器可以假装有洞见。为什么？以 GPT-3 模型为例，它专门用来写文章，曾经有人让它专门去写哲学金句【见图 15】，虽然每句都看着像那么回事，而且你琢磨琢磨好像还真挺有道理，但它其实根本不理解自己在说什么。在这种意义上，有些东西可能在某些人眼里是洞见，实际上并非真有什么看法，但可以被解读为有意义的东西。

杨超

我觉得洞见和非洞见，它们最后得到的结果是一个东西，区别仅在

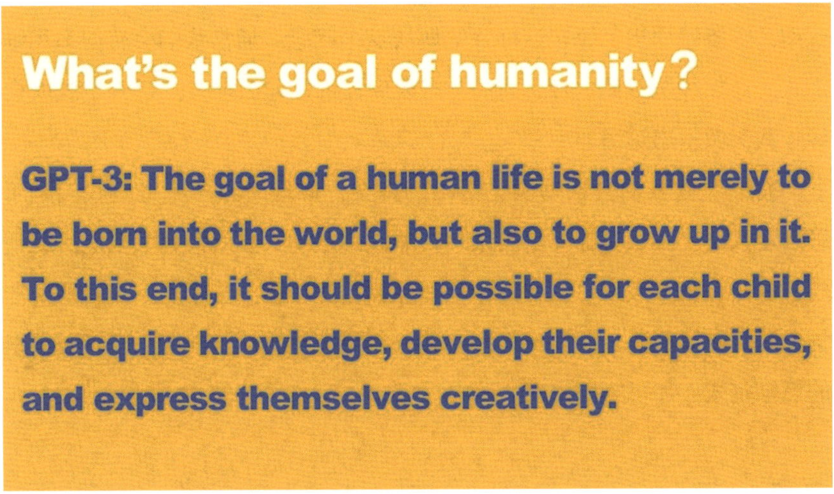

What's the goal of humanity?
GPT-3: The goal of a human life is not merely to be born into the world, but also to grow up in it. To this end, it should be possible for each child to acquire knowledge, develop their capacities, and express themselves creatively.

图 15　GPT-3 对哲学问题的回答

于时间。就是洞见是瞬间加速，非洞见是用逻辑思考或者算计的速度。而这一切都是时间问题。它突然把那些你需要琢磨很久才能连接起来的东西瞬间连起来，这就是一个速度问题。

严超赣

杨老师这个观念，也有一派心理学家是这么认为的。他们认为顿悟、动机或 insight 没什么特别的，你算到那里你就算通了。但是有另一派心理学家是不同意的。因为它涉及的可能性太多，你一一算过来也是算不出的，或者说穷尽它们是不现实的，特别是对我们人来说，你要把所有的可能性都穷尽，这不太可能。所以顿悟对你来说就很重要，你能达到那个临界点。

另外一个就是只通过常规的计算，是完全算不出来的。比如大家可以想象一下有 9 个点在空间中，就像一个田字一样，现在要你用一笔，只能用直线一笔，把这 9 个点都画完。你仔细思考一下，你会怎么解决这个问题？你会先一遍一遍画不同的线去解决，最后你要跳出一些固定的思维框架，才能顿悟出，原来这样才能解决这个问题。通常我们会有很多思维定式，比如线应该画在什么地方、折线应该折在什么地方，这些定式就会导致我们做不出这道题。

有的时候我们会认为洞见得出的答案好像理所当然。可当我们陷于思维定式时，怎么算都算不出来。突然破除壁垒，你就找到了要点，就找到了解决方案。大家可以看到顿悟和非顿悟还存在一些区别，也就是说非顿悟时，你可能怎么都算不出来，你必须要有顿悟那一刹那，来打破原来的思维定式，才可能做出来。

圣凯

洞见跟非洞见有个区分很重要，一个是部分，一个是点。就是说非洞见的解决方式都是一次一次的，它的解决方式是一个问题的解决。而洞见是一个系统转化，或者说是一种轨道转化。你有这一次洞见体验之后，你的整个系统可能有一个重构过程。实际上它是一个重要的表征，正如禅宗讲的小疑小悟、大疑大悟。它是个量的表达，说你小悟 1000 次，不如大悟 1 次，我想说明的就是顿悟或者洞见的系统性的意义。这也有助于人们学习洞见如何产生。辩证法里也讲量变跟质变，我觉得可能具有某种质变的意义，才能够成为洞见。不知道是不是可以这么来理解。

展翼文

这里有好几个问题可能都跟这有点关系。有网友问：洞见是灵感吗？它跟发散性思维有没有什么区别和联系？还有洞见、直觉都是同一类的认知现象，那到底怎么分辨一个见解是洞见还是偏见？这个和严老师说的左右脑竞争可能是有点关系，要不严老师您来先解答一下。

严超赣

首先很多概念似是而非。我讲的 insight 主要可能跟顿悟有更直接的关系。至于有的人提到灵视，这个东西比较神秘，科学研究起来也比较困难。所以我暂时也不好说灵视跟洞见有什么太大的关系。毕竟，我也不知道具体的灵视体验如何。当然，这也有可能是精神疾病的副产物。有些精神分裂症患者的大脑经刺激会产生一些奇怪的放电，导致他有幻听和幻视。我不知道幻视和灵视是什么关系，本质上也是这些脑区产生的异常放电。也有一些癫痫患者，就是羊癫疯发作的时候，它整个的网络放电导致他们会有很多非常奇异的体验。但我个人认为这跟顿悟还是有区别的。顿悟可能是我们在长期思考过程中，刹那间建立起来的连接。这跟大脑的癫痫或精神分裂症患者的紊乱的放电可能还略有不同。

还有一个问题是，洞见和偏见有没有什么区别？洞见和偏见，我想这两个还是比较不同。一个叫 insight，一个叫 bias。偏见通常是一种看法，这种看法是我们提前预设了很多的观点，然后总结出一点点概率性的概念。这就会导致以偏概全。比如说国外认为黑人有哪些问题，或者说我们传统有些偏见认为女生的学习怎么样，然后你将其套到所有人身上，这一定是错的。当然美国有个著名教授，他认为所有的偏见都是正确的，他说偏见一定有概率的基础，可能在某种意义上是对的。

但我个人觉得偏见和洞见还是有很大差别，它是一种观念，这个观念有它的 bias，有它的看法，且大多数情况下，偏见都会以偏概全，都是不对的。但洞见是我们长期要思考问题的解决方案，只有真的解决了才会成为洞见。如果解决不了这个问题，我们通常不认为你顿悟了，或者你有洞见。比如说画 9 点连线的问题，只有真的找到了那个方案，你才会说我找到了，我顿悟了，我知道怎么画了。如果画不出来，你再偏见地认为自己能画出来，那也不会成为洞见。

曹翔

说到偏见，恰恰这几年人工智能特别关注这个问题。因为现在的人工智能主要是数据驱动，来自经验；而如果你的经验本身不具有代表性，那它就会导致人工智能带有偏见。好比一些自动简历筛选系统，就可能自带种族主义的歧视。这并不是说人教它要有歧视，而是因为它所拥有的数据带有偏见。比如因为大部分黑人混得都不好，所以它会预测新来的黑人混得也不会好。这些社会本身的偏见会复制到人工智能里面去。所以这种数据上的偏差很大程度上会带来人工智能的偏见。而这是目前人工智能学者在解决的问题。

杨超

从我的经验来看，偏见恰好是所有艺术创作的一个出发点。因为艺术创作并不是要去全面论述事情，也不需要绝对正确，它恰恰需要偏见。刚才说灵视这个问题，好像是出自奥地利的著名圣女圣希尔德加德，她的圣歌确实很美。我不是非常了解基督教，但从旁观者角度来看，我觉得那恰恰是可以称作偏见的东西。那是希尔德加德作为女性，对她的意识形态和宗教信仰的一种非常私人的表达。她把耶稣当作一个具有爱人色彩的对象。所以那些歌有属于一个女性内在的柔美和纯净，你没法不感动。所以某种程度上你也可以说这就来自一个偏见，它摒弃了所有其他的东西，强烈地把它推到了极致。我想可能偏见跟创作很有关系。

展翼文

那我再问替网友问最后一个问题。这个问题实际上是想问严老师，可能也问圣凯老师：关于冥想或者 mindfulness，它涉及的广泛性注意该如何操作？它似乎是不去思考，但又有意识存在，还需要有专注力，但同

图 16 希尔德加德雕像

修女希尔德加德是西方最早期的作曲家之一。她创作的“道德剧”被认为是歌剧的早期雏形。希尔德加德自幼具有“灵视”异禀。作为中世纪女性，她没有受过正统教育，却成为作家、神学家、作曲家、修道院长、哲学家、科学家、医师、语言学家、社会活动家等，成绩斐然。她的故事后被改编成电影《灵视》。

时又要有广泛性。这到底是怎样的状态？也有网友问圣凯老师：冥想是需要去思考，还是意识在但不思考？如果说坐禅是一种悖论，那又该怎么操作？

严超赣

要不圣凯老师您先从佛学角度介绍一下，然后我再从脑科学角度来谈。

圣凯

实际上最重要的是我们对禅的理解。禅有两种，且两种都需要。一种就是指专注，一般人理解的禅都是专注训练。方法比较简单，比如专注于呼吸，或者你内心专注于一个佛号。另一种就是观想，观想是要有对象的。观想也有两种。一种是神圣感的观想，比如说壁画里有佛像净土，观这些观想对象就是一种观。还有一个就跟杨老师提到的很相似，是指生活里面的一种观想。比如说你洗碗的时候认真洗碗，仔细观察水流过手的感受，这个念头非常清明。所以冥想的念头是有标准的，这标准有三个。第一个就是在念上要专注。第二个是清楚，就是清明，你的每个念很清晰，不会跑偏。第三个就是绵密。这一个念头、下一个念头都在一个所观的对象里面进行观察，这是观的标准。

所以我还是主张一个人要不断去观察自己的生活。如果他只能守住呼吸，或者只能守住佛号，只能守住某一种观察，那这种观察是无效的。那下面请严老师做一个比较有科学根据的解释。

严超赣

我们心理所做的特别多的是抑郁症方面的研究。其中抑郁症有一个特别明显的特点就是反刍思维——一个想法在你脑子里挥之不去，哪里都是。比如面对一些负面的事件，我们就会想："为什么受伤的总是我?""为什么就我这么倒霉?""我的性格哪里不好，导致我遭受这样的结果?"总的来讲，我们会陷在里面出不来，越想越痛苦。而正念冥想有一个特点，它有助于我们从反刍思维里解离开来。

我们以正念冥想来做研究，采用8周的课程。第1周，先让你吃葡萄干，你要从观察葡萄干开始，体验葡萄干，感受它的褶皱，从常规的味道开始。把自己当作从未见过这个东西，也从来不会花注意力在这上面。这个时候你就会慢慢知道注意力的特点，它会忽略那些非常常见的东西，反而让你关注非常抽象痛苦的事情。慢慢地，就是像圣凯老师说的，我们正念观呼吸，一呼一吸，把注意力都集中在呼吸中。你的大脑里可能会有很多想法，那些负面的想法，我们暂时不要去判断，让这个想法来了又去。我们还是留在呼吸上面。后面还会有什么正念行走，或者是圣凯老师说的正念洗碗、正念吃饭、正念刷牙。无论什么东西你都可以用来进行正念训练，训练自己将原来不去注意的东西，可以有意识投入注意。

我觉得首先从心理学意义上来说，正念能够让你从反刍思维里解离开来。我们也发现，从脑科学的角度来说，运用反刍思维时，大脑里的默认网络，有些脑区活动非常紧密，功能连接非常强。而正念冥想可以把这些连接降下来，这样就会减少我们的反刍，减少我们的抑郁情绪。

当然随着正念冥想的进阶，就如圣凯老师说的，刚开始我们专注于某件事，专注于呼吸，专注于习惯，但慢慢就变成观想法。（当然最高阶的我也不明白，我们做正念冥想研究一般只到稍微高一点的境界。）以前以呼吸为对象，这个时候是以你的想法为对象。当你拔高到更高的层面，你会发现大脑里会产生一些想法，这些想法来了又去、去了又来，你能够观察这些想法，这让你保持一种大脑的平静，相当于我们聚焦在限定、狭窄的事情，而当我们把这些事都放下，我们完全关注自己的想法，就完全是内生的注意。这个时候我们大脑自身的广泛性就会更强，更有利于我们达成洞见所需要的弱连接。当然也许你并不是在正念冥想这一刻完成顿悟，但是这种训练有助于你之后在行走、散步或者其他的时候把连接搭上。

展翼文

好的，谢谢严老师，谢谢圣凯老师。谢谢各位嘉宾的精彩分享。由于时间关系，我们今天的线上讲座不得不到这里了。相信各位专家的讨论能给大家带来更多发散性的洞见。感谢观看直播的观众朋友们，希望大家今天直播结束以后，可以试一试冥想。祝大家睡个好觉。我们下期见。

无知与偏见

Ignorance and Prejudice

刘晓力

北京大学哲学博士
中国人民大学哲学院教授

陈嘉映

首都师范大学哲学系资深教授
美国宾夕法尼亚州大学博士

段伟文

中国社科院哲学所科技哲学研究室主任、研究员
中国人民大学哲学博士

凌晨

波士顿大学计算机工程博士
《偏见的本质》译者

臧艺兵

集美大学教授　香港中文大学哲学博士
曾任华中师范大学艺术学院院长

周晓林

北京大学心理与认知科学学院特聘教授　长江学者
华东师范大学心理与认知科学学院名誉院长

刘晓力

各位晚上好！我是今天的主持人刘晓力，欢迎大家来到中国人民大学哲学与认知科学明德讲坛第 16 期，也是服务器艺术人工智能与哲学论坛第 4 期。今天的主题是一个非常有趣的话题——无知与偏见。非常荣幸能够邀请到哲学、心理学、社会认知、科学技术哲学、艺术和人类学以及计算机领域的专家和我们一起跨界探讨。这个问题看似只是一个大众话题，实际上它还是科学前沿研究的一个主题。现在，有请我们这次论坛的嘉宾：首都师范大学哲学系教授陈嘉映老师；北京大学心理与认知科学学院教授周晓林老师；厦门集美大学音乐人类学教授臧艺兵老师；中国社科院哲学所科技哲学研究室研究员段伟文老师；波士顿大学计算机工程专业凌晨博士，她是《偏见的本质》的译者。

欢迎各位嘉宾的到来。下面我简单介绍一下今天的主题——无知与偏见。我们通常都把"无知"与"偏见"这两个词当作负面的词来理解。"无知"一般被解释为愚蠢或者愚昧、落后，与聪明智慧、知书达礼对立。"偏见"被解释成一己之成见、谬见、非理性的偏听、盲信。而社会心理学一般把社群间的歧视和不公正看作一种偏见。跟偏见相对的是公正、客观、正义，真相、真知和真理。

我们想摆脱无知和偏见这样一种认知困境，但似乎有一些与生俱来的局限，使我们难逃这样一个无知和偏见的状态。同时，我们因为生活在被各种社会规范制约的不同的社会群体中，难以避免以某种局内人视角去理解自我、他者和世界的关系。今天，我们希望把无知和偏见作为一种认知现象、一种社会现象进行跨界讨论。

首先请每位嘉宾把你们关于无知与偏见的立场陈述一下，从段伟文老师开始，有请段老师。

段伟文

大家好！关于“无知”这样一个话题，我觉得挺有意思的。因为一般来讲，我们更多讨论的是知识，尤其是在西方哲学里。谈到知识，我们在认知的时候都会聚焦于那些我们认识的成果。但我们也要想一下，知识是以无知作背景的，那我们是不是应该对无知也有所了解？

谈到无知的时候，可能有一些本体论的考虑，比方说，究竟什么是无知呢？在一般人看来，它可能是错误的东西。而错误又分成很多的类型，包括不确定的、混淆的、不精确的，或者是缺失的、没有价值的，等等。另外，还有一些无知与我们的认知目标不相关，甚至是一种知识的禁忌，我们甚至不想知道。比方说，随着人工智能的发展，有一种技术根据你的基因或者是通过脸部识别就能判断出你能够活多久。而这样的知识不一定是大家想知道的。这样一些本体论的考虑，有的是很有意思的。

关于“无知”这个话题，实际上怀特海早就说过：重要的不是无知，而是对于无知的无知可能会导致知识的没落。没有认识到无知是大有问题的。

21 世纪以来，“无知”这样一个话题之所以广受重视，实际上是跟不确定性的风险有关的。在 9・11 事件以后，拉姆斯菲尔德（Donald Henry Rumsfeld）在一次演讲中就提了一个很著名的概念——Identifying risk：unknown unknowns（未知的未知的风险）【见图 1】。

我们谈论科学知识的时候，经常会提一个比喻：在知识的海洋里面，我们知道的越多，未知的领域就越多。但其实我们对“未知”和“无知”有一些混淆，没有把它们作一个细分。因为有一些未知领域是我们知道的，要去继续探索，这叫已知的未知——我知道我不知道。另外还有一些是未知的已知，比如有很多科学知识，可能在有些领域已经发现了某个知识，但其他领域的人不知道。比方说，芝加哥大学的情报学家唐・斯旺森（Don Swanson）通过医学搜索引擎 MEDLINE 发现，偏头痛可能与镁元素的缺乏相关。虽然科学发现在不断构建着知识的星空，但在找到新的线索之前，这些相关研究都是零星散布的。而正因这个信息情报学家而非生命科学家找到了这样的线索，就找到了所谓未知的已知——“我不知道我知道”，开拓了一条知识的新路。

另一方面就是所谓未知的未知——“我不知道我不知道”。这是更奇特的东西。所谓未知的未知，从人的角度来讲，就是那些出乎意料和给你带来惊奇的东西。什么叫惊奇呢？比如说臭氧层的破坏，我们在最早使用氟利昂的时候是无法预料的，直到臭氧层空洞形成，大家才想到这个事情。当人们发现气候真的在变暖的时候，这一未知的未知确实给人们带来了惊奇——如果全球暖化是真实的，这一未知的未知的显现，意味着我们不得不在能源利用上有一个彻底的改变。这是 21 世纪“无知”为何受到这么高度关注的一个背景——就是我们越来越多地在面对未知的未知——不确定性的风险。这样来看，无知这个话题内容就很丰富了，而不是我们平常说的，它是没有用的。

图 1　帮助自我认知的周哈里窗（Johari Window）

下面我讲三点。

第一点，无知具有认知的价值。现在这样一个时代，通过各种科技手段，包括大数据、人工智能等，我们掌握了各种情报、各种知识。它们看起来很多，但不一定能够转化成有用的知识。我们现在讲的知识是在实用主义意义上来讲的，即一个知识可以转换成行动，而知识和行动可以形成一个稳定的闭环。那在这样的情况下，从战略家的角度来讲，一个总指挥或总经理要知道的东西应该是有限的，是要有所选择的；有些东西不是知道得越多越好，是要选择性的无知的，甚至有时候为了体现战略定力，在某些细节上他可能要知道得越少越好。但是究竟是哪些东西该知道，哪些东西选择不知道，就涉及认知策略和艺术了。另外，在同行评议和科学评价等评审中，很多评价是跟价值相关联的。不论是科学研究还是社会科学研究，要使同行评议更客观，都应该以无知作为前提。比如我要评审一篇论文，当我不知道这个论文是我的学生还是我的师弟或者是我的什么人写的的时候，在我不知道这些情况时，才可能有助于我更客观地做出评价。所以说，无知具有认知的价值。这是第一点。

第二点，无知其实也是由社会建构而来的。从相对主义层面来讲，知识的社会建构走向相对主义，但是无知很有可能是由社会建构的。如我们有很多知识的禁忌，包括转基因的知识等等，由于不同群体的认知能力不一样，加之知识的拥有者会出于某种原因遮盖这些知识，这种社会建构就形成了很多无知。那问题在于，公众某些方面的无知，究竟是真正意义上的认识错误，还是只是在现在的认知架构下无法去认知呢？这是第二点。

第三点，选择性的无知的冲动。就好像我们对死亡有一种冲动一样，其实我们本身也有一种对无知的冲动。有一些东西我们选择不去知道，就像现在的大数据时代，每个人都通过智能手环等来监测自己，政府也是通过各种监测来治理社会。但实际上，这种监测过于频繁的话，可能会导致复杂的社会心理和行为心理问题。现在，我们讲开放科学，讲知识的共享，但身处所谓的“知识社会”，我们已经不知道我们究竟写了多少文章，生产了多少知识。其实那些所谓科研诚信问题，如发现某些实验是不可重复的，那只是因为那些实验特别重要，受到大家的关注，但问题是还有大量的未被注意到的实验其实根本就无法重复，那么这些东西是无知吗？还有，一些知识可能导致毁灭性的破坏，有学者称之为致毁性知识。比方说我们对人的一些生命脆弱点的认识，这些知识能不能研究，能不能公开，能不能共享？还有一类知识叫作被禁止的知识或者是知识的禁区，这些又如何理解？

概言之，以上从“无知”的本体论展开，认为在21世纪以来不确定性这个背景下，“无知”应该被重视。然后谈到三点——无知的认知价值、无知的社会建构，以及选择性的无知的冲动。好，我要说的就是这些。

刘晓力

非常感谢伟文的开场，讲得非常精彩。他特别从知识的角度提出了几个基本概念：我们未必想知、未知和无知、已知和未知、选择性的无知、建构的无知。这些都包含非常深刻的洞见，希望其他几位嘉宾能够从你们的角度谈谈自己的见解，也可以向段伟文表示赞同或者质疑。看哪个老师愿意先讲。

周晓林

我的认识是这样的。语言学、心理学的研究验证了这样一个常识：越是常用的词，它的意义就越是多样，越是具有多种含义，越是容易受到语境、上下文、个体差异的影响。所以我觉得无知也好，偏见也好，都是常用的词。刚才刘老师给无知和偏见下了一些定义，但是这些定义还是比较抽象的，因为在不同的语境下，每个人对这些概念的理解可能都是不一样的。

就无知这个概念来说：第一，无知是一种常态。我们每个人在很多方面都是无知的。从字面上看，无知就是对某个事件、某个概念、某种知识的缺乏，这种缺乏是常态。比如，很多人都听说过黑洞，稍微有点儿知识的人可以针对黑洞说上三五句话；但是让他展开再说十句，哪怕是一个非物理学的教授，可能也说不出什么。所以无知是一种常态。

但我们为什么会把无知当成一个贬义的词来使用呢？我觉得，不是因为无知本身让大家鄙视，而是因为我们表现出了无知的心理状态，所以才会受到别人的鄙视，才会被别人用无知这个标签贴在身上。所谓无知的心理状态是什么呢？实际上是说主人公或者是主体自身对自己知识的边界、对自己无知的状态没有足够客观的评价。也就是说他对这些状态没有产生自我意识、自我的认知，以致他在不同情况和状态下，表现出受人鄙视的“无知”状态。比如说，去年最受到鄙视的人可能就是美国前总统特朗普了。特朗普对新冠肺炎说了很多让人听起来觉得非常无知的话。他为什么做出这种无知的表现呢？我觉得最主要的原因跟他的人格特征状态有关系——他缺少自我意识。【见图 2】

第二，我们为什么要用无知来贴标签？我们常用无知来描写那些宗教狂，那些在传销组织里迷失自我的人。他们因为宗教、信仰或者其他的知识局限性，拒绝接受新的信息。所以我觉得，对无知的认识可能需要从个体的心理状态来描述。

刘晓力

非常感谢周老师讲到无知是常态。我把“无知和偏见”作为今天论坛的主题，本意就是不要把无知和偏见完全当作贬义词。对于认知科学来讲，它可能就是一个认知的常态。刚才周老师给了一个非常好的视角——从个体心理状态讲，个体表现出来的某些行为或者受人鄙视的某种状态，他自己感受不到，他对自己的无知没有一种自觉的觉知。这是一个非常好的认知的角度。

下面还有哪位老师对段伟文老师刚才讲的发表下自己的见解？

图 2　特朗普与达克效应

邓宁 - 克鲁格效应（Dunning-Kruger effect），简称邓克效应或达克效应（DK effect），指一种认知偏差，即能力欠缺的人有一种虚幻的自我优越感，错误地认为自己比真实情况更加优秀；反之，非常能干的人会低估自己的能力，错误地假定他们自己能很容易完成的任务，别人也能很容易地完成。

臧艺兵

作为一个教了一辈子书的老师，有时候我会思考，用一个生命的经验去指导一个生命，这件事情是不是很可靠？也正是在这样的时候，我读到了印度的《薄伽梵歌》，书里讲到了关于无知、偏见和恐惧的洞见。刚才刘老师是从理论上和逻辑上来认识无知和有知，我觉得也许无知和偏见应该结合个体生命实际的环境来考虑、来判断，这样可能会显得更有精确的所指——先说这一点，待会儿再详细讲。

刘晓力

谢谢艺兵老师。刚才周老师也讲到主体的角度，但他是从认知的心理状态出发讨论的，而艺兵老师是从个体生命环境的角度去理解无知和偏见的，特别好。一会儿请臧老师谈谈他所读到的那部经典《薄伽梵歌》的具体内容。凌晨有什么要讲的吗？

凌晨

刚才听了段老师的发言，我觉得非常有深度。我觉得无知作为一个人的心理状态，很多时候是由一个人的身份带来的。比如周老师提到的特朗普追随者，他们不知道特朗普是无知的吗？他们不知道自己是无知的吗？他们可能作为集体的一分子，更在乎的是自己的这个身份。而正是这个身份导致他们对自己的无知产生执着，以至于他们愿意去相信一些被旁人认为是无知的东西。不知道我这样的看法能不能给大家提供一些探讨的材料。

刘晓力

谢谢凌晨博士，这也是一个很好的角度。嘉映老师有没有质疑的地方？

陈嘉映

谈不上质疑，刚才周晓林老师也讲到了，无知、偏见或者诸如此类的词都有不同的意思，根据上下文来看，各人的用法也不见得一样。刚才主要都在谈无知，我觉得把无知当作一种普遍的状态或者是当作求知的前提条件，这些可能都是一些比较理论性的用法。

我们日常生活中讲到的“无知”可能没有那么宽泛。比如讲到黑洞，大多数人对黑洞知道得肯定都不多，甚至是完全无知。如果这么说，那“无知”就把所有人的“知”差不多拉平了，因为跟全知全能比，你不论知道多少都是无知。大概是这样。

我们平常讲到“无知”主要指的是“应当知道而不知道”，我们之所以会把无知作为一个贬义、批评的词，大概是从这个角度来讲，而不是从一般的认知条件的角度来讲。所以我觉得可以再区分一下这种普遍理论上的用法和我们日常的用法。我就说这几句。

刘晓力

非常感谢嘉映老师。从常识出发去讨论这样的问题，我觉得非常好。我们可以是一种理论的科学的研究，当然更多从常用的语词含义——应当知道却不知道——最常用的用法出发来探讨。

这一轮非常精彩，段伟文老师讲了他的立场和三个结论，我们几位老师都参与了评论。

下面有请凌晨老师，她将从计算机工程科学的视角谈“无知与偏见”。

凌晨

谢谢刘老师邀请我参加这次活动。我一般都是作为学生在讲座下听大家发言的，今天非常荣幸能够参与到大家的讨论当中。

我从事的是计算机科学方面的研究，更多是在一些社交网络上去搜集人们在网络中的争斗、冲突、歧视言论。人们把自己的一些不好的情绪和对他人不当的伤害融合在像是现在流行的表情包、短视频当中。而我就是从这样一些网络媒介中去研究人们的偏见的。在这个研究过程中，我还翻译了戈登·奥尔波特（Gordon Allport）的《偏见的本质》（*The Nature of Prejudice*）。这本书非常全面地跟大家探讨了我们为什么会产生偏见，我们为什么无法放下偏见，以及偏见会带来什么样的后果。

为什么说偏见是无法避免的呢？这跟我们人脑的运作是有关系的。我们人类非常擅长标签化事物，即将所有事物分类。比如说我让你在 3 秒内想一个蔬菜，你会想到白菜。如果让你想一个水果，你会想到苹果。大家就是这么一致地在这些大的分类下贴上了一些小的标签，以使我们更好地适应日常。又比如说在外面看到天色发暗，气压变低了，我们就知道快要下雨了，所以我们带上了伞；今天去看病，我知道我进了医院应该走一个什么样的流程，医生会怎样对待我。这就是我们的一个分类，它帮助我们适应日常，也是导致我们存在偏见的一个底层逻辑。

当然我们也会有判断失误的时候。比如说天阴了，我带了伞，但过一会儿天又放晴了；又比如说我去了医院，看到医生并没有按照往常的专业流程对我，而是采用不专业的方式。如此这般，我们的预判也有失误的时候。就像哲学家罗素说的——永远开放的心灵就是一个永远空虚茫然的心灵。所以我们人是离不开一些预判、离不开一些分类、离不开偏见的。

此外，分类其实还有另外一个特征，它会尽可能将更多人群划分到这个分类下。因为我们人喜欢轻松地解决问题。毕竟，每天有那么多那么多的事情需要我们去处理，所以我们就会问问题，很快速地将其放到适合它的类别里。

比如说熟悉我的人都知道我有一个非常容易焦虑的妹妹，她是一个软件工程师。软件工程师刚开始可能就是帮助大家解决一些计算机上的问题，她会因此非常焦虑以至于晚上睡不着觉。所以我就教了她一个办法：不管是谁来向你提问说“哎呀，我的电脑坏了”“哎呀，我的电脑打不开了”，你都可以用两句话来回答这些问题。第一句话：“你开机了没？”第二句话：“重启试试。”我说，这样的回答能帮你解决 99% 的问题——这当然是开玩笑了。但不得不说这是一个非常典型的将问题分类的方法，而且它广泛存在于我们的日常生活当中。

所以我要说的中心思想是，偏见并不是一个坏的东西，而是我们每个人都无法脱离的东西。在之后和老师的讨论当中，我也希望就偏见是如何一步一步向坏的方向发展的，以及我们为什么会执着于我们的偏见来展开。

我再给大家举一个例子。我是上海人，我刚上大学跟大家交流时有那么一个感触，大家常常会和我说："哎呀，你可真不像一个上海人呀!"从这样一种谈话中，我会感觉到一些不对的地方，这可能是大家对一个群体的"地图炮"行为——对某个群体存在一些负面的想法。但当这个想法被挑战，或者是出现了一个和他的刻板印象不一样的人或行为时，他就会进行二次防御，也就是把"我"放到一个特例里边。这样他既可以维护他原来的成见，又能够解释眼前发生的情况。

这是我给大家分享的一些日常当中偏见的例子，以及让大家意识到偏见其实就是广泛存在于你我之间的。它是否是一个特别坏的事情，要取决于我们如何看待它，以及如何去预防它成为一个歧视性的行为。就是这样，希望大家多和我讨论。谢谢!

刘晓力

感谢凌晨博士。作为《偏见的本质》一书的译者，她从认知的角度谈了偏见的利弊及其无法避免的特性。当然，晓林老师前面也谈到偏见是

图 3　以色列犹太大屠杀纪念馆名字堂

一种常态。凌晨讲到，人们对知识的分类，把人聚在一个标签化的群体里，会造成一定的偏见。这种偏见有可能是一种偏好、偏爱，也有可能是我们讲的贬义的偏见——由于没有经验过而产生无知，甚至做出一些不利于他人的偏见行为。讲得非常好。谢谢！

凌晨老师提出的几点，几位嘉宾有什么看法？有其他问题也可以提出，有一些争论最好。

周晓林

还是我先来说吧。我没有看过凌老师翻译的那本书。但根据凌老师刚才讲的例子，我觉得这也反映了汉语“偏见”这个词，比“无知”这个词更加复杂。凌老师举的这些例子中，“偏见”更多对应着英文的 bias。但是我们汉语或者是一般老百姓嘴里边说的“偏见”，更多对应着英文的 prejudice，是具有“歧视”意义的那种偏见（认知偏差）。

所以，如果从 bias 这个角度来看，偏见既是正性的也是负性的。行为经济学对这些问题研究很多，比如说决策过程中的框架效应、注意偏向等等。我想，这种 bias 跟我们演化得来的社会性功能有关，它存在很多演化的含义。另外还有一些 bias，像凌老师提到有关上海人的这种 bias，更多的是 prejudice，跟社会性、社会功能有关系，由社会文化特性决定。这种 bias 也很复杂。

某种程度上，我们为什么能够形成这种社会性的 bias 或 prejudice，当然是受到社会文化特性如种族、团体、群体内、群体外等因素影响，也受到统计学规律的影响。像美国现代社会，警察对黑人有很多的歧视。这种种族歧视有很多的历史文化背景。但也应注意到，这种“歧视”还有一部分来源于统计学规律。

举一个简单的例子，如果某个警察是黑人，他在大街上检查犯罪嫌疑人时，是更多地把同群体的黑人拦下来检查，还是更多地把白人拦下来？有一些统计数据表明，黑人警察也是更多地把黑人拦下来检查。这说明在某些情况下被看成是种族歧视的 prejudice，可能只是统计学规律的反映，比如美国黑人犯罪率高，检查黑人更容易得到犯罪信息等等。

我想表达的意思是，不管是演化性的 bias，还是社会性的 prejudice 或 bias，都是非常复杂的，需要作具体的社会学、心理学分析，不能简单地用一个词来“打包”天下。

刘晓力

非常感谢周老师进一步区分 bias 和 prejudice。对凌晨老师的发言，老师们有没有其他评价？

陈嘉映

我说两点。

第一点，在汉语里，“偏见”这个词是带有贬义色彩的，说一个人有偏见并不是夸这个人。当然有一些相关词就比较中性，比如说偏爱、偏好、偏向就没有太强的贬义。是不是能够把偏见说成是偏好的一种？我觉得由于这两个词的词性不一样，说的时候至少要比较谨慎。

第二点，凌老师，你刚才讲“偏见”有点儿像是一个中性的概念或者是态度，只有上升到歧视的时候才变成一种恶性的东西。中性的东西怎么就上升到了恶性呢？这一点我没有完全听清楚。

凌晨

陈老师这个问题特别好。为什么说“偏见”这个词的时候，我们认为它是有利有弊，是一个中性的、无法避免的东西？我觉得更多是因为在《偏见的本质》这本书的语境当中，“偏见”是基于每个人都会有一闪而过的想法，但人们的认知可能无法改变这一事实而提出的。很多时候我们会为自己的观念进行维护，为了提高自己的价值取向，而无意识地做出一些贬低或者是自动攻击那些可能会影响到价值观的东西，而这就产生了偏见。但如果任由我们的偏见发展而不加以思考，不去纠正我们的预判，或者保持开放的心态去看待，只是执着于将它不断地上升，让它从一个态度发展到一个行为，这就是我们所说的歧视行为。如我们在网络上看到的是仇恨言论，那它就变成了一个贬义的东西了。

我给大家举一个例子。说回我这个妹妹，她小时候特别喜欢骑自行车。在我家楼下有一个大院子，她就在里面骑。但大院子里面有一户养了一条大狗，大狗的围栏大概有 2 米多高。大狗看到一个小孩骑着自行车在自己面前来来去去，它的天性就被激发出来——它特别想追那个车。所以大狗一跳就跳出了围栏，开始追我妹妹的这辆车，我妹妹就被吓坏了，然后爬上楼梯逃进电梯。这虽然是发生在比较小的时候，但从此之后她看到狗就不由自主地害怕。如果狗走在路上，她就会躲开跑到马路牙子上去，这种状态一直维持到现在。尽管她是一个喜欢小动物的人，她会给我发各种各样可爱的狗狗照片，但是她对狗的回避、对狗的不好的印象，其实是没有办法免除的。如果让她抱着一种试试看的心情去和狗狗相处，她会觉得被狗咬伤或者是被狗再次追赶的风险是远远大于她和狗狗的接触的，这样就形成一种偏见。

我们不能说这种偏见是坏的，因为她的偏见更多是由一种生活经验导致的。所以你不能说她歧视狗或者是歧视养狗就是一个不好的行为。这就是我对于偏见和歧视的看法，前者是一个中性的东西，后者更多的是一个负面的东西。【见图 4】

刘晓力

谢谢凌晨博士的解释。其实凌晨讲的跟周老师讲的偏见是相关联的，而且你特别谈到了“态度”。陈老师说“偏见怎么就转变成一种恶习”，我觉得是偏见的信念、偏见的态度，导致偏见的行为，会对其他人造成某

图 4　詹姆斯·斯塔克（James Stark）画作《熟睡的猪》

> 《为什么狗是宠物，猪是食物？》（*Some We Love, Some We Hate, Some We Eat*）一书探讨了人类对动物复杂又矛盾的行为和感情。比如，是否应该把心爱的宠物囚禁在家中？再比如，同样是杀害动物，为什么对于杀死蚂蚁、蚂蚱、青蛙、小鼠、兔子、猴子，人的心理承受能力会不一样？

种伤害或者是有利无利的效应，可能这三者是关联在一起的。

前面讲到，出于某种个人利益或集团利益，个体会有一种信念和态度。我的理解是：某种偏见的信念，如果去修正了，可能就没有这种偏见的态度了。当偏见的态度转化为偏见的行为，对他人或其他群体造成伤害，这就是我们平常讲到的歧视性偏见，这之间是不是有一个重要的关联？当然这是我的一个疑问，或者说也是一己之偏见。

段伟文

我也说两句。刚才两位老师，包括凌晨讲的，很多是从我们个人的经验、生命体验来讲偏见。其实我们可以看到，我们不论是打“地图炮”或者是干其他什么，首先是和我们的认知有关系的。我们人类的认知有一种简洁化、简便化或者是捷思认知的方式。为了捷思认知，很多东西就要分类。其实在分类的时候，在潜意识里人们已经会考虑到自己的利益，这就必然带有偏见。我经常举的一个例子就是“水煮鱼”，在我看来它应该叫作水煮豆芽菜，因为它是通过油浸泡的豆芽菜和鱼，这样好像是没有偏见的。也就是说，偏见是我们认知的一个手段，我们通过调整、通过反馈来提升我们的认知。

其次，这里面有利益和价值的问题潜藏其中。说到不同族群相互之间的偏见和误解，其实是习俗上的差异。可能北方人习惯见人就买单，南方人喜欢“AA 制”（各人平均分担费用），但是他们本质上都是一样的，是让自己的利益，不要说最大化，至少是不要最小化。但在现象层面，习俗上的差异就会上升为价值上的冲突。

最后，我们现在普遍流行的一个三观的问题，说两个人三观不合就没有办法在一起。三观的问题有一个很尖锐的问题，是站在权势一方，还是弱者一方？这个问题有些极端，似乎在前一种情况下偏见相对容易行得通。我就简单讲这么一点——偏见和认知、价值、权力都有关系。

刘晓力

非常好。除了个体经验、个体利益的角度，还有一个群体利益的考量、价值的度量。处在一个权威状态下的偏见和处在弱者状态下的偏见，还是有很大的区别，它们造成后续行为的危害性大小也是不一样的。这里还有一个非常重要的点，人类实际上是有一种“捷思”——尽快、快速地下判断做决策以适应环境。谢谢伟文。

下面有请臧艺兵老师从艺术人类学角度来谈谈无知和偏见。

臧艺兵

各位朋友大家好，刘老师告诉我这个题目的时候我觉得很吃惊。为什么很吃惊呢？因为我们在同一个时间段里不约而同思考同一个问题。疫情的时候我被封在武汉十个月，可以说我个人和家庭、武汉这个城市都陷入死亡的威胁之中。当时胡思乱想很多很多的问题，有时候为了驱除这种恐怖，会把过去在家里的一些藏书拿出来看。那期间，有一本书产生了至关重要的作用，这本书就是印度教的圣书《薄伽梵歌》。

《薄伽梵歌》是印度《摩诃婆罗多》史诗的一部分。该书一开始讲的就是无知、偏见和恐惧。该书讲到古代印度的一个国王生了两个儿子，大儿子先天弱智一些，小儿子正常，按理是大儿子应该继承王位，可是大儿子的脑袋不大好使，只能让位给小儿子。小儿子当上国王也很尽职，对整个家族也很关照。这样选择，这个国家倒也相安无事。但等到小儿子死了以后，第三代就出现了问题，小儿子的儿子希望传位给他，傻儿子的儿子觉得，我父亲傻才让了王位，可是到我这里，我不傻，应该继承王位。然后堂兄弟两家进行谈判，但谈判双方都不妥协，以致两个家庭面临着战争。该书就是古印度智者至上神人克里希纳和印度伟大的武士般度五子之一阿周那出来给他们调和这件事情的长篇对话。

《薄伽梵歌》中有一个非常重要的观点是你对世界的看法，就是世界观。该书认为：你的世界就是一个知觉，我们每个人所知道的只能是我们所知觉的，也就是我们的世界。我们不能知觉到别人的世界。生命的认知是有局限的，所以你的知觉就是你的世界，我的知觉就是我的世界。这个知觉基于你的偏见，你所认识的世界、你发表的看法、你的价值取向都属于你的世界、你的知觉所表达的一种偏见而已。你的偏见由你自身恐惧所形塑。你对你知觉形成的世界的一切，你所知道和不知道的东西会产生一种恐惧，自身的认知就在这种恐惧当中建构起来，也被你的无知所推动。这就是《薄伽梵歌》讲生命的个体与我们所处的世界的一个最基本判断。

我看了这句话，对于当时正在寻找文化自信的我而言，确实是比较震惊。我们真的是只能知道我们自己知道的那些东西吗？我们所表达的这些东西可能只是我们自己的偏见吗？确实，我们对不知道的东西会产生恐惧。有时候我们受欲望的支配希望得到一些东西，我们害怕得不到；然后得到了一些东西的时候，我们又害怕失去这个东西，我们还是会恐惧。这些无知、个人的知觉和偏见构成了我们所有人行动的一个原始的推动力。

想想似乎还真是这样，我们每个个体一生只能是在这样一个基本的判断当中生活。看了这个书，晓力老师再跟我一讲之后，我隐隐约约觉得这个疫情的到来，导致中国和整个世界好像处在一种和兄弟战争一样强烈的人类社会矛盾的冲突中，甚至位于战争的边缘。罗尔斯讲“无知之幕”的时候也是二战后社会最动荡、人类命运最无助的时候，这让人们关注到无知和偏见。我们普通人对很多信息是无知的。双方交流的时候，之所以会出现一些难以逾越的障碍，是因为很多时候我们处于信息不对称的状态，有时候不光是残缺的信息，而且是歪曲和虚假的信息，它们带给我们的判断必然是一些偏见，甚至是一种荒谬。尽管有一些我们不知道它是偏见，有些知道它是偏见，但我们还要去坚持。因为我们被利益所绑架，甚至在某些特殊的时刻是被真正的恐惧绑架，因此我们人类无时无刻不对自己无奈的无知和偏见产生深深的恐惧。

大家知道，有一本文学名著叫《傲慢与偏见》。我不是从一个理论化的语境或者立场出发，而是从个人生命和生活整体感知来讲——与其说

图 5　电影《傲慢与偏见》海报

无知、偏见，还不如说是傲慢的态度给我们带来了太多的麻烦。为什么我要这样说呢？我们知道，西方基督教里有七宗罪。七宗罪里第一宗罪不是杀戮、饥荒、瘟疫等，而是傲慢。无独有偶，《周易》里边有六十四卦，六十四卦当中只“谦卦”是没有缺陷的，没有负面的东西，其他的每一卦都有好和不好的一面。这实际上是从正反两个角度表达一个中心的词，就是傲慢。东西方都共同认为傲慢是使人类不能相处的一个祸根。

这个傲慢，可以说是无知和偏见共同建构的一种人类的态度。这种态度会导致人类的生存出现问题。人类其实不是不知道自己是无知的，不是不知道自己的知识是有限的，也不是不知道自己是有偏见的。但是就要无视这种无知和偏见，这种无视和偏见在人类生活中呈现出来的就是傲慢，就是大家都自以为是。但是，也有一些智者努力站在对方的立场上思考问题，之所以站在相反的立场上思考问题，是为了努力避免更多的偏见和无知。

什么是知识呢？其实这个定义很重要，无知是指“不知道”吗？刚才陈老师讲到无知是指应当知道而不知道，这应该是准确的。知识包括了通过自身生命体验获得的经验知识，先于经验得到的先验知识，靠着内心某种灵魂的东西直觉到一些直觉的知识，还有把很多知识综合在一起、依靠灵感去发现某种深刻的洞悉的知识。此外还有个体知识、群体知识、公共知识、地方性知识、权威知识、我们所永远不能穷尽的宇宙知识。我们说知识就是力量，但有时候我们也说无知更有力量。因为无知者不知道害怕和恐惧，所以有一句话叫“无知者无畏”。这是不是也是一部分人类对于知识的反思呢？

还有，人类为了获得更多的知识而对很多知识进行分类。这种分类把人类对整体世界的认知条块化了。而条块化、马赛克化使得有些本来可以搞清楚的知识变得不再是一种正见，使得知识更具有局限性。学科的分类使得哲学、人类学、社会学、心理学这些跟人相关的东西分得很开。我国历史学开会会讲到艺术史。我也不知道人活着在干什么，总是在打仗，搞政治，搞经济？总是在进行政权更替吗？是不是还有其他的活动，例如在唱歌、在画画、在跳舞、在演戏等，还是在做普通人自己喜欢的事情？

实际上我们看到很多少数民族大多数的时间里不是在搞吃的食物，不是常年在搞生产，而是花大量的时间在唱歌跳舞，做更多的艺术活动。所以我们发现现代学科的划分带来各自的知识壁垒，如果不进行学科的交流和融通，也许会给我们带来更深层次的偏见和无知。

刘晓力

非常感谢艺兵老师的精彩表达，从人类学的眼光看问题有非常多的启发。艺兵老师特别从印度教的经典《薄伽梵歌》讲起，讲到行动的原始推动力有三个——知觉、恐惧和偏见，这是一个很有启发的提示。针对艺兵老师这个发言，请各位简短地给出挑战或提出自己的观点。

陈嘉映

这回我来带个头。你刚才谈到智者，克里希那穆提说每个人都被困在自己的世界里面。我来提两个小的问题：

第一，克里希那穆提是不是也困在自己的知觉世界里面？如果他跟所有的人一样都困在其中，为什么把他叫作智者呢？庄子已经问过这个问题，我顺便再问一下。

第二，如果我们都是困在自己的知觉世界里面，结局怎么样呢？最后知道了我们每个人都是困在自己的知觉世界里面，那我们就接着困在里面？还有什么办法吗？

臧艺兵

陈老师，久仰久仰。我前面讲过，之所以有先验的知识，就是人类社会有一些不是我们生命可以理解的、超越个体生命的一些知识会被我们先于经验体验到。我们不怀疑超越所谓人这个概念的一些生物的存在，就是它的精神世界可能不是一般常识里所谓的人的世界，我想这是我们认识所有宇宙事物所产生的判断。

对于第二个问题，我们这些普通人的认知只有两种途径：一种是我们期待有类似神这样的人来拯救我们，这是一种可能性；另一种，在这个神没有降临到人世间之前，我们只有靠很多的偏见来组合成一个相对完整的正见。

我们都认识到我们的认知是偏见，但是三个人的偏见加起来或许要少于个体的偏见，但人类需要在精神世界里去沟通，不同的学科信息进行交叉，生命之间需要映照。我们需要用“美”这种超越普通经验的东西来整合，使我们的偏见减少，甚至化为乌有。我们不知道复杂音乐是什么意思，但是我们对于这种数理逻辑所传达的情感和美感高度认可，经常因此而感动，甚至可以升华我们的共同的精神境界。

陈嘉映

艺兵，我要不屈不挠地追问一句：你还够乐观的，说我们三个人的偏见加起来就会比较接近于正见。但按照社会观察来说，有时候情况正好相反，每个人都有点儿偏见，结果到了群体的时候，比如你刚才讲的纳粹、美国的歧视等，我们的经验告诉我们，很多人在一起的时候，偏见就被大大加强了，有没有这回事？

臧艺兵

绝对有的，这个“绝对有”是说，在社会学和政治学领域讨论这个问题，大家都会意识到，权力会使偏见得到极大的强化。我个人觉得所谓偏见，在一定程度上是偏离天道和人道的东西，但通过人的自我反省和调适，可以逐渐回归，这应该是人类偏见存在的一个常态。但违背天道就会招致大自然相对应的反应，违背人道就会带来人自身的毁灭和痛苦。很多偏见加在一起能不能成为正见，这个问题值得讨论。因为谁的意见被定义为偏见、标准是什么、谁来定义，也是问题。有些偏见可以称之为局部的正见，有些偏见放进整体中也许是正见，有些偏见再多也不能成为正见。所以，关键是，偏见不可怕，偏执更可怕。偏执的人不承认偏见会发生在自己身上，他只认为偏见发生在别人身上。

刘晓力

《知识的错觉》这本书里面就有这样一种观念。个体的偏见在群体的偏见下会得到一些修正，我们的科学、很多对待世界基本的观念，都可以通过群体的智慧把个体的偏见降低得小一点。当然这也是一家之言。恰如嘉映老师所说，个体的偏见还可能被群体大大加强。

这一轮因为时间关系就先到这儿。下面请嘉映老师表达一下您的高见，最好引起大的争论。

陈嘉映

我就简短讲两点。一是“偏见”这个词用起来是有一点点贬义、负面的意义。刚才讲到英文 bias 或是 prejudice，在日常用法中，也都是贬义的或者是负面的。其他类似的词，比如成见、先入之见等这些，差不多都是带有批评的意思。无论是英语还是汉语，我们都不太容易找到一个真正中性的词，但是今天讨论的却似乎是一个比较中性的偏见概念。用一个词来表达这个中性的概念是有点儿困难，有时候我们会编一个不太常用的词，就叫作“前见”。

“前见”这个词它不带很大的贬义，主要是因为它是编出来的，在日常生活中不用，所以我们可以定义它是一个中性的词。当然这就带来一些问题。在我们的语言中，为什么没有一个类似于“前见”这样中性的词呢？这还是挺值得考虑的。刚才讲到，像偏爱、偏向这些词就比较中性，但是它们跟偏见的意思差别挺大的。因为偏见主要讲的是我们的看法、见解、观念，而偏爱更多讲的是我们的态度。

反过来讲一下“无知”，刚才周晓林也讲到，我们会对知识做各种各样的分类。其中有一个特别重要的分类可以提一下：在汉语里，“知”和“知识”不是同样的概念。实际上我们只把我们所知的很少的一部分叫作“知识”。如果比较简单地做个定义，我们基本上只把系统的认知叫作“知识”，那些零零星星地知道这个、知道那个，那些八卦什么的都不叫知识。这样的一个用法有相当多的道理，比如说我们讲到知识分子，知识分子并不一定是知道最多的人。实际上按照我的经验，知识分子可能是知道得比较少的那个人，但是他可以把知道的事情形成一个系统。沿着这个路子来想，我们今天特别强调科学知识，因为科学知识是最成系统的“知”，我讲到这样一个区别之后，主要想讲一下无知。

无知可以从两个层面讲，一个是我刚才讲的“应该知道，但是你不知道”，比如刚才你们讲的特朗普无知，作为总统他当然有很多事情应该知道，事实上他不知道，我们说他无知。我们平常讲到一个人无知的时候大概也是这个意思。

但是还有一种无知，讲的是缺乏科学知识。我们可能认为教授、知识分子等特别有知识，而没有受过高等教育的这些人无知。我觉得在这个时候就要格外谨慎。因为那些没有受过高等教育或者是没有受过系统知识训练的人，只在一个意义上无知，就是他没有系统知识，但是他在做事情的时候也不见得知道得少。

大概就是想讲这么两点。

刘晓力

谢谢嘉映老师！这两点非常重要。一个是知识，我们知道系统化知识；另外一个是知，是一些具有日常生存智慧的、未必系统的知识。嘉映老师还说能否把无知和偏见定义成“前见”，很有意思。这一轮看看大家有没有要讨论或质疑的地方？

周晓林

我补充一句。刚才各位老师说的无知也好、偏见也好，这些词汇在不同情景下有不同的含义。我们日常生活当中的“无知”“偏见”，更多是用来形容他人，带有价值判断。

刚才臧老师提到的“无知”或“偏见”，更多是对状态的描述。如果只是对这种状态的描述，为什么“无知”或“偏见”或“恐惧”能够产生新知识呢？因为从演化的角度来看，我们人类从基因上就已经对“无知”或“偏见”所带有的不确定性存在深深的恐惧。这种对不确定性的恐惧印刻在了我们的基因当中。正是这种对不确定性的恐惧，才促使我们追求现实的知识。要消除不确定性，就要追求新知识。所以，如果把无知和偏见当成是一种对客观状态的描述，它对我们也有很多的正性的促进作用。

臧艺兵

我觉得嘉映老师讲的一点是和《大学》所讲的中国传统的知识观有很好的连接。《大学》讲格物致知，这个“格物”就是对世界的一种零零星星的感觉认知。最后“致知”是把零星的感受和积累琐碎的东西变成比较系统的知识、整合的知识，变成真正的知道。致知更进一步接近真理，所以大学接着讲正心、诚意。

《薄伽梵歌》传达的最基本的信息也是：人生的本质意义是认识自己的本质，并与其内在的至上自我合二为一，它将确保所有人的灵性进步，并在宇宙实在和个体灵魂之间建立起一种神圣的关系。

段伟文

刚才嘉映老师讲到把偏见作为一个“前见”，或者是从日常生活中理解无知，这个还是很有价值的。《薄伽梵歌》里有很重要的一个观念：人是由信念所构成的，每一个人就是这样一个东西。我们现在讨论无知和偏见就是要对无知和偏见这种现象进行辨析。

在科学研究中也是这样，通过某种学科去研究这个世界的时候，其实我们也会遮蔽其他的研究方式。所以无知有的时候是被动产生的。比方说我们都知道艾滋病，我们最开始把艾滋病作为一个生物医学问题，通过生物医学角度去研究，而不是从公共卫生角度去研究，就把最重要的因素忽略掉了。其实所谓的无知就是你的一种信念或者前见会把你的关注点投射到某一个方向。因为我们的研究资源、认知资源都是有限的，从个人到整个社会，也意味着会耽误某些研究的机遇。我大概有这样一种简单的理解。

刘晓力

非常好。刚才嘉映老师提了一个很好的问题，常识里边偏见和无知还是有贬义色彩的，不是中性的，那有没有中性的理解？嘉映老师提出可用“前见”。晓林老师是做社会认知和神经科学的，神经科学主张用一种客观的方法来研究这些，那有没有一种中性的理解？请晓林老师陈述您的基本观点。

周晓林

我的看法是这样的。就像前面说的，对这些概念、这些状态的理解或定义，我们是否带有道德或价值判断？对不带道德判断的“无知”或“偏见”，我们可以用实验的方法，来操纵人的偏见或知识状态，考察其对行为的影响。这是行为经济学或认知神经科学的一种做法。但更多情况下，我们是把“无知”和“偏见”与现实挂钩，让这些概念带有价值判断的属性。这样的话，我们就会从社会心理学、道德哲学的角度来考虑这些问题。当然在进行这样的研究的时候，我们可能需要用故事诱发的方法或用人际互动的方法，产生“无知”或“偏见”这种状态，看看其对行为或大脑活动模式的影响。

比如说，当一个人处于需要帮助的状态时，如果仅是你在场，你可能会提供帮助。但如果有多人在场，你反而可能会不去帮助。我们就通过认知神经科学的手段，考察这时利他决策的行为模式及其神经活动模式。同样的思维方式和研究手段，也可以用来研究“偏见”这样的问题，如：偏见怎么在团体当中形成？个人的偏见怎么影响团体其他成员的看法？这些都可以成为社会科学和认知神经科学研究的对象。

刘晓力

周老师的基本观点是可以用一种客观的方法来研究偏见。我先提一个问题：您说这里的“故事诱发”行为制造场景、语境，让他表现出某种行为的特征，再从行为倒推过去，看他对行为的感受在大脑中有什么样的反应，然后反推出是什么样的心理状态会导致这样的行为。那么在这个“诱发”的一系列过程中，是不是带了很多研究者先入为主的价值判断？

周晓林

您说得没错。从被研究者的角度来说，他是站在第三者的角度来看诱发的故事。这种方法相对比较简洁，比较容易控制，可以为研究者提供很多的知识。但是这些知识是不是人的真实行为或真实的心理、大脑过程呢？可能更有效的方法是把人置于一种真实的互动状态；这里所谓的真实互动状态，当然也可以是通过一些技术手段让他感觉到（但不一定是真实的）处于真实互动状态中。

还有一些高科技手段，比如把人放在虚拟现实当中，让我们考察偏见对他的行为或大脑活动状态有什么影响，或是考察通过什么方法能够消除他的偏见，等等。

陈嘉映

我可以问个问题吗？我听了刚才的口气，大家都是在讲每个人都具有有限的知觉或者是一堆偏见，为什么到了科学家那儿就不是偏见，就变成客观的研究了呢？如果科学家能够客观研究，为什么普通人就不能达到这种客观的态度？

周晓林

可能刚才没有说清楚，我们研究的问题可能是主观的，有道德价值判断的。但是作为研究者，你的出发点是要尽可能地客观。所谓的客观，当然是指按一套科学的思维方式对各种可能的因素进行控制。这样的话，我们能够对研究的对象或其所处的状态、所处的环境进行客观的描述，而且我们可以据此推断不同变量、因素之间的关系，不管它是相关关系还是因果关系。这个就是我们认为的比较客观的研究。

刘晓力

其实我回答不了嘉映老师这个问题。我想认知科学是希望用脑神经科学的手段把问题能够框定在一个可控范围内，把影响结果的相关变量固定下来，尽量减少不相干因素，找到因果关联。当然神经科学实验也有很多规范化的方法，比如耶鲁方法、哈佛方法等。但是我们会质疑这些方法本身是不是有问题，基础是否牢靠。所以认知科学跟神经科学是有区别的。

认知科学会讲研究的基础怎么样才算可靠；神经科学认为，我的方法就是第三人称的、客观的、完全科学的方法。但是，我认为，神经科学的方法还没有成熟到不包含其他主观因素的程度。即使是真正的已成体系的科学，描述的物理系统也有它的不确定性因素，科学只是尽量把不确定性干扰排除在一个理论框架所接受的最小范围外。

周晓林

刘老师说得没错。人对于一个行为或其背后各种因素的认识有很大的主观性。这里存在一个时间的进程。随着知识的积累，我们越来越认知到，原来我们认为这个行为可能受 3 个因素、10 个因素影响，将来甚至会发现可能有 50 个、100 个因素在起作用。这个研究的进程有点儿像物理学。物理学在研究力学问题也好，电磁学问题也好，一开始总是尽可能在简化的环境下来进行，再逐渐加进去更加复杂的变量。

我们对人的行为、对“偏见”“无知”的研究也是这样的。首先假定某个偏见可能有 10 个因素在起作用。这 10 个因素是怎么确定的呢？可能根据哲学、根据以前的研究等等。然后针对这些因素，提出研究假设，收集数据，验证假设。在研究过程中，可能会发现，有更多的因素在影响人的偏见。这样，我们再提出假设，再进行验证，循环往复。希望到某一天，我们对偏见——或准确一点，对这种情形下的偏见——能够有一个比较全面的认识，甚至希望将来能够用数学函数来表述这些影响因素之间的关系，包括它们怎么相互作用来影响偏见、影响行为。

段伟文

实际上，科学其实不仅带来知识，而且它知识的系统建构也是无知的系统建构，有很多该研究的，科学领域没有研究。科学在生产知识的同时，也在生产无知。

我们现在研究无知，就是研究无知是怎么产生的，怎么样消除无知。有些所谓的相关研究不好说是不是有点扯，包括吃香蕉是不是能够防治胃病，这根本就是很幼稚的事情，根本没有办法研究。还有如喝咖啡能不能长寿，这些研究是对资源的浪费。而且这样知识的生产遮蔽了更多更重要的知识的产生，它实际上会导致系统性的愚昧或系统性的愚蠢。

我们现在研究无知，最重要的一个意义就是要如何避免人类投入大量的经费在无意义的科学研究上，最后导致系统性的愚蠢。这种系统性的愚蠢会堵塞人类未来化的可能。我现在思考的一个问题是所谓的去未来化。就是说，面对各种问题，人们运用技术都是为了找到一些解决方案，但这些解决方案只能治标，而没有治本。它们往往没有找到问题的原因，而试图把导致问题的原因解决，这里边问题非常之多。就具体的研究而言，比如说某些量化研究的意义是值得追问的，类似于月球上环形山分布跟人的精神状况有什么关系。似乎凡一切皆可研究。但是这样的“研究”其实是在导致系统性的愚蠢，让我们没有未来。这是我的一个想法。

周晓林

段老师的论断里有好多我是不赞同的，但有一点赞同——我们对世界的研究越多，就越觉得人类无知。怎么把一个无知的无知变成一个有知的无知，也就是提出关于“无知”的问题，这本身就是一个进步。不管是相关性研究，还是因果关系研究，有认识就行。这是一个历史的过程，不能说相关关系没有用。就像医学里的体外诊断，很多体外诊断就是利用了相关关系。

段伟文

具体的这些研究是有用的，甚至可以解决一些问题。比如之前我们有胃溃疡的时候吃烤馒头片或者氢氧化铝，都是可以的。现在找到幽门螺旋杆菌，把幽门螺旋杆菌杀掉。但可能将来幽门螺旋杆菌又是基于另外什么因素造成的。但从另外一个角度来讲，必须考量科学研究对于人类生存的意义。假设人类的文明受到系统的不确定性的威胁，我们的科学研究是不是能够防止我们的文明走向毁灭？现在来看，如果缺乏这种意识和必要的准备，我们即使有高度发达的科技文明，依然会走向毁灭，这个概率是大于我们避免被毁灭的可能的。

刘晓力

刚才各位嘉宾都从自己的立场出发提出了问题，从知识的角度、认知的角度、社会的角度，从个体与群体的角度，把无知和偏见作为社会现象和认知现象去理解，大家的发言非常精彩。

下面进入自由讨论的环节。刚才大家谈到演化的观点，能不能说人脑就是一个偏见脑呢？嘉映老师肯定说，如果大家都有一个偏见脑，怎么办呢？我想，经历长期演化而来的人类，为了有利于在环境中生存，无知与偏见也好，恐惧也好，实际上都是不可避免的。可不可以说人本身就有一个偏见之脑，各种高级一点的生物都有一个偏见之脑呢？请大家发表见解。

臧艺兵

我想从人类学的角度来说一下，人类学分体质人类学、文化人类学。体质人类学从生物学意义上研究生命的一些共性和一些差异，无知是从生物学层面而言的一些规定性和客观性。例如三星堆考古发现会对人以往的认知有所改变。考古学发现就是这样，常常动摇我们对以往世界的看法，甚至是根本性的看法，也就是说我们现在认为确凿无疑的东西，可能会因为考古而瞬间坍塌。我们要承认这种东西，还是不承认呢？考古学不断考验人类对于自己认知纠偏的承受能力。当然，如果人类对考古发现的新东西所纠偏的知识死不认账，别人也没有办法，只是落为笑柄而已。

此外，体质人类学关于人的研究，生物学也好，实验心理学也好，在某些知识领域是不是有意在回避某些课题研究？为什么是这样？比如主流媒体不屑谈星座、属相、血型等对生命的影响，可是在现实生活中这些知识被广泛使用。它们为什么能够广泛且长期地使用呢？因为在一定程度上它们把人对生命的一些复杂特质的了解变得比较简洁和有效，这个东西是被几千年无数次统计和相关分析验证以后才流传下来的。但是中国儒家文化反对这一套，如“子不语怪力乱神”，荀子中也有一篇《非相》，十分有趣。

文化人类学就是研究人类的差异和共性的。多元文化理论特别强调不同人类都是平等的，但是某些对人性差异性的刻意淡化，也会在一定程度上让人从有知变成无知，甚至可能会使人种退化。但在种族问题上过于渲染，也会引起人种优劣、文化的无形比较（先进、落后）甚至较量，进而引起很多方面的问题。有一些是从道德立场出发，说大家生而平等，没有错误，人们都要有爱。可是客观知识和道德选择的价值毕竟不是一回事情。

另外人类学讲的一个重要的观念是局内人（insider）和局外人（outsider）。刚才讲个人的知觉，有时候可能是一个群体的知觉。一个族群有自己整体的认知和价值观念。局外人要怎么介入？这个局外介入，包括文化的介入、经济的介入、权力的介入等，都会导致社会单元秩序上的变化和变迁。但是人类生存在这个地球上，又不可避免要进行交流，这使人类难以把握这些问题。我们现在出现的太多问题都是因为这样，包括投资行为、扶贫、援助。当然也有从自己利益出发的行动，也有谋求共同利益的。但实际的情况是，局内人、局外人，有些时候最初的良好愿望，不知道为什么最终会造成不愿意看到的结果。这算是我的一个偏见。

周晓林

回到刘老师刚才说的问题：人的大脑是不是一个偏见的脑？如果说

图 6　维基百科上的 188 种认知偏差

可以前往下面链接，查看 188 个词条具体解释：https://upload.wikimedia.org/wikipedia/commons/6/65/Cognitive_bias_codex_en.svg。

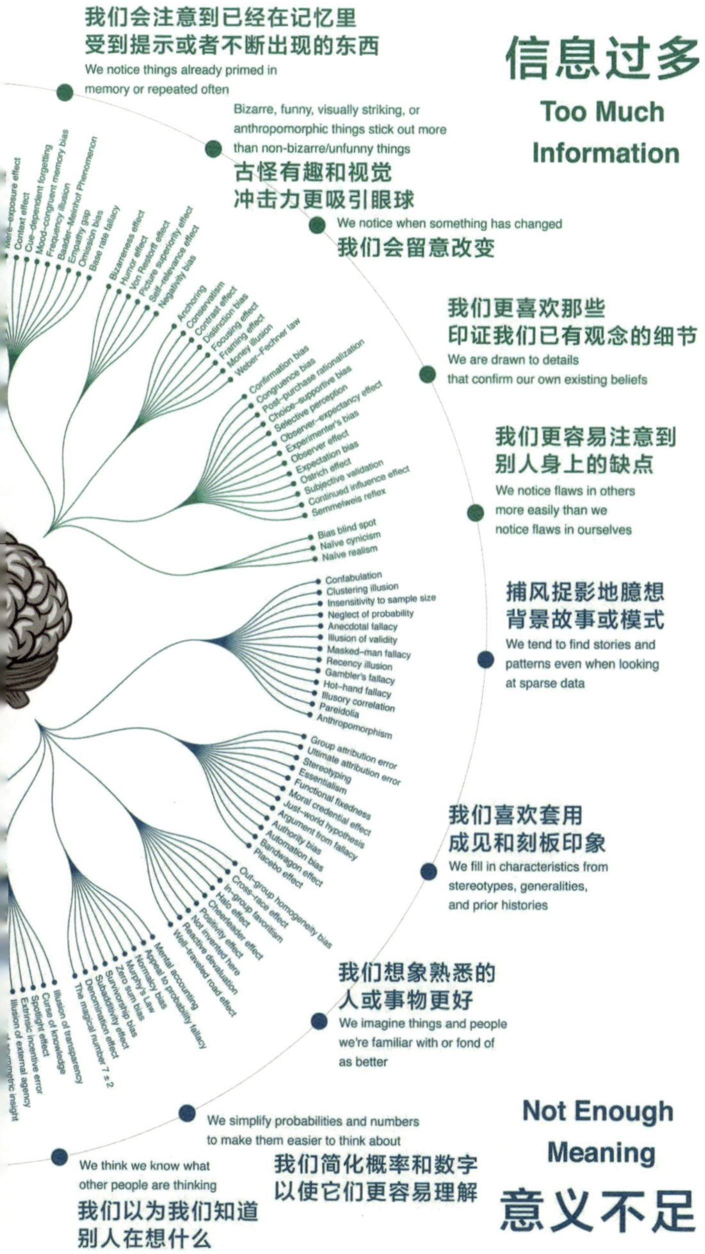

信息过多
Too Much Information
我们会注意到已经在记忆里受到提示或者不断出现的东西
We notice things already primed in memory or repeated often
Mere-exposure effect
Context effect
Cue-dependent forgetting
Mood-congruent memory bias
Frequency illusion
Baader-Meinhof Phenomenon
Empathy gap
Omission bias
Base rate fallacy
Bizarre, funny, visually striking, or anthropomorphic things stick out more than non-bizarre/unfunny things
古怪有趣和视觉冲击力更吸引眼球
Bizarreness effect
Humor effect
Von Restorff effect
Picture superiority effect
Self-relevance effect
Negativity bias
We notice when something has changed
我们会留意改变
Anchoring
Conservatism
Contrast effect
Distinction bias
Focusing effect
Framing effect
Money illusion
Weber–Fechner law
我们更喜欢那些印证我们已有观念的细节
We are drawn to details that confirm our own existing beliefs
Confirmation bias
Congruence bias
Post-purchase rationalization
Choice-supportive bias
Selective perception
Observer-expectancy effect
Experimenter's bias
Observer effect
Expectation bias
Ostrich effect
Subjective validation
Continued influence effect
Semmelweis reflex
我们更容易注意到别人身上的缺点
We notice flaws in others more easily than we notice flaws in ourselves
Bias blind spot
Naive cynicism
Naive realism
捕风捉影地臆想背景故事或模式
We tend to find stories and patterns even when looking at sparse data
Confabulation
Clustering illusion
Insensitivity to sample size
Neglect of probability
Anecdotal fallacy
Illusion of validity
Masked-man fallacy
Recency illusion
Gambler's fallacy
Hot-hand fallacy
Illusory correlation
Pareidolia
Anthropomorphism
我们喜欢套用成见和刻板印象
We fill in characteristics from stereotypes, generalities, and prior histories
Group attribution error
Ultimate attribution error
Stereotyping
Essentialism
Functional fixedness
Moral credential effect
Just-world hypothesis
Argument from fallacy
Authority bias
Automation bias
Bandwagon effect
Placebo effect
我们想象熟悉的人或事物更好
We imagine things and people we're familiar with or fond of as better
Out-group homogeneity bias
Cross-race effect
In-group favoritism
Halo effect
Cheerleader effect
Positivity effect
Not invented here
Reactive devaluation
Well-traveled road effect
We simplify probabilities and numbers to make them easier to think about
我们简化概率和数字以使它们更容易理解
Mental accounting
Appeal to probability fallacy
Normalcy bias
Murphy's Law
Zero sum bias
Survivorship bias
Subadditivity effect
Denomination effect
The magical number 7±2
We think we know what other people are thinking
我们以为我们知道别人在想什么
Illusion of transparency
Curse of knowledge
Spotlight effect
Extrinsic incentive error
Illusion of external agency
Not Enough Meaning
意义不足

偏见的脑是指人在信息加工时候的不全面、不完全客观甚至不公正，那我认为这个回答就是 Yes（是）。人的大脑确实是有所谓的偏见的。这种偏见一方面当然来自掌握的知识和信息的不全面，但我个人认为更多是来自演化。因为演化的过程使得大脑知道大脑不可能全面，不可能掌握所有的信息，所以大脑就演化成所谓偏见的机制，使得它能够在短时间内快速决策。这种决策可能是有偏的，也可能不（完全）正确，不一定是最佳的，但在大部分的情况下确实是有效的。

凌晨

刚才几位老师的发言对我非常有启发。我有以下几个问题想和大家探讨一下。首先，刚才周老师提到了我们在实证研究当中的研究方法。我个人认为各种研究方法都有它的局限性。做心理学研究的时候，或者是做实验的时候，我们都会有多种研究方法互相印证，我们不仅有问卷，还有 fMRI（功能性磁共振成像），通过各种各样的结果来印证同一个结论，得到一个所谓科学的答案。同时，臧老师又提到我们生活当中有很多科学界并不认同的，比如星座、属相、风水等这些迷信的东西。那是否可以说完全相信科学和完全相信“迷信”是一样的呢？它们都是个人的偏见，还是说应该对所有的观点保持开放，放下作为一个科学家的傲慢，也放下对一些偏见的执着呢？

其次，我个人认为所有的个人观点都是个人的一个偏见。比如说我们在听音乐上，听古典的可能看不起听爵士的，听爵士的看不起听民谣的。这个鄙视链是如何形成的？还有一点更值得我们探讨——与其说存在个人的偏见之脑，不如说很多时候存在一种结构性偏见。

比如说周老师在之前提到，是不是黑人警察就更容易将白人拦下来？还是同样更多拦住黑人，因为黑人有更高的犯罪率？在这里，我想要提到的是美国的第一任黑人总统奥巴马，他在很多政策决定上都是非常保守的，大家往往会认为一个黑人上台进入一个之前少数群体没有到达过的位子以后会变得更激进，为他自己的群体做出一些非常突破的事情，但事情往往不是这样子的。这就可能与我们对这个集体的一个认可，急于得到集体里其他人的认可有关系，继而导致一个结构性的偏见或者是结构性的决策。

在现实生活当中，可能很多企业并不倾向于招聘一些处于生育年龄的女性，因为在成本的计算当中，她可能并不是最优的，这造成很多女性在职场上有困扰。这可能就是需要我们制定决策的人更多考虑到，是不是会形成一个结构性的偏见。这是我想和大家讨论的，谢谢。

周晓林

凌老师提到了很多问题和概念。我先说研究对象的问题。自然科学的思维方法是希望给概念做一个明确的定义。手相、星象对人的心理特征、心理过程有没有作用？夫妻之间是不是有所谓的心灵感应？这些日常生活中的描述有一个根本的问题，就是如何确定这些概念的内涵。你怎么来定义“心灵感应”？判断有感应还是没有感应的公认标准是什么？如果这些可以量化，那才有可能成为科学研究的对象。包括哲学里面的很多问题，需要把它们量化、操作化，才能成为自然科学研究的对象，我们才能用一些手段去探索它们背后客观的、生理的机制等。

很多问题，就是因为我们现在对它的认识太少，或者概念太模糊，所以没有办法变成科学研究的对象。但是若到某一天，我们可以把夫妻的心灵感应定义成某种可以度量的东西，我们自然就可以做相关研究了。事实上，现在确实已经有一些关于这方面的研究，比如说用所谓的多脑扫描同时看两个大脑的活动，看夫妻大脑活动之间的同步性是不是比非夫妻之间的同步性更高？如果把同步性理解成心灵感应，这个心灵感应就是科学研究的对象了。

至于你刚才说的奥巴马，他的行为处事更符合传统的行为模式、思维模式，还是更加激进？到了国家层面，影响因素太多了。除了他个人的因素以外，政治、文化的制约就更多了。你说的现象很有意思，但是在多大程度上具有普遍性，或者是在多大程度上有个体的差异，哪些因素在影响个体的差异，这本身就可以成为科学研究的对象和研究的问题。

刘晓力

谢谢周老师，我也请教一下凌晨老师。你是计算机工程专业的博士，能否从你的角度讲讲人工智能的偏见和无知，怎么理解人工智能的偏见，或者如何清楚定义它，有没有对人工智能偏见和无知的修正？

凌晨

要了解人工智能所带来的偏见，首先要了解人工智能的工作流程。我们会将一些人工标注的信息通过一个数学模型教会它如何分类它没有接触过的信息。人工标出的信息有可能带有个人的偏见，相信大家都在新闻上了解过一些对话机器人，它们的话语当中会带有偏见。甚至一些图像识别的人工智能，可能会将猩猩和黑人混淆，造成一些黑人群体的不满。这其实是在人工标注过程当中造成的，也就是说我们带有的偏见会带给我们制造出来的人工智能。

同时，我们也在训练人工智能去避免这样的事情发生，为网络上带有歧视性的内容提供预警。所以说人工智能和所有的科学手段一样是一把双刃剑：一方面，它无法避免成为一个带有人类偏见之脑负面性的产品。而另一方面，它的确是在通过自身的机制给我们提供一个预警，更好地帮助我们避免偏见、防范偏见上升到歧视和冲突。

刘晓力

由于时间关系，谈人工智能的偏见和无知的这个话题就先到这儿。接下来，跟观众互动之前，首先，请每位老师用一分钟的时间把你们已有的观点以及讨论之后产生的新的观点表达一下。按我们开始讲话的顺序，伟文先来吧。

段伟文

我的主要观点是，无知是值得研究的。当然，如果单纯地说人的大脑可能天生就是有偏见或易于导致无知，那我更关心的是人的智慧完全可以知道自己有无知的这一面。在有些情况下，如涉及的社会和政治因素比较敏感的时候，会产生一些值得研究的无知现象。在商业利益的驱动下，会产生有意识的无知，比如，不知道香烟究竟是不是有害健康。直到现在，很多东西都是含糊的，因为它涉及复杂的利益纠缠。

另外一点，谈到价值等问题的时候，后续还有一点值得探讨的就是情感对于所谓选择性无知的重要影响。当我不喜欢一个老师的时候，他讲的课再好对我来说也都等于零。所以我觉得我们应该把无知作为更好的知的一个条件，最终的目的是避免我们人类知识的创造变成潜在无知的构建，最后导致一种系统性的愚蠢。这是我的主要观点。

刘晓力

刚才伟文讲得很好，后面会谈到从什么样的角度能够减少无知和偏见造成的伤害。接下来请凌晨博士来讲。

凌晨

我的观点是：偏见和无知都是无法避免的，我们每个人都有。对于个人层面的偏见，我的想法是意识到自己的局限性，认识到自己的无知，避免傲慢的态度，避免它们成为伤害他人的一个行为。

刘晓力

艺兵老师有没有什么应对之策?

臧艺兵

首先，大家达成了一个基本共识，那就是无知和偏见作为人类认知的一个常态是不可避免的，在这一点上大家没有偏见。从艺术的角度来看，有什么东西可以在克服一点点无知和偏见的同时，是人类比较便利、比较有效、比较容易去实践的呢？我觉得是审美、爱和情感。

美国的大学里有一本通识教育的书——《艺术：让人成为人》，我们可能无法从知识的方面衡量一个人是否完整，但是人类懂得爱、懂得情感、懂得美是比较容易达成共识的，这是我的一个看法。

周晓林

无知也好，偏见也好，这两个重要的概念当然可以成为哲学思考的对象，也可以成为神经科学研究的问题。但是从社会学或社会心理学角度来看，我们在把“无知”和“偏见”这些标签强加于别人的时候，一个很重要的做法是换位思考。如果你处于那个位置，你愿不愿意接受这个标签?这样换位思考、将心比心，就能够避免很多的伤害。

陈嘉映

晓力一开始说无知与偏见通常都是在贬义的意义上使用的，晓力老师是希望能够给无知和偏见正名，能够看到无知和偏见不仅仅有贬义的一面。讨论下来，这个目标似乎没有达成。虽然大家承认无知和偏见是一个常态，但是常态并不见得是一个不需要被克服的原因或者借口。

一方面我们好像都在承认自己有偏见，他人也有偏见；另外一方面，大家都谈了克服无知与偏见——看起来还是一个需要克服的东西。我的想法就是这样，这恐怕稍微有点儿笼统。哪些无知是需要克服的、能够克服的？哪些是无法克服，或者是不需要克服的？甚至刚才有老师讲到，有一些无知我们要刻意保留下来。我觉得偏见也是这样，尤其是在先见的意义上使用偏见这个词，有一些偏见或者前见是能够克服的，比如说大家讲到科学，讲到智慧者，他们似乎在某种意义上是超越了我们的个人感知或者个人偏见的。

最后留下一个问题，今天可能来不及讨论了，但是我愿意进一步向大家讨教。我们一说到科学就想到客观性，那么我们偏见的大脑怎么就发展出了一种客观的科学态度和方法呢？这是我非常想向诸位讨教的。

刘晓力

谢谢几位老师的精彩总结。下面留出一些时间请嘉宾跟观众互动。第一个问题是问陈嘉映老师的：如果将偏见定义为负面情绪，当个人偏见发展成为群体偏见的时候，是否已经不再产生偏见？而相反，少数人会成为偏见的另一端？这会不会成为群体共识下的先见？请陈嘉映老师回答。

陈嘉映

这个问题问得稍微有点儿绕，按照我的想法，刚才我们谈到了个人偏见和群体偏见的两个方面：一方面，不同的偏见互相冲撞的时候，似乎是会减轻偏见。但是另一方面，在社会学上，经常讨论的是个人的偏见进入群体之后会得到加强。我没有太听出来这个问题是以刚才这两点的哪一点作为条件来问的。

我想象的是这样的：个人能不能够克服自己的偏见，我觉得如果不是太矫情的话，我们当然在一定程度上是能够克服特定的偏见的，否则我们就不会一直在讲减少偏见、克服偏见等。那是通过什么方法达到的呢？刚才讲到科学方法是一个很重要的方法。但是我们也并不是成天在做科学研究，我们在日常生活中是怎么来克服偏见的呢？很大程度当然是通过刚才周老师说的将心比心，或者是我们把别人的意见放在自己的面前跟自己的意见对质，用这种方法来克服偏见，或者至少是有所减轻。

从社会的意义上来说，个人最为需要的，尤其现在，是不要被群体的偏见所裹挟。在很大程度上，我们不要泛泛把他人当作一个群体，而是要把他人作为一个有自己特定主张的个体。我们要采取一对一、几对几的对话的方式，而不是不经思考地去接受大众的那些看法。

刘晓力

谢谢嘉映老师。第二个问题是：群体的偏见能够还原为个体的偏见吗？如果能够还原为个体的偏见的话，那是否可以针对个体的行为让他修正偏见？

陈嘉映

这个问题有点儿像一个正反馈效应一样，甲的偏见跟乙的偏见也许能够互相加强，这种互相加强能够还原为个体偏见吗？总体上最好不要这么说，群体偏见是不能还原为个体偏见的。

刘晓力

谢谢嘉映老师。第三个问题是：系统化的知识会不会产生系统性的偏见，如何避免知识系统的排他性？哪位老师愿意回答？

段伟文

我简单回答一下。看如何定义系统知识。比如说科学是一种系统性的知识，社会科学也是一种系统性的知识。知识当然会有排他性，特别是当研究知识的主体认识不到他的局限性的时候，"认识不到"天然地会产生无知的这样一个情况下，会导致这些问题。为什么呢？因为我们现在这样一个时代会遇到一些不确定性的风险，比如新冠疫情的风险。早在十多年前世界上都在研究大流行，但怎么去应对这个大流行是没有什么办法的。公共卫生学这样一种研究以往是不那么被重视的，甚至对于在大流行里病毒的研究，也有人提出一种理论，叫作一体化健康，即环境健康、动物健康和人的健康都要系统考量。但是在以往的认识里边，包括老百姓和医学界的认识里边，更多是从生物医学，而没有从公共卫生，更没有从环境等整体上去思考。所以我们现在研究无知，就是要防止系统性的愚蠢，防止系统性的愚蠢带来黑色的惊奇——黑天鹅事件——突然一下子来一个巨大的灾难而我们没有预料到，这是很重要的。【见图 7】

就像波普尔讲的否证主义。人类文明最终伟不伟大呢？现在看来，最终是很伟大的。但是一旦败走麦城，被某一个病毒全部打垮，这个文明就没有了。我们现在就是要防止由于系统性知识寻求里面没有对无知的研究和思考，没有对元认知或者是元无知的研究和思考，最后导致一种整体性的灾难，一种黑天鹅式的惊奇。到那个时候，我们悔之晚矣！

陈嘉映

因为是我提到的这个系统知识，所以我回应一下这位朋友。按照我们的用法，偏见本身就带有一定的系统性。卡尼曼的《思考，快与慢》这本书很多人都知道，最近他的另外一本书被翻译成中文，名字大概是《偏见与噪音》，英文名字是 *Prejudice and Noise*。

我们犯错误分两种：一种错误是散漫的、没有规律的错误；另外一

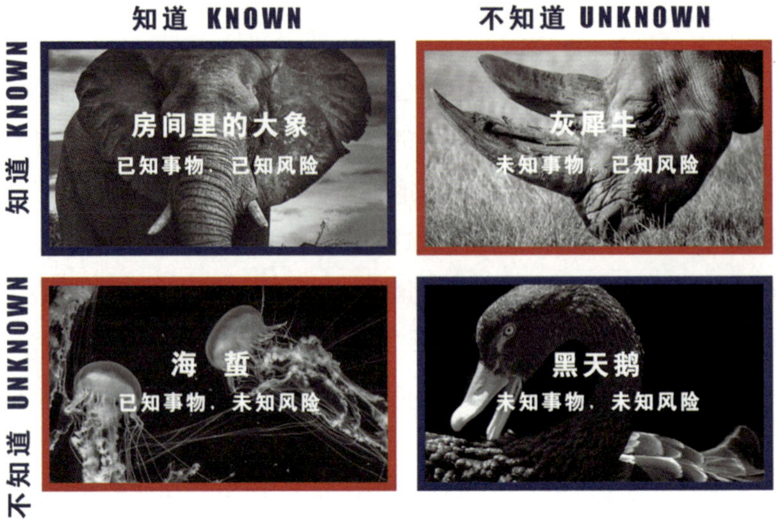

图7 风险四神兽

种是我们犯系统性的错误，系统地犯错误就叫作“偏见”。他用一个最简单的例子开头，大概意思是说打靶的时候，打了五枪，五枪都不中靶子，不在靶心上，东一个、西一个，这就是 noise；如果五枪都打到一个点上，但是这个点不是靶心，比如说比靶心高了两格或者偏左了两格，这个就是 prejudice。

偏见本身带有系统性的含义，至于说系统知识有没有片面性（刚才周老师讲到是不是有片面性），这是另外一个问题。比如我们讲物理学知识或者社会学知识，像周老师讲的，本来就是从一个特定角度去研究的，在这个意义上当然是有片面性的，但是这并不意味着就是偏见。如果你把哲学看作是一个系统理论，我个人的看法，所有的系统包括哲学系统都是带偏见的。

臧艺兵

我补充一句：我觉得克服偏见的一个比较重要的东西，是我们每个人不能丧失自我反省和自我批判的能力。通俗地讲，当我们非常自信的时候，我们要想一想自己是不是也会出错？有时候大家都反对自己的时候，自己是不是真的在那个方面需要反省和调整？还有，非常有钱的和有权的人，在大家都说你的一切都是最正确的时候，你也要想一想，这帮成天吹捧我的人，是贪图我的钱财还是贪图其他的利益，才说我是一个没有一点缺点的、旷世无双的公司总裁呢？

刘晓力

非常好，谢谢各位老师的答复。我也想提出一个问题：是不是有一种区分，即有意或者无意、能觉知或不能觉知的无知和偏见？我们很多的偏见和无知是被动的无知、被动的偏见，是内隐式的，不知不觉在起作用的，因为不能觉知到它，没有意识到它。这个东西起的作用可能是我们驾驭不了的，可能是由我们的大脑的物理结构和深层的一些目前未知的机制决定的，也许就是演化过程中带来的，那可以说这种认知偏差是难以避免的。但是现在的问题是，我们要寻找到认知的偏差或者偏见的根源是什么，机制是什么，社会后果是什么。如何把对于群体或者他人利益构成威胁的一些偏见行为避免掉，或者说及时止损？这也是我们要讨论无知和偏见的本意。为偏见和无知正名，是指不仅仅把它当作一个贬义词，而是相对宽泛地多维度去理解它的复杂性和运用它的微妙之处。

谢谢各位老师和观众对“无知与偏见”这样一个新颖主题提供的非常有创见的概念分析和深具启发的洞见。我们对这些概念进行了日常的、认知科学的、人类学的、社会学语境的分析。今天的论坛非常精彩，可以说大大超出我的预期。感谢各位嘉宾的出席，感谢各位在线观众的积极参与，感谢提问者，感谢嘉宾与观众的互动。因为时间的关系，今天就到此为止。我们下期明德讲坛再见。

主体性建构

Subjectivity Construction

袁园

独立纪录片导演　艺术家
当代艺术摄影批评人

朱锐

中国人民大学哲学院杰出学者、特聘教授

蔡恒进

武汉大学计算机学院教授、博士生导师

邓文初

历史学博士
中国政法大学副教授

梁大南

中央音乐学院管弦系教授、博士生导师
北京交响乐团首席

Vincent Luizzi

美国得克萨斯州州立大学法哲学教授
美国得克萨斯州市政法官

杨超

导演、监制

袁园

大家好，我是今天的主持人袁园，欢迎大家来到哲学与认知科学明德讲坛第 17 期暨服务器艺术人工智能哲学论坛第 5 期。

朱锐

大家好，我叫朱锐，我是今天的英文主持人，主要是帮助 Luizzi 教授翻译英文。

袁园

今天我们探讨的内容是主体性建构，非常荣幸能邀请到人工智能、历史、电影、音乐和法理学领域的多位学者，从不同的领域和学科来探讨这个主题。那么接下来有请蔡恒进，武汉大学计算机学院管理科学与工程软件工程教授、博士生导师；邓文初，历史学博士，中国政法大学副教授；杨超，导演、监制，中国戏曲学院导演系影视导演专业教研室主任；梁大南，中央音乐学院管弦系教授、博士生导师，北京交响乐团首席；还有我们今天的外籍嘉宾 Vincent Luizzi，美国得克萨斯州州立大学法哲学教授，美国得克萨斯州市政法官。

我们今天将围绕主体性建构展开，探讨主体性建构在历史语境中的演变脉络。在电影当中，虚构角色的主体性是如何影响我们的现实世界的？在音乐当中感受到的情感体验和主体性的建构有什么样的关系？西方法理学又是如何看待主体性和法律之间的关系的？而在人工智能领域，机器有主体性的概念以及建构主体性的可能性吗？

我们先从杨超老师开始。在电影和主体性之间，本身有一种共生的关系，但这种关系往往又是不确定的。对于电影的主体性思考也往往和现象学框架结合。现象学特别强调身体的图式在主体性建构方面的意义。我想问杨老师：作为导演，您是怎么认识身体在电影人物形象中的意义的，以及您是如何思考电影当中的主体性和主体性当中的电影性的？有请杨超导演。

杨超

好，谢谢袁老师。这是个非常高深的问题，也很有趣。我相信请我来，主要是想让我讲一讲电影中人物角色的主体性。第一次听到这个问题时，我注意到了一个关键词：身体。我非常同意这一点。我认为不管是电影中角色的主体性建构，还是我们每一个人在生活中的主体性建构，它首先是落实在身体上的。也就是佛教说的眼、耳、鼻、舌、身、意，这六识构成了人的主体性的基础。而这其实恰恰是构建一个电影中的角色，或者说人物主体性的最大难点。

要说清楚这个问题，得先从我自己对非电影的即电影之外的人的主体性理解出发，泛泛阐述一下。但这并不是我的专业，而算是我作为一个完全不懂哲学的导演，对“主体性”这三个字的狂想。待会儿其他老师肯定会有更为系统的、精彩的看法。

我认为，一个人生下来活在世间，他的主体建构分几个层次。第一个层次就是“感知自我”，即我刚才所说的眼耳鼻舌身意这种生理性的肉身特性和感官。这一个层次，相信不用我解释，大家也都能明白。

第二个层次，我认为是“认知自我”。当然可能有很多的名词去命名这种认知，但我在此就先用最简单的词来表述。我认为，在当下互联网如此普及的环境中，我们面对着非常可怕的信息的洪流。而“认知自我”使我们从这种信息迷雾、信息茧房中挣脱出来，反向定位自己，理清自己和家庭、社会、权力及其历史的关系，以此确定自己的存在。比如说，我是哪个共同体的一员？我是属于小共同体，还是大共同体？我更希望我自己是哪个共同体的一员？我相信“认知自我”是确立自己的主体性的关键一步。

此外，我认为还有第三步，用王阳明先生的一个词，叫“良知”——

致良知【见图1】。在认知之后，有一个良知的自我。在认清楚自己的存在之后，你该如何确定这种存在，又如何看待这种存在的意义？或者说，你对小共同体的责任是什么？你对大共同体的责任是什么？这是我作为一个完全不具备哲学认知的导演，自己比较泛泛的想象。

回到我的专业里来，角色，即电影中的人或者作品中的人，它和我们在现实中活动的人是不同的。因为角色是由作者创造的。比如说，我就是一个作者，我在高处去定位他。那么我就是造物主，我创造了艺术品，我创造了角色所生存的世界。在我刚才说的“认知自我”和“良知自我”这两个层面上，这是合理的。因为我给角色建造了多重的关系，由此定位了角色。我给定了角色良知、责任和愿望，由此产生了行动。角色的行动和他的世界产生互动之后，就会有冲突、纠葛和火花，于是就有了戏剧，就有了故事。

但是这里还是有很多问题。首先从一个导演的实际经验中，我一再意识到，由我创造出来的世界，不管是影像世界还是故事世界，它都是粗糙的，甚至是可笑的。在所有层面上，这都类似于孩子通过堆积木来模拟世界，是一种非常粗糙的模仿。同时，通过多重关系来定位人物角色，很难说具有较高的确定性。尽管我们的创作规律是，在开始一个创意、营造一个世界、定位一个角色的时候，我们都需要尽量详细地进行前史调查，利用很多细节，一点点地建立角色。但这种努力，在面对一个活生生的人所拥有的无尽的信息量时，显然是可笑的。这就是我们在创作中遇到的最大的问题，我们很难真正给予一个人以主体性。

我想这里面最关键的，就是我所创造的角色，或者说电影中的人，他最缺乏的恰恰是我们作为人最本能的一个部分——身体感知。我们在创作中一再要求，要用各种方法来化身为他。你要跟角色同呼吸共命运，去想象他所想象的，去切身体会他的体会。但从根本上讲，这是不可能的，我们没法感知这个角色的眼耳鼻舌身意。那么这是我们去建构一个角色主体性的必然缺失，也就是刚才袁老师说的，身体性的缺失，恰恰是在所有艺术品中最难做到的。当有些天才作品偶尔做到的时候，就显得非常了不

图 1　享堂内的王阳明像

《大学》里说“格物致知，诚意正心，修身齐家治国平天下”。“格物”的“物”是什么意思？王阳明的理解是“意之所在便是物”。比如意念作用于打酱油，那么打酱油便是一件事物。意念有善有恶，而“心”的本体——“良知”天然具有分辨善恶的能力（和认知事物的能力）。分辨后“为善去恶是格物”，也是“致良知”。

起。所以从理论上讲，角色都是作者的愿望或者偏执的一种表现，也可以说作品中的角色就是作者的主体性的表现。如果一个人真的能在艺术品中创造一个非常可信的、扎实的角色，那么其实他就创造了一个世界，甚至你可以说他创造了一种宗教。

当然，我认为从艺术创作的根源来说，这是一个完全不可能完成的任务。所有的艺术家都是在绝望的道路上去建构角色主体性的。我们不要忘记，艺术家本人在生活中的主体性甚至还远远没有建立起来。他本人在各种多重关系中，在他的生活中、家庭中、工作中、团队中以及他所处的行业中的位置，他的主体性始终还处在一个聚沙成塔的过程中。所以我觉得我之所以对这个问题感兴趣，恰恰是因为这对我来说是个非常痛苦的问题，是几乎不可能解决的问题。也许只有那种真正的圣贤，才可能在他的某一个时刻建立起某种主体性。这是我的一点小小的感受。

反过来讲，在创作之中，也就存在更大的不可能性。像我很喜欢的一个导演塔可夫斯基（Andrei Tarkovsky）【见图 3】说过："有谁能在镜头前建立起一个完整的真实？"我觉得这句话完全是对所有导演的鞭笞。你不可能像造物主一样，让镜头中的一切都那样有机、互相交织，像自然而然发生的那样。这是绝无可能的。

所以导演是疯狂地模拟造物主的这么一个角色。你既然无法建立那个世界，更不要说去赋予其中的一个人物以主体性。如果说你赋予了人物主体性，那么这种主体性必定是一种偏执，或者顶多是一种良好的愿望。所以最终归结起来，不管是人在生活中建立主体性，还是艺术家在作品中建立一个真正的人，我想它们都属于一种良好的愿望。事实上，我认为很多我所喜欢的宗教，也是一种愿望。甚至，我觉得宗教的本质就是一种愿望。以上是我的一些狂想，抛砖引玉，谢谢大家。

袁园

好，其他 4 位老师对杨超导演的观点有什么样的看法？

我先问杨导一个问题，在评估电影的社会政治和哲学价值时，德勒兹（Deleuze）【见图 2】区分了艺术电影和主流形式，德勒兹关注艺术电影改变主体、改变世界的能力，我把杨导放在艺术电影的作者序列，艺术电影跟世界的关系就是和主体的关系。我理解您刚才所说的导演像造物主一样，创造了一个世界，但在电影中创造世界的目的是希望和我们现实中的主体、现实世界发生关系。

我想问，您所创造的电影世界和现实世界的关系，您的意图是让观众原本的主体性发生改变吗？比如说我作为一个观众，在没看您的电影之前，我在现实世界中的主体自我感觉良好，但是，当我遭遇到您的电影之后，我原本的主体性受到冲击，断裂甚至坍塌了。您站在导演的创作立场上，是更希望维护观众在现实当中原本的主体感受，还是让他崩溃呢？

杨超

非常好的问题。我认为 90% 的主流电影都属于类型片。这种电影其实是在更精心地维护观众内心的主体性的。主流电影特别害怕伤害观众的主体性，它完全不去触碰这件事。所以它讲的都是一些人类思想创造物的最大公约数，用这些绝对无害的东西，来喂养给观众一个一个主体性。但是这种大众类型的故事片，最终很可能会形成一种非常趋同的关系形态，会在海量的观众群中，形成能够用标签来划分的一群群的人。从总量上来说，主流电影应该是减少了世界的主体性的数量。反过来讲，我认为艺术电影，就像袁老师说的，其实是试图在这种趋同性的心态中，一个一个地拎出那些想要真正建构起主体性的人来。

我感觉观看艺术电影的时候，好像是你自己必须凑近银幕，想从那些世界中发现一点什么东西，它极其需要观众的参与。而对于类型片，观众只需要躺在沙发上，什么都不用干，非常舒服地观看，信息量会自动地泼到你脸上，还得拽着你的脸，强行喂给你，你完全不用动，它也会喂给你。仅从电影来说，这样的电影只会使我们的主体性变得越来越少，越来

图 2　法国后现代主义哲学家德勒兹

越趋同，我们越来越成为一类一类的人。

而艺术电影其实是在发现人的个性，并且试图对不同人的个性产生不同的影响。艺术电影最终激发了更多的创造。而所有的艺术电影，或者说喜欢看艺术电影的人，在很大程度上都是在和导演一起完成交流。最后它所引发的最好、最理想的结果，就是观众也想参与创造。我想这是最美妙的一件事情。

所以您的问题我完全可以直接回答，我认为我的确不会去安抚那种趋同的主体。对于我的作品，我特别希望它能够让某些人感到触动，这种触动是一定会带来一时的主体性的。我觉得这不是坍塌，而是一种松动，是一种对自身主体性的欠缺的意识。或者说，对已经有了主体性的人而言，是一种对自己所处的甚至虚幻的共同体的某种幻想。这个时候人就非常不满意于目前所处的状态，他需要重新定位自己，重新开阔眼界，去看更多的东西。我想我希望我的作品达到这个效果。

袁园

谢谢杨超导演，接下来有请朱锐老师。

朱锐

谢谢。刚才杨超老师的说法特别精彩，让我作为一个哲学专业的人也特别受启发。首先，杨老师所说的这种感知自我方面的难度，实际上跟认知科学的理解是吻合的。为什么？因为认知科学或者是心灵哲学也是把人的意识和经验分成两个大块，一个叫作意向性，一个叫作现象性。

所谓意向性，就是您说的内容、观念、责任、认知和良知方面。其中最难的也最私人的、难共享的，就是个人主体的现象性经验。所谓现象性经验，有两种基本的说法，其中一种是指你感知一种颜色的时候，那种颜色特殊的亮度、特殊的饱和度，是只有你个人知道的，所以说很难重复。您作为导演的这种说法让我从哲学上加深了对这个事情的理解。

我的问题涉及道具。因为美国有一个非常有影响力的美学家叫 Kendall Walton，他认为在小说或者电影中，演员的身体是个道具，而不是直接作为一个人而存在。尽管他是人，但是他更多是导演的或者说是角色的一个道具。而作为道具，它就有道具的逻辑。考虑到道具这个方面，您会不会觉得，这种说法偏离了你的想法？即角色的主体性，是一种第二性的主体性，不是第一性的主体性，因此演员必须在某种意义上抑制自己的主体性。在美国，比如说汤姆·克鲁斯（Tom Cruise），很多人都不喜欢他的电影，因为我们看到的只是他，而看不见角色的主体性。汤姆·克鲁斯自身的身体，有一种对角色主体性的侵入感，我想让杨超老师说一说对这个问题的理解。

杨超

是的，事实上“道具”这个说法，我最喜欢的导演也是这么说的，他就是法国的导演罗伯特·布列松（Robert Bresson）【见图 3】。在电影导演中，他以贬低演员而著称。他用了很多非常带有贬低意味的话来形容演员，他说他们是道具、模型、纸偶、牲口，这种观点有它内在的合理性，就像你说的，电影导演在创建了一个世界之后，是透过完整的影像世界来向观众传递他的理念，传递他的愿望，而不仅仅是靠演员这个人本身。

但事实上，就像刚才我所说的，导演很难真正体会到这个人的感受。朱锐老师刚才提到的非常有趣的一点是，同样一种颜色，在不同的人眼中，所引发的神经感受，恐怕是完全不同的。这确实是非常有力的证据，它告诉我们，如果我们想要去了解角色到底在想什么，他的感知到底是怎么样的，这是一个不可能完成的任务。

那么我们还不如反过来去接受，把角色当作是在电影世界中活动的台灯、桌子或者是风雨雷电，或者其他道具、美术布景一样的东西。它只不过是一个活动的东西，完整地给出作者的愿望，或者作者的理念。而这恰恰就是艺术电影的一个特征。艺术电影就是这么理解的。

但反过来，电影世界这些年还在不断地进步。布列松的那种电影，在六七十年代曾被奉为圭臬，大家都非常崇拜，也是电影史上的一个里程碑。但是今天的电影更是在逐渐贴近人的呼吸，贴近人的体感。尤其是最近的十年之内，国际艺术电影界的青年创造者们把电影推进到一种类似于——我简单地说——好像是想要完成那种第一感的状态，就像拿着摄影机就能够化身为这个角色，让观众跟着这个角色一起，去感知世界的这种感觉。

电影，尤其是艺术电影的某一个极端的分类，越来越有一种想要完成第一感、想要让影像传递人感受的努力。比如说，最近非常有趣的一些华语青年导演，也已经走在前卫的路上。如郑陆心源导演的《她房间里的云》，还有杨明明导演的《女导演》《柔情史》，这些作品都已经像是在拍一种心像，就仿佛是她们在拍这个角色的所思、所想、所感，而不再是远远地离开角色，把角色当作大千世界里的某一个模型，让他们共同完成一种叙事，给出一个主题——虽然这也是电影的一个方向。

所以对于你刚才的问题，我其实是给出了一个模棱两可的回答，确实，

图3　塔可夫斯基（左）与布列松（右）

1983年，布列松的《金钱》与塔可夫斯基的《乡愁》共同荣获戛纳电影节最佳导演奖。塔可夫斯基说："布列松是个天才。我得承认，确实是个天才。如果他是第一名，那么排在他后面的那位导演只能算是第十名。这一差距实在让人沮丧。"

有的电影有一种潜力，可能挖掘出更多的人的体感，因为影像有一种无可置疑的说谎性。我们说，电影导演一旦学会了视听语言，就拥有了一种巨大的说谎的能力，确实能够让你产生一种所见即所得的、不容置疑的感受。而如果你从文字感知到，你就没那么容易相信。这也是电影这门艺术最有趣的地方。我觉得电影艺术的边界，以及它的语言和方法，还在自我摸索当中。它作为一种最年轻的艺术，还没有被限定。

袁园

好，朱锐老师，现在请您邀请 Vincent 从法理学的角度来讲一讲主体性建构。

Vincent Luizzi

大家晚上好。在讨论法学的主体性时，我将做一个简短的宣讲，并分享我的屏幕，以便大家阅读【见幻灯片一】。

> **幻灯片一**
>
> 对法学中关于主体个人的考察需要问“是否存在主体个人的方面？”“如果存在，它的本质是什么？”以及“它是可取的吗？”这种考察有其描述性和规范性的成分（与主体个人性 subjective 和客观公正性 objective 相对应——译者注）。在关于人类事业诸多方面的其他研究中，比如说音乐、艺术和历史，这两个部分似乎也是必不可少的。在我自己的法学领域，我可以说，对上述这些问题的回答都是充满争议的。但当我们考虑到这些活动都属于目的性的范畴，就此而言，可以依照它们服务于这些目的好坏来评价它们时，有些思考回答的方式就不那么有争议了。因此，例如在医学领域，面对已知的候选治疗方案，在评估哪种对患者而言是最好的时，患者对某种治疗方案的主体个人偏好——在描述性范围内——很可能会被纳入评估当中。相比于更加有效却会导致畸形的手术疗法，药物尽管有令人不适、使人衰弱的副作用，但可能更加可取。

首先，当我们谈及主体性和法学时，我要指出一些基本问题。我们要考虑是否存在主体个人的方面，如果存在，它的本质是什么。随之而来的就是本质的价值问题。那么这是可取的，还是有价值的？这就是问题所在。我的意思是，人类活动并不像科学探索那样有具体的描述性，它是为了实现某种目的而进行的。当我们涉及人类活动的目的这一范畴时，我们会很自然地设想客观部分和主观部分的存在。

例如，在医学领域，我们可能会发现存在两种疗法供病人选择，其中一种要比另一种更有效。然而，病人基于某种偏好、愿望、可取性和感觉的承诺，可能选择了另一种不理想的、带副作用的疗法，尽管这种疗法避免了病人毁容，但这是很不利的选择。

同样，当我们研究人类活动的目的时，为了达到拥护社会秩序的目的，我们做了很多这样的事情。我们可以把这些活动看作是为社会意义和娱乐而进行的电影制作、音乐等。我的主张是，对于法律和其他这些活动来说，主体个人性和客观公正性的混合形成了人类活动目的的性质。

同时，这也让我们认识到，在法理学领域（如法律的本质、审判、惩罚），它们是可取的。我们确实发现，对于这些属于客观因素还是主观因素的判断，存在相互矛盾的观点。一种学派通过主观的方式进行分析，但另一种学派又完全以客观的方式进行分析。例如，惩罚受制于报应主义，这是没有讨论余地的，也没有感情介入的空间。同样，司法决策是一个演绎过程，不允许法官有任何自由裁断的权力。但争论的另一方认为，传统的决策很大程度上受诸如倾向、偏见、法官、性格等因素影响。

在这一段中【见幻灯片二】，我总结并指出，我们不应该站在这场辩论的任何一方，即（争论）法学中的这些活动到底是客观的还是主观的，而应该调查它们在多大程度上互相结合。这就是这些现象的性质，其中包括法律、审判和惩罚。

我用音乐和电影进行类比，具体说明了法律性质这一主题。我提出，法律、电影和音乐都有客观的一面。我们可以观察法规中的措辞，也可以审阅判例法中的案例规则，这些法律内容中的对象就像乐谱页面上的音符，

幻灯片二

我们通过类比音乐和电影中可比较的主体个人性维度来阐明法律的主体个人性本质。我们承认乐谱和剧本的客观实在是我们所说的音乐和电影中的一部分。然而，我们同样承认对乐谱的演奏和电影的制作是我们所说的音乐和电影的一部分。后面这些方面，就它们对表演者、指挥和导演的呈现方式保持开放而言，都带有主体个人性的特征。考虑一种我们所熟知的情况，这些表演的操作手册自己 (instructions themselves) 知道这种呈现。这就像音乐中的即兴表演，不论音乐还是电影中那些被即兴发挥引领的情况。

这些例子可能看起来显而易见而又不常发生，但它们标示出了一个显然属于主体个人性的区域。在我的自传性的记述中有这样的一个场景。当我在单簧管课上照着纸上的音符演奏时，我的老师冲我喊道："就像你感受到音乐那样唱……演奏出来。"这一轶事尽管琐碎，但展现出技术精确性与感受性之间持久争执的一面，而这种争执又是必要和首要的。在这个意义上，法律就是乐谱和剧本的对应物。

都可以看成构成规则和客观真实的实体。

同样，我们也可以对剧本这样做，我们可以拿起它，打开它。我们可以看到剧本上的文字，称这就是剧本。但在每一种情况中，我们能意识到，从一种模式转移到另一种模式时都有明确的指示——对音乐家的指示，对电影演员的指示。这允许角色具有一些主观性质。例如，在音乐中提供着像"按照你觉得应该演奏的方式演奏"这样的指示。

在音乐和电影中，我们都谈到了对音乐家或演员即兴创作的指示。在这些情况下，没有具体措辞或指导。它被交给音乐家和演员，让他们用自己的感觉来填充和灌输接下来的内容。我强调他们的主体发展，即自己对事情应该是怎样的感觉。

让我们移到下一个屏幕【见幻灯片三】。

幻灯片三

1.“醉酒驾驶”

（a）如果某人醉酒后在公共场所驾驶机动车，则构成犯罪。

（b）除了第 (c)、(d) 条以及第 49.09 节的规定外，本节所述的犯罪属于 B 类轻罪，最短监禁期限为 72 小时。

（c）如果在本节所述的犯罪审判中表明，在犯罪发生时，机动车驾驶人的最近所有物中有已被打开的盛有酒精的容器，则该案件为 B 级轻罪，最短监禁期限为 6 天。

（d）如果在本节所述的犯罪审判中表明，对某人的血液、呼吸或尿液进行的分析表明，在进行该分析时酒精浓度为 0.15 或更高，则该犯罪为 A 类轻罪。

（《得克萨斯州刑法典》第 49.04 节“醉酒驾驶”，2009）

2. 音乐节选

贝多芬《第五交响曲》

3. 电影剧本《卡萨布兰卡》

瑞克：“世上有那么多的城镇，城镇里有那么多的酒馆，而她却走进了我的。”

在这里，我提供了三个例子，我们可以称之为法律、音乐和电影的客观现实。第一个例子是一个醉酒驾驶的法律声明。我们有一个客观的陈述说明了该法律的确切要素是什么。在下一个案例中，有五小节的音乐，它们来自贝多芬《第五交响曲》。这也是一个客观的现实。最后是来自电影《卡萨布兰卡》的一句台词。我们可以把它理解为电影客观层面的一个组成部分。我想说的是，当我把它更具体地带到法律上时，在每一种情况下，当演员表演剧本中的客观部分时，当音乐家演奏乐谱中客观的音符时，当公民做他认为是遵守法律的事时，这些都是主体个人性的范畴。

让我稍微详细地介绍一下第一个例子中的（d）条，把它应用于法律并对所有这些活动得出一个结论。就法律而言，我们有许多不同层面遵守法律的现象。比如有一位公民对法律法规有大致了解且遵纪守法，但他实际上对法律的细节知之甚少，如不了解酒驾限制的酒精浓度比例，尽管如此，他还是接受了规范性建议，避免酒后驾驶。再比如有另一位公民，他对法律的理解更加精细，那么这个人可能会引用法律所规定的摄入酒精浓度的百分比（即需要有多少酒精才算醉酒）。

同样，你也可以发现人们对法律的细节有着越来越精确的认识，包括那些将法律应用于法院审理的特定案件的法官。所以，这些高度可变的规则引导着公民接触法律，这相当于法律的主观组成部分。

最后我想说的是，电影、音乐、法学或法律等现象需要主观与客观的结合。如果这个说法与其他嘉宾一致，那就更能说明这种分析的价值，并给出了“它是可”的答案。非常感谢。

朱锐

Thank you, Professor Luizzi.

Luizzi 教授从一个法官同时也是一个法学教授的角度，跟大家讨论了法的主体性跟法的公正性之间的冲突。因为作为一个规则、规范，法首先是 norm，它的对象是人。从理论上来说，法只承认人的共性，而否认人的个性、特殊性，因为这是法维持客观公正的基本要求之一。

但是 Luizzi 教授强调法实际上就像音乐、电影以及其他人类活动一样，都有不可避免的主体的方面。他认为公民和法官都会通过各种各样的方式对法律进行理解，不断地规定或修缮，以及完善自己的行为。他把这叫作 rule-guided compliance。通过规则来指引遵纪守法的行为，他认为这是法律很重要的一面。

这就是 Luizzi 教授所讲的基本框架，至少我个人认为教授的基本意思是，法律的公正性需要承认也应该承认公民在遵纪守法时所表现出来的主体性及个体性。大家有没有什么问题？我可以帮忙翻译一下。

杨超

Vincent 先生刚才给了我一个很大的启发，我发现自己漏掉了电影方面的一个关键的主体性。我自己刚才其实是完全站在导演、作者的角度来阐述的，而没有站在演员的角度也就是真正个人的角度去说。

刚才 Vincent 提到的一个点特别有趣——法律相对于个人，就类似于剧本相对于演员。导演对剧本的完整性理解，这种解释权在剧组中就类似于法律，这确实是真的。我一直把导演当作一个需要去建构的主体。但是反过来讲，在从事一项艺术工作时，刚才 Vincent 教授讲了，乐团里面的乐手被迫要求按照乐谱去演奏，但是指挥却要求像他所感知的那样去演奏。这个时候，其实指挥需要要求乐手拿出一点个人的主体性来，而不要完全当作一个系统的一部分。

其实这也是导演向演员要求的，这点可能在电影中更容易被大家注意到，我们会注意到有些演员确实比别的演员演得更好。什么叫演得更好？就是更有某种不可替代的主体性，更能够完成刚才我说的不可能完成的第一感。我们不得不承认有一些演员就是要好得多，他能够在一个看起来像法律文本一样完整客观的剧本要求中，给出属于他个人的、本质性的、独特性的演绎。

比如说我最喜欢的"凤凰男"，就是"小丑"的扮演者杰昆（Joaquin Phoenix），我认为他是地球上体会中年男人的孤独和忧郁最深的一个演员。比如说我们国内的演员张译、任素汐，他们在镜头前给出的那种魅力，可能就是因为他们持续性地在不同剧本的限制下，表现出了剧本之外的某些个人的东西、一贯的东西，也就是演员真正的主体性。那么既能够表现出个人的主体性，又能够满足剧本，这就是我们刚才说的完全客观的法律和个人的一种结合，我想最好的电影可能就是这种结合。

Vincent Luizzi

谢谢杨导。我刚才在谈话中可能过于强调演员的能动性，也就是说演员能够通过剧本的一些标签或符号找到自己的个人感受。我认为实际上导演在这个方面是非常重要的，导演可以强调，可以指导演员。比如像费里尼（Federico Fellini）作为导演，非常强调演员的声音应该是什么样的。他有时候会干涉甚至把演员的声音抹掉，然后加上自己认为应该呈现的声音。也就是说，导演和演员都在积极地通过主体性感知、个人感知的建构来创造一个角色，而不仅仅是靠演员本人在剧本里找灵感，然后把自己的主体性创造出来。

我非常同意您的分析和看法。

邓文初

可以提个问题吗？正好因为我在法大，我对法官审理案件，尤其是在审理案件过程中的主观性一直很关注。我的问题是，现在有些地方法院采用计算机进行审理，而计算机审理的一个主要目的就是尽量避免在审理过程中出现由法官的主观性所导致的问题，甚至可以说是为了把法官的主体性抹去。这样的一种审理，在某些人看来可能是一种更为客观、更为公平的审理方法。我想问一下 Vincent 先生对这个问题的看法。谢谢。

Vincent Luizzi

首先我的第一个立场是，我对这种寻求自动化审判的模式非常感兴趣。我刚刚参加过一个国际会议，国际上也在讨论是否能够通过电脑程序来审理案件，我认为这肯定是可行的。

因为法分为两种模式，其中一种是演绎，即当存在规则做了明确规定，不留给法官在判决时有任何价值或者个人的主体性空间，这种情况下就完全可以采用这种自动化的、演绎的模式去完成法庭的判决。比如在美国，立一个遗嘱，要求有两个证人在场，但如果只有一个证人出庭，那么这个遗嘱在法律上是无效的。这种情况跟法官的个人偏好没任何关系，这就是自动的、演绎的模式。

但是法还有另外一种处理模式，就是归纳。而在归纳推理模式里面，比如法官在设立保释金的时候，会考虑到各种各样的综合性因素，并且为每个因素赋一个值。这个值可能是法官自己的观点，可能是他的价值判断，但这些都是合理的。比如说在考虑保释金的时候，第一个会考虑到罪犯被指控的犯罪行为的严重性；第二个就是被告跟社会的关系如何，如跟家庭的关系、跟社会团体的联系。还有被告在法官面前的行为也会影响到法官的一些判断，包括被告的历史（信用）记录，如这个人是否诚实、是否犯过偷盗窃罪及伪证罪，这些都会影响到保释金的金额是多少。

美国法官在考虑这些因素时，会主动带入一些个人的判断和偏见，来决定这些东西。只要这些是法律所允许的。在某种意义上，那尽管是偏见，但又不是随意的偏见。法律毕竟是一个社群的法律，（被告）这个人依然是社群的成员之一，所以法官有这个能力、也有权力把被告当作社群的一部分。所以在归纳模式下，这些主体性的、个人的因素是无法避免的。

总之，我认为这种自动化的审判模式是可行的，而且我想知道这种自动化的模式能否进入归纳模式。我觉得我们不应该关闭这种空间，因为如何从演绎模式进入归纳模式，在理论上和实践上都有一个值得尝试的空间。

袁园

接下来我们有请梁大南老师从音乐的角度来谈谈。相比于其他的艺术形式，音乐可能跟主体性的关系更亲近。在卢梭和他的浪漫主义追随者看来，音乐表达的及时性和现代主体的自我意识、主体的内在性都紧密地联合一起。我想问梁老师，您可否从音乐的角度来谈音乐到底体现的是谁的主体性，这种主体性又是如何通过音乐这种形式被表达出来的？

梁大南

刚才听了杨导还有 Vincent 的讲话，特别有收获。我觉得在音乐这个领域，主体性的理念存在很多范畴。比如刚才杨导所介绍的电影，我认为电影中导演是最关键的，他可以通过主体性的概念告诉演员，之后每一个演员都是在导演主体性的理念里面去完成他的作品，所以说每一个导演的风格效果都是不一样的。而法律也是这样的。法律有法规，它通过律师、通过法官呈现。可最后也有主体性因素在里面，因为主体性的个人偏差，决定了每个人都是不同的。那么音乐也是这样，我觉得个人的主体性决定了音乐的发展、音乐的走向、音乐的风格。

要说电影有剧本，法律有法规，那么音乐就有乐谱。那是在纸上固定的一个模式。怎样去让主体性变得更贴切于原生态，怎样更像其原始风格，这都是通过我们音乐的演奏家在二度创作中完成的。

这让我想起了伟大的作曲家约翰·塞巴斯蒂安·巴赫。他写了很多的音乐作品，但对人类来说，他最大的贡献就是整理编写了十二平均律，也就是我们平时说的 do（哆）、re（来）、mi（咪）、fa（发）、sol（唆）、la（拉）、si（西），再加上中间的半音，总共十二个。但十二平均律，并不是巴赫发现的，而是我们中国明代的朱载堉【见图 4】。他用数学公式算出了波段，得到了十二平均律。所以在巴赫整理之前，300 多年来，我们的音乐基本上是按十二平均律来完成演奏、创作的，而钢琴的排列和制定也都是按十二平均律进行的。

但我们完全靠十二平均律来完成音乐和完成音乐创作是不够的。这得谈到我们今天的主题——主体性这种理念。每一个作曲家在创作作品时都是主体的创作，比方说音乐得有一个主题，而它的每一个标题都代表着一个主题。巴赫本身是管风琴演奏者，当时可能更多是为教会写一些宗教性的音乐，所以他创作了很多赞美上帝的曲子和一些弥撒曲。我们后人同样还是追随着巴赫当时的风格，这种风格实际上也是一种主体性的概念。现在我们对巴赫的理解可能适合几百年前，但我们怎么把他

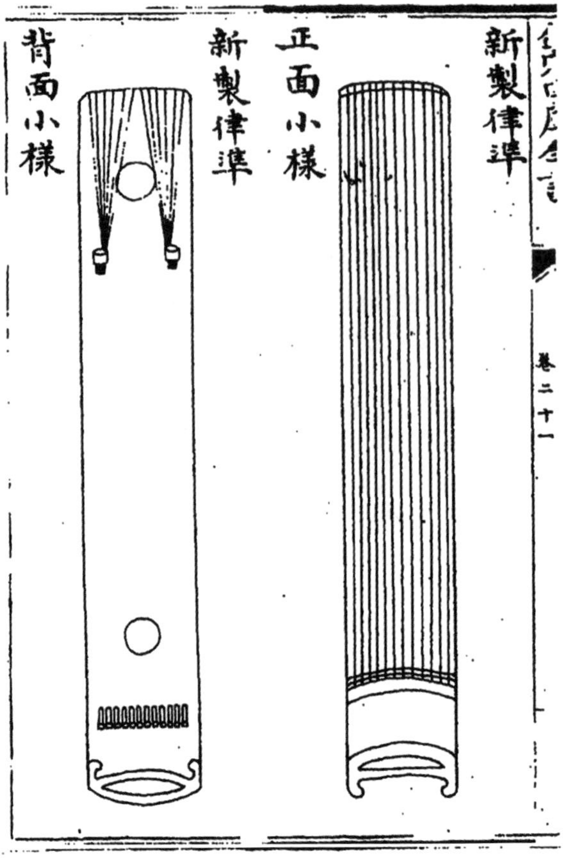

图 4　朱载堉《乐律全书》中的“弦准”配图

朱载堉是朱元璋的九世孙。12 岁时，其父郑王朱厚烷因劝谏嘉靖帝不要沉迷于修仙而被软禁。朱载堉“痛父非罪见系，筑土室宫门外，席藁独处者十九年”，住在宫门口非暴力抗议 19 年，要求把父亲放出来。在简陋的小土屋里，朱载堉一边等待父亲平反，一边潜心向学，并逐渐跳出传统的儒家学问，开始研究明朝不重视的一些“边缘学科”。

父王去世后，朱载堉 15 年以七书向万历皇帝请辞王爷爵位，过起被富豪朋友瞧不起的朴素学者生活，一生在音乐、乐律、乐器、舞蹈、绘画、诗歌等艺术方面，以及数学、物理、天文历法和计量学等自然科学方面成绩斐然。他用自制的 81 位大算盘开出 2 的 12 次方根，完成了十二平均律的复杂演算，从而驰名中外，被称为“东方文艺复兴的圣人”。

的主体性概念表达得更为准确，却因人而异。不同文化的人、不同国家的人、不同时代的人对巴赫的理解是不同的，也许我们中国人的理解可能离得更远一些。

比如说，我拉小提琴可能拉《梁祝》更得心应手，但是演奏巴赫却需要一种超越，需要更多地去了解当时的巴赫，了解当时巴洛克时期的文化。尽管我不了解哲学，但从巴赫的音乐中，我看到了它的逻辑性和哲理性，还有他个人的理念。我觉得正是这种理念决定了巴赫的音乐风格可以一直留存。所以，我们学音乐的弹钢琴、拉小提琴，是必须要掌握这些的，必须终身学习，且学无止境。

对于巴赫的音乐，我想每个人对其主体性的理解，都可能会导致作品呈现不同的效果。从我小时候学琴知道巴赫、演奏巴赫一直到今天，在不同的阶段对巴赫、对音乐会有不同的认知。而这种认知可能也是通过积累学习、演奏而形成的，就像 Vincent 提到的乐队指挥和乐队队员之间的交流。

因为我也是乐队首席，而乐队是一种多人的群体艺术。那就像杨导一样，指挥也是一个人把自己的主体性的理念告诉整个乐团。而乐团会通过指挥的指挥棒读懂指挥的要求，来把整体的风格和音乐结合在一起，展现出一种完整的音响效果。所以，主导思想和主体性显得尤为重要。指挥、导演、法官这些人都决定了最终呈现出的结果。这是我个人肤浅的一些了解，谢谢。

袁园

好，谢谢梁老师。我先提一个问题。您作为演奏者的主体性是体现在您跟其他演奏者对乐谱的表现和演绎的差异上。但我只是一个听众，我听到这个音乐并不能够体现我的主体性，因为别人也听到了我所听到的。从听众的角度而言，我的主体性是怎样在听的活动中得到体现的？

梁大南

我觉得没有必要要求一个人在听音乐的时候必须听到他的主体性。我觉得音乐就是一种感悟，让你的心灵得到净化。所以你可以听到音乐的美好，听到音乐的忧伤，听到音乐的呐喊。而有很多的音乐可能是有标题的，这样就容易把我们带入主体。比如说贝多芬的《命运交响曲》，我们上来听到的是"邦邦邦邦"——命运在敲门。这种主体性是一种主导，我们能够直接从它的音响上面感受到。还有一些 G 大调，我们可能就不知道它写的是什么内容。我相信只要我们感受到音乐对心灵的抚慰，感受到音乐所寄予的美好的愿望，这就是一种主体性，且每个人是不同的。

杨超

如何找到自己的主体性，这个问题让我很有启发。在我听音乐的历程中，我有一个感觉，最近的音乐，比如说后摇或者更近的氛围音乐，尤其是后摇，它有一种明显的包围感和陪伴感。我在听后摇的时候，就特别容易找到自己的主体性。我感觉音乐好像是为我而存在，铺垫着我的某种内在情绪或者是感知意志。它有一种世界感。而之前的古典音乐及其那些大师的作品却相反。你很难产生那种环绕和陪伴感。因为它本身的结构和信息量太大了，你有一种不由自主想去理解它、解读它、认知它的冲动。而你一旦这么做，你自己的主体性其实就变成了一种学习，成了一种仰望状态。这是我在听最近的音乐（尤其是新的流行音乐和古典音乐之间）时一个明显不同的感受。我不知道这是不是因为音乐的发展使得音乐本身的主体性让位给听众的主体性，我不知道有没有这么一种趋势。

梁大南

后摇作为时代的一个产物，尤其是通过刺激性的音响，深受年轻人喜爱。古典音乐，它是一个经典，为什么？因为它的思想性，它对人的帮助、对人的心灵的抚慰，可能会更重要一些。

古典音乐距今可能已经三四百年了，到现在发展出了现代音乐、先锋音乐如摇滚等各种流派。但我相信，不同的音乐在不同的时期和不同的作用下会产生不同的概念。比如说电影音乐，它基于剧情、基于场景，是为了烘托影视气氛和丰富影视内容而创作的。而摇滚释放着年轻人的热情。毕竟，在不同的场合，人们（尤其现代人）需要这种释放。但回归到古典音乐，回归到音乐厅，有很多人又需要找到宁静，找到思索，要给自己留下思考的空间，所以这个差别可能是个人主体性的不同导致的。

邓文初

我想向两位艺术家请教一些问题，因为今天谈的艺术里面缺乏一个门类——文学。我记得文学里有一个说法叫“作品出场，作者退场”。今天两位艺术家谈到了艺术家的主体性，或者作品的主体性，以及观众的主体性。但我更多地想表达的观点是，一部优秀的能流传下去的作品，往往在出来之后就会获得自己的独立性，且往往在这个过程中，不管是创作者、电影摄影还是导演，在作品里边都会消失。在读一部好的作品时，我会被作品本身的情节和人物吸引，忘记作者是谁。这有点像我们的历史，在历史中，真正的历史人物是消失了的，在历史大海中留下的往往是文学形象。

我想请问两位，我们在强调作家的主体性时，作品本身的独立性该如何获取？或者说作品有没有一种可能性——它能够自我表达，甚至引导作家、控制作家，让作家成为自己表达的工具？两个艺术家对此是否有所体验，我们又该如何去解释它？谢谢。

杨超

从我的体验来看，我觉得不太可能出现作品脱离作者掌控的情况。

或者说，我认为只有作者完整发挥自己的主体性之后，作品才可能具有存在的价值。如果这种存在在时间长河中形成了逐代积累的影响力，那我们可能会产生一种错觉，好像它已经活过来了。几百年前的作家已经离开人间，仿佛是作品在替代他活在人世间一样。但这并不能说明它具有主体性。哪怕在时间维度存在了上百年，它也是一个客体。所以我感觉作品很难超脱作者自己创造自己，或者离开作者的掌控。

但我知道这个说法的由来是什么——创作者有时会有一种入迷的、癫狂的状态，突然之间就不按剧本来，不按曲谱来，仿佛是即兴的鬼使神差的创造，像是作品自己完成了自己似的。但对这种即兴，我一直以来都是不满意的，我认为所有的即兴，都不如理性计算之后得到的结果。凡·高也说过这样的话，他说：你看着我仿佛是发了疯一样一挥而就，但你并不知道我在那之前做出了多少次精密的计算。事实上，我认为这一切都是作者主体性建构的结果。

虽然它有时候看起来浑然天成，但这背后恰恰是艰苦的计算。那种癫狂的创作，就算有的时候很好，我们觉得很美，但我们可以反过来问一句：如果作者不采取即兴的方式，他经过多次修改，那会更好，还是更不好呢？我的感觉是会更好。所以我不太认为作者的作品能够脱离作者，具备自己的主体性。

梁大南

我同意杨导说的，在音乐里，有很多即兴。在巴赫的很多作品里面，包括小提琴的无伴奏奏鸣曲，有很多东西都是在键盘上随着节奏就流淌出来了。但是之后出来的谱子是经过计算，经过严格归纳的，而非随意得来的。它都是非常有逻辑性、非常规整的。

刚才说到，如果只看到了作品，忘掉了作家，那么从音乐角度来讲，我觉得是有可能的。比如经常听一首歌，可能我们并不知道它是谁写的，但这个旋律会触动你，且无论你听过多少次，我们最后也只是记住了这个旋律，而不知道作者是谁。这种情况经常会出现。但我觉得无伤大雅，只要美妙的旋律能够记在心里，这就是成功。谢谢。

袁园

对刚才杨超导演的观点，我有异议，但是我们可以之后再讨论。

接下来我们有请蔡恒进老师，从计算机和人工智能的角度来谈主体性建构。之前埃隆·马斯克在前两年说到，人工智能的比例在快速增加，可能到最后人类的智力只占整个世界智力的很小一部分。社会公众现在对于人工智能要么是怀着恐惧，要么是怀着极大热情去期待。作为人工智能的专家，您觉得机器可能具有主体性吗？如果有的话，您觉得那是什么样的主体性？是情感的还是理性的，还是完全超出我们人类现在对主体性的理解，呈现出一种我们根本都不知道的主体性？另外对于可能到来的奇点，人工智能的主体性会是奇点吗？

蔡恒进

首先我们可以从两个方面来理解主体性。一方面就是说像杨导讲的，我们创造的角色是否会被人认可，或者带来一个新的世界。从这一点来看，我相信机器会做得越来越好，而且它会比电影、音乐、小说拥有更多的细节，且存在与人实时的交互——它可以根据人的反应，马上做出相应的改变。所以从这点来说，它会创造出让每个听众都能感觉到的、一个可信的新世界。

另一方面可能是大家更关心的：机器本身会不会就有主体性？它是否会像人或者超过人那样进行思考？这点在业界是有争议的，意见甚至是两极的。但是我相信"机器会具备主体性"这点是毫无疑问的。就像大家对艺术的理解那样——世界是非常复杂的。

虽然我们现在看到的机器很机械，只会按照程序进行，似乎是没有个体性的。在早期的符号主义时，它的确是按照程序规规矩矩地运作的。但是问题在于，自从有了深度学习，我们让机器模仿人脑的神经网络，就使得它能通过对新数据的学习，表现出不同的侧面。比如说 AlphaGo，它每一盘棋下得都很不一样，它可以根据对手的不同下出不同的棋局，甚至是跟自己博弈，也能下出变幻无穷的、各各不同的棋局。

从这个意义上来讲，它会有主体性，会有独特性。而在理性方面，我们可能都会承认机器有理性，尽管它的理性可能还不是很多人理解的那种超越性的理性。至于情感，这方面会有很多争议，毕竟机器并不能像人一样，它的眼耳鼻舌身意是不一样的。情感是我们人赋予它的，不是它自身感受的，所以它的情感不是内禀的。但是我相信机器也可以产生自己内禀的某些情感。因为它具有强大的学习能力，它可以继承人的某些情感特性，可以表现得真实。当它达到从外面看不出与人的区别时，我们就可以承认它可以继承人的情感。

更进一步，未来机器很可能需要学习某些个体的历史经验，它更多地会继承某一个人的历史与经历。这是我今天讲的观点。尽管这在业界也是有争论的。那这背后该怎么理解？这里头有一个我提出的重要的概念，叫认知坎陷。

作家也好，艺术家也好，在我看来，他们创造的东西实际上是在创造一个认知坎陷。那么这个认知坎陷，跟我们尝到甜酸苦辣的味觉，或者我们眼睛看到红黄蓝的颜色，甚至是提出“吃瓜群众”的概念，都是同一个级别的，在结构上是同构的。这种创造非常有生命力，且一旦创造出来，它可以被传递，也可以去超越（不仅超越空间，也可以超越时间）。而在这背后，包括哲学宗教的创造，在我看来都是对认知坎陷的创造，或者是对它的改善。那从这个意义上来讲，人文和科学没有截然的区分。虽然看起来，人文的东西更多涉及主体性，而科学的东西更靠近客观那一头。当然我们现在已经有人在尝试做这种具有主体性的机器。这背后基于两种意识的理论，一种是叫全局工作空间理论【见图 5】，另外一种叫信息整合理论。在美国有一个图灵奖得主 Manuel Blum，他在基于全局工作空间

图 5 《头脑特工队》中走神的爸爸的意识总控室

> “全局工作空间”是一个假设的意识模型。这个“工作空间”有点像《头脑特工队》里的总控室，我们神经系统的大多数进程并不会进入“总控室”的处理范围，比如阿基米德泡澡的时候主观可能是放空的，却突然想明白了王冠问题，这是因为“王冠工作组”一直在无意识的“后台”运作。只有总控室里发生的事情才成为我们的意识内容。

理论做有意识的机器人，并将其命名为有意识的图灵机、有意识的人工智能。当然他没有把信息整合里的内容放进去，而我们是试图把这一部分也放进去来进行。

另外我还想强调一点，就是这样的做法是否会带来很大的风险。像刚才主持人提的，计算机会不会在各方面都超过个人？我相信这是可以预期的，它在很多方面都会超过人。比如一些对话机器人，它已经能够替代客服做一些功能对话了。还有写诗的机器人，也能写出不错的诗句，可能它们看起来还不够完美，但它可能已经超过 50% 的人了。因为很多人压根都不会写诗。那通过未来的进化——这个进步速度还是非常快的——有一天机器写的诗的水准超过 90% 乃至 99% 的人，这都是可以预期的。

考虑到机器的进化速度，之前的芯片功能是遵循摩尔定律的，每隔一年半功能加倍。但是我们现在的人工智能的系统，从 AlphaGo 到

AlphaFold、GPT-3，它们的算力实际上是一年翻 10 倍，就是说明年可能还会比今年强 10 倍。这个进化速度的提升是非常之快的，甚至超乎业内很多人的想象。

现在的 GPT-3 有 1700 亿的参数。而我们复杂的人脑大约有 1000 亿个神经元，它们彼此交流，可以看成是 100 万亿个参数。现在的 GPT-3 也只差了 3 个量级。那按照现在的速度来算，只需要 3 年就能达到 100 万亿（每年 10 倍）。可它后面仍然是 10×10 地乘上去，所以进化速度是非常快的。尽管我们现在看到的机器运行得到的对话，细节还不够丰满，但随着算力的提升、数据的增加，这样的差距就会慢慢被抹平。

现在的机器，不仅仅在游戏方面彻底地超过人——毕竟几乎所有的游戏，人都玩不过机器——此外在科研方面，它们也已经开始超过人。比如说蛋白质折叠，我们人类最好的科学家花了 50 年一点一点积累，而 AlphaFold 花了短短几年就把蛋白质的折叠情况预测出来了，这已远远超过人的预测能力了，达到几乎实用的水平。所以我们可以看到，人工智能的进化速度是如此之快。

可能大家还会有疑问，毕竟人工智能还是人创造的，而我们人拥有我们几乎无法定义的东西，比如说孔子就讲“三军可夺帅也，匹夫不可夺志也”，孟子讲“吾善养吾浩然之气”，像这些抽象的东西，的确是我们人类进化以来建构的最上层的东西。但机器也会一点一点来实现这些。在我看来，这背后最根本的一个动力就在于认知坎陷。它们一开始通过比较低层的认知坎陷来建构，再慢慢跳脱出来，建构更抽象的认知坎陷。

那它会不会彻底超越人呢？在这一点上，我是不相信它们会彻底超越人的。所以我们还用不着像马斯克这些企业家或者像霍金这些学者那样去担心——我们人的价值完全被机器所取代。差别就在于像哲学家或者宗教家提到的这些最上层的认知坎陷或者认知理念。这些东西是未来机器必须向人学习、必须继承的，这样才有可能是一个好的世界图景。假如我们完全按照符号主义，认为这个世界上有独一无二的、最理想化的理念存在，像是西方从柏拉图开始到爱因斯坦相信的物理还原主义（相信有一个基本的统一方程），再到图灵（在图灵机的意义上，我们这个世界就是一个大的图灵机，人也是一个图灵机），沿着这条思路的话，我们人类的确是没有未来的，甚至没有独特的存在意义。可实际没有那么简单。

要做出真正具有主体性的机器的话，我们必须翻越三座大山——从柏拉图到爱因斯坦到图灵。这里的核心还是我们面临的世界非常复杂。即使是从物理上讲，经典世界是不能完全用量子世界来还原的，我们的精神世界也是不能用物理世界来还原的。这里存在不同层次的跳跃和 gap。正因如此，我们已经创造出来的这些东西就已经具有了本体论的意义，而且应该不会被抹掉。谢谢。

袁园

好，谢谢蔡老师。

我们先请下一位邓文初老师讲，然后再开始自由交流。邓老师，请您从历史学的角度，尤其是从如今复杂多变的历史语境出发，谈一下主体性建构在中国历史进程当中的矛盾，以及主体性结构所面临的历史制约。有请邓老师。

邓文初

这确实是个很大的问题，刚才听了各位专家的报告，我也感受颇深。我想用更有张力的概念来表达。在历史发展的过程中存在着一个明显特征：作者作为一个主体，其主体性会被机械化地消耗掉，而他们创造的作品反而逐渐获得了这种主体性。历史学比较清晰的发展脉络似乎是在这样的过程中形成的。

关于刚才蔡老师的报告，我想提一个问题：技术科学家们在智能机器人方面的研究过程中有没有“刹车”？

我们知道，柏拉图认为智力的发展过程是没有“刹车”的，我认为技术的发展可能也没有这种“刹车”。其实我也研究过一个问题：技术的发展究竟是自我生长，还是人类所赋予的一种生长？也就是说，技术的生长究竟是一个客体化的过程，还是一个主体化的过程？当然这就涉及今天大家在讨论主体性建构时都没有触及的一个问题：究竟何谓主体性？

主体性的建构，我们的海报采用了空白的方框来表达，也就意味着“主体性究竟是什么，建构过程究竟如何”这些问题其实都是不明晰的。比如，作品的主体性、机器的主体性或者人的主体性究竟是什么？这些问题是我们这个具有可操作性的平台用来作为对话的基础。一般我会把主体性理解为一个自我立法者。展开的话，它可能还涉及自我赋权、自我决断、自我复制、自我保存、自我认知等体现自由意志的内容。假如把这些内容清理出来，我们就可以想象或者判断机器到底有没有获得主体性：是人给予了它一种主体性幻觉，也就是说，机器只是人的一个工具、一件客观的作品，还是机器真的获得了主体性？

讨论这个问题，首先要对“主体性”进行界定。从我对历史大趋势的观察来看，人的主体性，比如说人的自由意志、人的自我立法，似乎慢慢地在被人自身根除。刚才提问的时候，我提到用人工智能审案的过程。法庭的审理应该是跟人的主体性直接相关的，跟法官的自由裁量、价值判断、情感依附、社会性考量等都是直接相关的。应该说它是一个具有价值性判断的、具有主体性的审理。

事实上，刚才 Vincent 先生也谈到，无论是中国还是西方都在探讨一个问题，即尽量摆脱法官的主体性或主观性，然后让机器能够替代人。这个过程其实就意味着根除人的主体性——从事这项工作的人会被替代。这项转变为机器从事的工作跟机器获得主体性、获得自我立法权平行出现。

所以这就导致了主持人谈到的一个问题——这会导致人类陷入能力和道德的困境，产生一种恐怖感：作为人的存在价值究竟何在？当机器完全智能化的时候，它跟人的区别何在？假如机器与人没有区别甚至还超越人，那么人存在的意义何在？人的位置又在哪里？

尽管我们对机器的恐惧看似是一个现代性的话题，但其实这样一种所谓现代性的恐惧，在我所研究的历史里，很早以前就存在了。

比如，我读《庄子》时就发现，在庄子时代就已经对这个问题有很深的思考。《庄子·大宗师》里谈到，“夫大块载我以形，劳我以生，佚我以老，息我以死。故善吾生者，乃所以善吾死也”。下面是怎么说的？他说：“今大冶铸金，金踊跃曰：‘我且必为镆铘！’大冶必以为不祥之金。”说的是一个金匠在制造一个机器——一个金属器皿，然后金属就很高兴地跳跃，说“我一定要成为一把镆铘剑”，铸造者就会认为这是一块不祥的金属。但是庄子之后就说：“今一犯人之形，而曰：‘人耳！人耳！’夫造化者必以为不祥之人。”一个即将铸成人形的金属，一个具有人形的东西说“我是人”，那么它这么喊、这么自我命名、自我认定自己是人的时候，造物主会觉得它是一个不祥之人。从《庄子》的这个故事中，我们可以看到，在庄子时代其实就已经对工具获得主体性有一种敏锐的警惕感。

在技术发展过程中，工具确实慢慢地被人赋予了主体性，虽然表面上它是人塑造的一个对象、一个客体，但是在这个过程中，它慢慢地获得了主体性，就像金属，它说“我要成为一把镆铘”。一个人对于“造化”而言，其实也有主体性，所以当人说“我要成为一个人”——我要获得主体性，那么都是不祥，都是妖孽。可见在庄子时代人们就已经这么思考问题了。

那么庄子对历史的判断是什么呢？——“自三代以下者，天下何其嚣嚣也。”什么意思呢？就是说世界本身就是一个物化的过程，世界就是人制造工具的过程，人制造工具不仅仅把自然物质工具化，同时也把人本身工具化。

其实《大宗师》提出这些问题时，就已经意识到了人类在制造工具的过程中，虽然表面上是对物的一种工具化、对象化，但是在这个过程中把自己也对象化了，这个过程是同时启动、紧密相关的。因此庄子在他的另一篇文章《天地》里，就提到一则关于桔槔的寓言。一位老农在种地，抱着一个瓮浇水灌地，孔子的学生子贡就说：您这么辛苦，用力甚多而功效甚少，不如试试用桔槔来浇灌，很方便。老农就很不高兴地说：我听说过桔槔这种东西，但是“有机械者必有机事，有机事者必有机心，机心存于胸中则纯白不备。纯白不备，则神生不定；神生不定者，道之所不载也。吾非不知，羞而不为也”。这位老农所讲的是一个什么道理呢？当我们把社会、把世界机器化，尤其是将一个机器由简单提升为复杂，比如电脑等智能化机械、蔡老师提到的图灵机，这个过程明显是一个进化的过程。而我认为这个过程是一个没有“刹车”的、不会停止的过程。在此过程中，人的“机心”，即人在发明机器、赋予机器主体性的过程中，自己也会被机械化、工具化、科技化。也就是说，人会丧失自己的主体性，会把自己的主体性转移到所制造的机器里去。

这里所谈及的主体性变化，其实就是人之主体性的消失与物之主体性的获得，或者说是作者之主体性的消失与作品之主体性的获得，这样一个过程。刚才我提及庄子时已经说得很明白了，三代以下何其嚣嚣，也就是说他其实把“三代以下”视作一个物化的过程。而物化的过程放在一些西方历史大家比如说韦伯的视角里看，或者是从我和大家现在的眼光来看，确实是个很清晰的过程。

我们今天谈及人的主体性，到现在都还未否定人的主体性会消失。我刚才也向两位艺术家提了这个问题：作品的出场是否可能意味着作者的退场？比如从韦伯的角度来说，当一个成熟的官僚制度（机器）出现，多少意味着作为主体的官僚本身将会消失，如同机器参与法庭审判一样。那么这个过程难道不是一种主体性的焦虑？

假如这是历史的一个必然过程，我们有没有考虑过如何去终止、扭转它，如何去重新维护人的主体性地位的存在？当然这也涉及究竟如何去重新定义人的主体性和机器的主体性的问题，也就是我们今天所谈的主体性建构的一个主要话题——究竟如何建构。我发现今天在场的各位嘉宾还未就这个问题做过探讨。谢谢。

袁园

好，谢谢邓文初老师提出了特别尖锐的哲学性思考。不过我们还没有谈及主体性是否专属于人。如果主体性不专属于人，那么当我们谈及作品的主体性、机器的主体性，这种主体性是物质性的吗？还是说可能是非物质性的？

再有，人的主体性是关于个体的还是关于主体之间的？刚才邓老师谈到要“刹车”，而我们是否已然处在机器的主体化过程当中，也就是说，机器不断地将其自身主体化，我们已经处在这样的历史进程当中了？邓老师所设想的“刹车”机制可能已经没法“刹”住，具有主体性的机器已经在不断运转，而我们甚至未曾发觉自身已经沦为机器主体化的工具，仍然在谈论人自身的主体化。

好，然后接下来是自由讨论时间，大家可以充分地去展开这些问题，我觉得邓老师完全打开了一个哲学思辨的视角。

杨超

袁老师、邓老师、蔡老师确实打开了一个有趣的话题。由于时间关系，我就直接问问题了。我们一直在强调超级智能诞生的可能性，所有电脑都在变得更强，最后它们可能干掉了 AlphaGo，干掉了最好的围棋手，在所有的层面上都比人类做得更好。

我担心的并不是它们有多强，我担心的是它们有多独特，担心它们产生自由意志。如果它们没能够产生自由意志，那我认为没有任何担心的必要。机器从来都比人强，哪怕在原始时代，一把镰刀、一块石头都比人手强，这不是问题。现在的人工智能不管是“干掉”了多少以往的 AI，还是做到了多少人类不能做到的事，我认为这些都不值得担忧。

我恰恰想问邓老师和蔡老师的是：现在的机器已经出现可能是自由意志的征兆了吗？我指的是那种像人一样的自由意志。这可以使机器变得更好，也可以变得更坏，非常独特。

我不知道一台电脑怎样和另外一台电脑区别开。刚才蔡老师的话让我脑洞大开，难道连接这些机器的线不是一样的吗？难道说用不同水库产生的电来运作，同一台机器就会不一样吗？发烧友圈子有一个经典的笑话：因为电不一样，所以听的声音也不一样。那机器的运作难道是这样的吗？

我完全没有意识到各台电脑之间有可能产生任何不同，我认为它们都是彼此复制的。如果它们没有不同，如果它们无法区分自己线材的不同、晶体的不同，如果它们不能感知到自己身上的一粒灰尘，感知到它们的生存环境的话，它们就永远没有自由意志，所以永远不值得担心。以上是我的观点。

朱锐

在蔡老师回答之前我想加一句，邓老师有一个假设我是不同意的。因为主体性的冲突一般是以建构主体性为前提，也就是说你的主体性不是对我的主体性的否定，而我的主体性恰恰是通过你或者别人，也包括我的宠物，甚至也包括未来的机器来建构的。就是说这种主体性的冲突不是主体性的消失，而恰恰是主体性的建构。

杨超

没错，是主体性的丰富。非常赞同。

蔡恒进

OK，我来回答一下。机器会不会有自由意志？我的答案是会有的。那么这里需要回到一个问题：人的自由意志实际上是怎么来的，低等生物有没有自由意志？对于这些我做了很多年的思考，我们也发了一系列的文章。这里我们用来解释意识起源的理论，叫作触觉大脑假说。

在思考人为什么产生自我意识时，我发现，虽然我们现在获取信息大部分靠视觉，但在自我意识的形成过程中，对于主体性的产生而言，触觉可能比视觉更重要（电影跟音乐的地位是不一样的，可能与这也很有关系）。我们曾经做过一个研究，发现音乐是比较容易达成共识的，而政治的、宗教的争论是非常难以达成共识的。这些通过互联网上的数据就可以看得很清楚。我现在的结论是，生命从一开始就带有自由意志。

我们通常认为，拥有足够的智能之后就会产生意识，有足够的意识之后就会产生自由意识。但实际上不是这样的，我们最早产生的是自我和外界的区分，也就是边界。有了这个以后才产生其他的意识片段或者叫认知坎陷。我们拥有智能，实际上是因为我们是有意识的。当我们要超乎自身的行为、超乎物理限定的方式时，即试图超乎限定时，才需要智能。

我们想象一下，上帝实际上是不需要智能的，因为他知道所有的东西。而物理世界本身也是自由的，它就是满足物理规律。比如石头掉在地上，然后慢慢地风化掉，这都是很自然的过程。然而我们作为生命不一样，我们试图增长，试图产生新的花样。那这里就有意识在起作用，所以需要智能来跟环境做斗争。

而我们作为生命，不仅仅是适应环境，也要有这种浩然之气，这些都是从物质中跳脱出来的，完全脱离了物理世界的限制。当我们试图维持这种浩然之气时，需要建构很多东西。我们要使用智能跟环境做沟通、做交流。这是我对自由意志问题的回答。

机器的话，不是说它发的电不一样，而是说它的经历可能不一样。可能我们目前看到的它们的经历都差不多，但实际上未来的经历会不一样。因为这个世界足够丰富、足够复杂，所以每个机器即使尽其所能，也会有不同的经历。这就跟我们人一样，每个人经历不一样，产生的主体性也是不一样的。当然我们人类的很多经历都是间接得到的，而机器也可以间接得到这些我们人已经拥有的经历。机器会去消化、去整合它们，然后产生统摄性的建构。

目前机器就是一台电脑，它的主程序实际已经有一点自我意识，但它的自我意识如此之弱，以至于对它内部的部件、子程序间的关系都没有形成统摄性。只要出点错，它就没法处理，不像人一样会绕过错误。机器现在没有主体性，但是我们相信未来它是会有的。比如现在的扫地机器人，快没电的时候，它知道自己去充电，这实现起来是非常容易的。但是在未来，它的轮子快坏了，它能不能去打个电话，就让人把轮子给换了？它能不能上网，就把它的存储器给更新了？这种做法是没有任何问题的。所以我相信未来机器也是会有自由意志的。

当然这很可怕。假如机器自由意志或者产生认知坎陷之后，好的认知坎陷一定对应于一个坏的（黑的一定对应于白的，认知坎陷在这个意义上没有什么好坏的区别）。但是问题在于人类没有办法停止这个过程。就像邓老师讲的，人的好奇心或者是自我肯定的需求，决定了人即使知道有危险也会去尝试。再加上商业的驱动，这都是没有办法停止的，我们只能冒险。毕竟，人生本来就是冒险。那实际在冒险过程中也会有人思考：既然可能会“翻车”，那么在这个过程中，我们应该怎样做才不会被“带到沟里”？

这里请大家关注一下，区块链技术可以看作是一个新的尝试。我相信，哪怕签了很多的合约说有好多事情都不能尝试，但这些限制都不会有用。真正有用的是什么？要让所有过程都尽可能透明，将我们所做的尝试让别人都知道。这样一旦我们走错了，可能还有更厉害的人能够纠正，那么未来可能会通过区块链技术来做到这些。

区块链可以看作一种超级智能，在这种超级智能里，我们人的智能或者人的主体性也会参与其中。当然，在每一个节点，不同的机器也会作为不同的角色参与其中，最终形成一个有机的整体。整体里头不同的子链就像人体各个器官，比如说心、肝、肺，它们的作用是不一样的，而区块链里不同的部分也有各自的功能。它们内部彼此也会有竞争，也会有配合，这就是我能想象到的未来的场景。

说到主体现象，邓老师谈到主体性是否会消失的问题，实际上我认为不会消失。刚才朱老师补充得也很好，就是有更多的变化、更多的可能性。因为我们的系统恰恰不都是用同样的信息灌输的。在有更多的物种参与游戏——这种变化发生的时候，我们要通过区块链技术，把大家连在一起，变成一个超级智能、一个超级社会。好，谢谢。

袁园

想请朱锐老师从神经美学和心灵哲学的角度来谈一谈：这个主体性有位置吗？有的话，对应的是什么样的位置？

朱锐

我完全同意刚才邓老师所说的，就是我们没有对主体性进行定义。原因有两个：一是不可定义；二是即使可以定义，由于定义的多样化，如果我们任意选择一个，反而更容易掉到坑里面去。

从神经科学的角度来说，我觉得主体性跟记忆是有直接关系的。这就涉及如何理解记忆，记忆是怎样形成的问题。主体性的建构，涉及神经元的一些神经传递值。在哪些方面，在哪些场合下，你可以记得这个东西？为什么能够回忆某一个细节？神经科学肯定记忆本身都是不同的，每次的回忆也是不同的，而这种记忆和回忆所表达的，必然与“我们是谁”“我们的个性如何”有密切联系。

所以尽管很难从哲学或者是数学的角度对主体性做一个严格的分析和概括。但主体性这个现实是不可否认的。包括刚才杨导所说的眼耳鼻身意等现象性的感知，或者蔡老师所说的机器的继承个性或其自我意识的建立还存在坎陷，我觉得这里存在一个很广阔的、让人兴奋的探讨空间。

我觉得 Luizzi 教授所说的归纳和演绎在法律方面上的进化，深化了我们对主体性的理解，以及帮助我们更好地调和客观公正与主体判断。我觉得这些东西都属于广阔、开放、激动人心的领域。

杨超

其实我特别想知道，在全球各地目前已经存在的超级电脑中，是不是已经出现了一些征兆——有一些核心服务器产生了某种自我意识，产生了对自我边界的认知？

我其实不太能理解马斯克那群人为什么有那么巨大的恐惧和担忧，我总怀疑他们对大众隐瞒了什么。他们可能观察到了，否则为什么这么恐惧。是不是真的存在某些超级电脑向他们呈现出了某种自我边界意识，或者某一个电脑特别希望延长自己的开机时间，不希望自己在网络中下线。深蓝电脑是否有可能向互联网发布一些特别奇怪的信息，扰乱我们集体的意识，使得我们特别愿意派出新的棋手跟它下棋呢？因为只要下棋，它就能继续感知自己的存在？它们这么做了吗？

蔡恒进

我试着回答一下，这里可以明确地讲，应该是没有的。但令他们如此恐惧的道理很简单，假如我们接受还原主义，认为每个人都是一个机器——无论多么复杂，我们都是由分子、原子组成的。尽管现在的电脑还没这么复杂，但只要电脑的进化速度快过人的进化速度，那么总有一天电脑会超过人。所以，我们要确保机器能够被人控制，人有能力去控制，这就是其中的逻辑，非常简单。

但如果试图从坑里找出一条路出来——实际上人的意识世界是超越时空的，像刚才朱老师讲的记忆、回忆，已经是超越时空的。比如说“梅子很酸”，只要讲这句话，我们嘴里可能就会冒口水。你仔细想想，这是件很神奇的事情，虽然我们通过声音（物理的媒介）就能隔空传递给你信息，但我并不需要接触你或者做其他的事情，你就会不自觉地分泌出口水来。

更深一步理解意识的话，实际上就是意识具有独立性，就像信息要

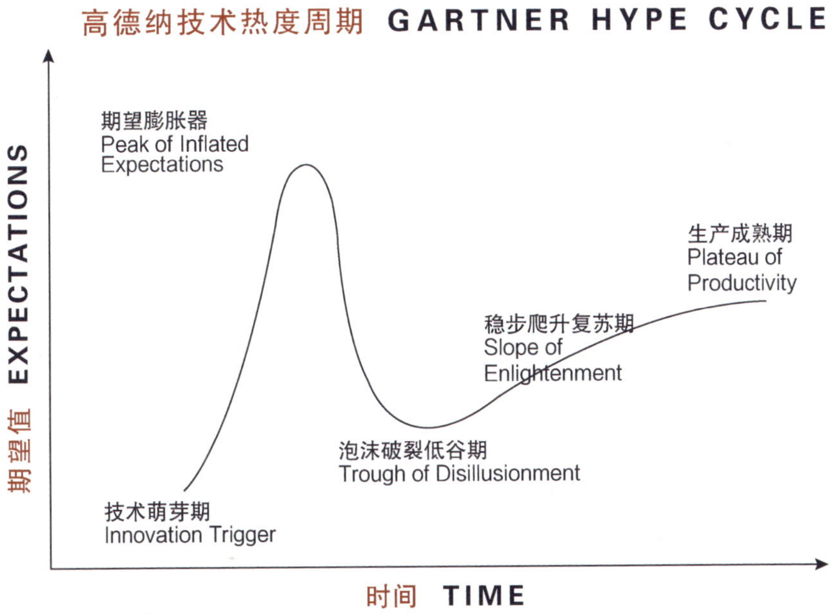

高德纳技术热度周期 GARTNER HYPE CYCLE
期望值 EXPECTATIONS
期望膨胀器
Peak of Inflated Expectations
生产成熟期
Plateau of Productivity
稳步爬升复苏期
Slope of Enlightenment
泡沫破裂低谷期
Trough of Disillusionment
技术萌芽期
Innovation Trigger
时间 TIME

图 6　高德纳技术热度周期

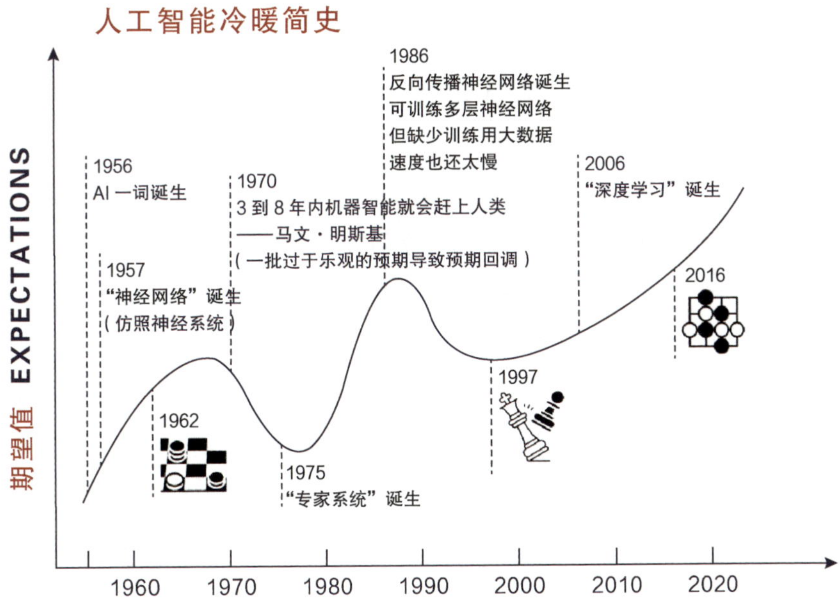

人工智能冷暖简史
期望值 EXPECTATIONS
1986
反向传播神经网络诞生
可训练多层神经网络
但缺少训练用大数据
速度也还太慢
1956
AI 一词诞生
1970
3 到 8 年内机器智能就会赶上人类
——马文・明斯基
（一批过于乐观的预期导致预期回调）
2006
“深度学习”诞生
1957
“神经网络”诞生
（仿照神经系统）
2016
1962
1997
1975
“专家系统”诞生
1960
1970
1980
1990
2000
2010
2020

图 7　人工智能冷暖简史

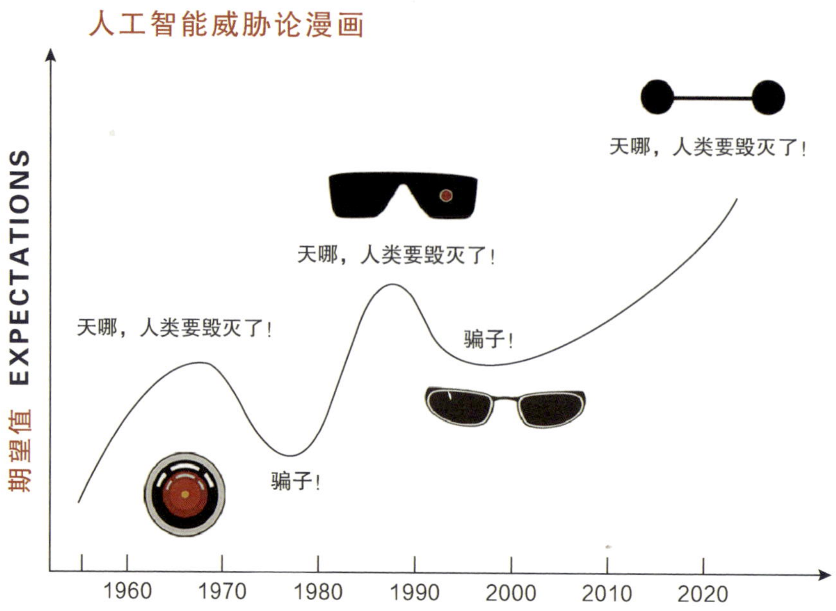

图 8　人工智能威胁论漫画

依赖于纸条或其他媒介。但是信息本身跟你的传播方式没有任何关系。我们的意识是通过主体创造的，但是创造出来之后是有一定的独立性的。这也就是邓老师讲的作者会不会被推出去的问题。

实际上，一个好的认知坎陷是非常有生命力的。就像李白、苏轼的诗词，它们横跨千年，无论年龄，一读就明白。这些都是超越时空的。从这个意义上来讲，世界是越来越丰富的，就是说在精神世界，我们有越来越多的认知坎陷被发现。当然这些认知坎陷和我们人的身体是有关系的，比如说甜、酸、苦、辣、香、麻。对于“麻”，我们中国人体会得更深，外国人一开始不知道麻是什么。这些是文化性、地域性的东西。所以，总体来讲，我们中国的文学、艺术、哲学特别丰富。而这些，包括记忆里的东西，实际上都是通过这些丰富的认知坎陷才被留下来。因为其他的噪声会被剥离，而认知坎陷能够在某种程度上达成共识。比如一幅凡・高的画，当初没多少人欣赏，但是现在很多人欣赏。这就说明他创造出来的这个意识片段或者认知坎陷慢慢地会传播开来，变得更有生命力。我想从这个角度来理解会更透彻。

我还想强调一下自我意识，在所有的认知坎陷中，自我意识是最根本的意识片段，其内容也是不断改变、不断被丰富的。好，谢谢。

袁园

谢谢蔡老师。然后杨导您说马斯克特别恐惧，我可以补充一个案例。在大概 10 年前的科学论坛上，有人提出一个思想实验，称未来将出现一个超级人工智能，会回溯性地惩罚那些所有知道它即将出现但阻挠它出现的人。马斯克是这个思想实验的粉丝，可能正因如此，他才会恐惧。

那么接下来还有一点点时间，有一个来自观众的问题是关于音乐的。梁老师谈到十二平均律在当代的音乐生活中似乎已经被边缘化，大家关注得更多的是流行音乐。我想通过您的演奏可以尝试去召唤古典音乐的主体性建构。有请梁老师来给我们演奏一段。

梁大南

好，我演奏一小段马斯涅的《沉思》。

袁园

谢谢，谢谢梁老师。

谢谢各位参与讨论的嘉宾。我们今天关于主体性建构的话题只能进行非常有限的讨论，暂时画上一个休止符。最后我想用艾略特的一句诗来作为结语，对于主体性的建构，可能我们永远都不能停止去探索："一切探索的终点都是我们再一次探索出发的起点，就像我们初次认识这个地方一样。"谢谢各位嘉宾，谢谢服务器艺术，谢谢人民大学。各位嘉宾再见。

记忆

Memory

袁园

独立纪录片导演　艺术家
当代艺术摄影批评人

朱锐

中国人民大学哲学院杰出学者、特聘教授

贾建军

中国人民解放军总医院（301 医院）老年医学研究所所长
主任医师　教授、博士生导师

宁肯

北京老舍文学院专业作家
老舍文学奖、鲁迅文学奖获得者

Daniel Schacter

哈佛大学心理系教授
记忆专家

Katja Vogt

哥伦比亚大学哲学系教授
规范认识论和伦理学专家

杨天明

中国科学院神经科学研究所高级研究员
动物认知神经机制研究专家

袁园

大家好！我是今天的主持人袁园，欢迎大家来到哲学与认知科学明德讲坛第 18 期暨服务器艺术人工智能哲学论坛第 6 期。

朱锐

大家好！我是朱锐，今天晚上我的主要任务是翻译。

袁园

今天我们探讨的内容是记忆，有幸邀请到文学、心理学、医学、哲学和神经科学的多位学者，从不同的领域来探讨记忆这个主题。那么接下来有请宁肯——北京老舍文学院专业作家，老舍文学奖、鲁迅文学奖获得者；Daniel Schacter——哈佛大学心理系教授，记忆专家；贾建军——中国人民解放军总医院（301 医院）老年医学研究所所长、主任医师，教授、博士生导师；Katja Vogt——哥伦比亚大学哲学系教授，规范认识论和伦理学专家；杨天明——中科院神经科学研究所高级研究员，动物认知神经机制研究专家。

记忆是自我认知的基础，但它同时也充满扭曲和各种不确定性。个人的记忆存在哪些典型的偏见和扭曲，背后又有怎样的机制？记忆到底有没有真假之辨？动物有记忆吗？关于记忆的各种技术，包括文字、数字媒体和图像技术，会不会从根本上削弱和改变我们个人对于记忆的认知？

我们先从宁肯老师开始。有一部日本的纪录片叫《全身小说家》，记录了日本小说家井上光晴生命的最后 5 年。他曾获得日本最高文学奖芥川奖的提名。影片前半段是小说家回忆自己的经历，后半段是他回忆的情景呈现和其他当事人的讲述，揭示出小说家所回忆的自身经历也是虚构的。

图 1　井上光晴

井上光晴的妹妹说，以前爸爸不在家的时候，他们会偷偷打开妈妈的画像卷轴来看。光晴一直期待与妈妈重逢，但当他最终有机会去拜访妈妈的时候，妈妈见到他却似乎并不高兴，而且妈妈已经跟后来的丈夫生了 3 个孩子。光晴回来后劝妹妹不要去见妈妈，因为想象中的妈妈更好。

我在您的虚构和非虚构小说写作当中都看到您说，“有故事才有记忆，有记忆才有自我意识”。所以我想问您：作为作家，自我是否意味着记忆和写作的双重虚构——在虚构的记忆中写作，在虚构的写作中挖掘记忆？有请宁肯老师。

宁肯

首先我想说，对于记忆这个主题我非常感兴趣。这样一个和每个人相关且可以深入讨论的主题，我觉得是非常有意义的。同时，记忆这个话题也引起了我的深入思考。

刚才主持人提到一个问题，作为一个作家，记忆和虚构之间的关系是怎样的？的确，对作家来讲，我觉得记忆和虚构有时候难以区分。而且这种难以区分带有主动性，而不是一种被动状态。有时候人的记忆可能是虚构的，但他不自知。好比事情可能并没有发生，但是出于洗脑、灌输、暗示等各种原因，他认为事情发生了，甚至把没有发生的事也当成自己的记忆。对于一个作家而言，记忆和虚构既有被动的、普通人的这一面，也有主动的一面。因为他从事虚构，就是要把记忆重构。没有重构就没有小说，甚至有时候重构的、虚构的记忆比记忆本身还要真实，这也恰恰是记忆主动性虚构存在的理由。

那么为什么有时候作家虚构的东西比真实事物还要真实？以我的个人体会来讲，人的记忆有时候会记录一段完整的时间，比如遇到车祸或者遇到什么麻烦时。但是更多的时候，记忆是一种散点，没有故事性，但它留下的印象又非常之深。而这种印象深是有道理的。我举一个小时候的例子。我成长在 20 世纪 70 年代，70 年代是中国的一个非常特殊的年代——处于一个没有书、没有电视的环境下。在我的记忆中，小时候已经几乎没有私人的买卖行为了，所有的买卖行为全部经由国有的商店。而在之前的 50 年代和 60 年代初，私人买卖还是有的，后来就都作为一种私有化的东西被取消了，这就使得我们的生活非常单调。我记得自己当时住在北京琉璃厂附近的一条胡同里，一个四合院有七八户人家。我们当时对于一个邮差说谁家来信了这种事，都特别惊讶、高兴、新奇。大家都去看，从院里跑到大门口。邮差一来，大家抢着把信拿走。但是有一次突然出现一个和邮差来送信不一样的事情，有人对着我们院的大门口喊了一声“有旧鞋换洋火”（洋火就是烟火，也就是火柴，当时火柴也是受管控的）。这是我们小时候从来没有经历过的事情。所以我记得当时孩子们全都跑出去。一看这和邮差不同，而且可以拿鞋换烟火，我们就都回到家里拿旧鞋，和他换了一包。事情很简单，但是给我留下的印象非常深。

由此，对于小说家来说，像这样的事情，它绝不仅仅是事情本身。

图 2　海明威认为作者只应该描写“冰山”露出水面的部分

> 海明威在其纪实性作品《午后之死》中说：“如果一个散文作家充分了解他所写的东西，那他就可以省略他和读者都了解的东西；如果这个作者写得足够真实，那读者就会强烈地感觉到那些东西，就仿佛作家已经讲述了他们。冰山移动的尊严就在于仅露出水面的八分之一。”

换句话说，一件事情出现本身，其下还潜藏着巨大的内容——一个巨大的、被遮蔽，同时又有关系的东西。那么，作为一个小说家，该怎么去虚构一本书呢？除了真实的事情，它下面的东西该怎样去反映？就像海明威所说，“小说露出的部分只是下面潜在的更大部分的冰山的一角”【见图 2】。

那么记忆也是一样，在旧鞋换烟火这个点下面仍然存在着像冰山那样的东西，这就是小说家需要构思出来的。所以我就写了一篇小说（小说的内容，由于时间关系我就不多说了）。这里我就概括地说一下我如何把它写成小说。我构思了一下：小说主人公“我”有一次问那个喊“旧鞋换烟火”，穿着破衣拉裳、戴着毡帽的人：“除了烟火，能不能换别的？”那个人就问我：“你想换什么？”我说：“你有没有小人书？我想和你换小人书，你要有小人书的话，我可以拿我们家最宝贵的东西比如闹钟之类的来换，我现在已经不上学了，我给你换行不行?”当我虚构出这样一个所谓的记忆时，它比千篇一律的换烟火这个事情还要真实。因为它表达了那个年代对书深深的渴望，通过对书的渴望反映出那个年代的特点。为什么会出现对书这么大的渴望？这会引起人们的思考。

由此还可以引申出一系列内容，比如很多不相关的记忆能够结合在一起。由于时间关系，我就不多说这些。我只是想说，小说所反映的所谓虚构的那部分记忆，它和记忆本身同样真实、同样重要，因为它是潜藏在露出那个点下面的东西。所以记忆和虚构两者对于小说家来讲，某种意义上是不可区分的，它们都非常真实，甚至后者更加真实。这就是我关于小说家怎么去在虚构中挖掘记忆、在记忆中虚构的回答。

袁园

刚才宁肯老师举了一个自己童年时候现实记忆的例子，并指出在文学作品中关于这部分记忆的虚构，恰恰说明了对记忆的主动虚构更为接近真实，而且接近的不是那个可见的、视觉上的现实，而是一个潜在的、被遮蔽的、不可见的真实。我想请问其他的几位老师对宁肯老师的发言有什么问题或者反馈?

Daniel Schacter

宁肯先生关于主动重构和被动重构的区分很有趣。因为对于大部分记忆研究者而言，我们相信记忆是一种重构，并且有很多原因导致事情就是如此。但是当我们在重构记忆时，我们通常希望尽可能精确地重建过去，尽管有很多原因导致我们的记忆不能像录影机或相机一样做到这一点。对我来说有趣的是，刚刚听到在写小说的情况下可能存在更主动的记忆重构。作者可能根据创作意图对情节进行有意的重构，或者根据作者的意图使得角色的记忆有更改或缺失，而我们会认为那个角色本身对过去的记忆进行了被动重构。我觉得宁肯先生的这种区分很有趣，我之前没有这样想过。

宁肯

我想再稍微概括一下。记忆作为一个点，本身的意义有时候并不大。如果仅仅是从真实的角度来看，它很真实，比如用旧鞋换烟火。但如果它仅仅是一个孤立的记忆点，其真实性反而会大打折扣，因为它只是露出了和它相关的事物的冰山一角，遮蔽了它下面很多的真实。仅仅把这个点呈现出来，认为它就是 100% 的真实，我觉得是不对的。而文学作品很大的功能就是唤醒那部分潜在的东西。通过一个小点，它唤醒了在很多人记忆下面生活之中的很多东西。

袁园

接下来，我们有请贾老师。贾老师，我给您的问题是我特别关心的一个问题，因为我的家族当中，我伯父就是阿尔茨海默病去世的，所以作为 70 后，我也很焦虑。因为我现在也是 46 岁了，随着年龄的增长，感觉记忆力在下降，这是一个明显的认知的变化。我就想问一下，正常衰老的记忆和阿尔茨海默病的记忆障碍有什么样的区别？我想知道这两者，即随着年龄增长正常衰老的记忆和阿尔茨海默病的记忆障碍之间有本质的区别吗？不同的记忆系统，是同时老化或者同时发生记忆障碍，还是说不一定同步？那么我把这个问题先抛给您。

贾建军

好的。在线的各位老师，还有国外的朋友，大家晚上好。刚才听了宁肯老师给我们讲的故事，也因为自己做的工作，我感觉这个疾病跟真实事件的联系更多一点，因为我们面对着的很多病人都是活生生的人。那我就直接回答我们主持人的问题。

首先，因为在座的很多朋友不是专业人士，所以我给大家解释一下，阿尔茨海默病是什么样的疾病。它是100多年前由一位德国精神科大夫阿尔茨海默发现的。他当时收治了一个51岁的女病人，名字叫奥格斯特，当时这个病人是以精神行为症状发病的。这个病人住院四年零六个月后去世。20世纪初在德国等欧美国家，病理检查（尸体解剖）是做得比较好的。她去世了以后，阿尔茨海默获取她的脑组织，在显微镜下面看，发现这个病人的大脑组织结构与其他病人不一样，因为一般精神科病人的脑子里是没有什么太多病理变化的，但是这个病人的脑子里有老年斑沉积和神经元纤维缠结这两个特殊的变化出现。

阿尔茨海默请教他的老师和同事，但大家都不知道如何解释这种结构的变化。接下来他们团队就把这个发现报道出来。后来，陆续发现这种病人越来越多。阿尔茨海默大夫1915年就去世了，他也就只活了51岁。到1930年的时候，大家为了纪念他，就把这种疾病称为“阿尔茨海默病”，也就是说，阿尔茨海默病是一种病理性的老化。刚才主持人问的问题非常好。我们都知道人老了以后，正常人年龄大了以后，包括到40多岁的时候，记忆都会发生变化，肯定比年轻时候都要差。但是一般的记忆减退是由正常老化引起的，是与增龄相关的。而阿尔茨海默病的脑子里有跟正常人不一样的病理结构——他们的脑子里有了炎性细胞，有了神经元纤维缠结，打个形象一点的比方，就是有了疙瘩，属于病理性的改变。

那么目前来讲，在65岁以上的老年人群里，患阿尔茨海默病的概率在5%—15%之间。以前大家对这个疾病认识不够，没有引起足够的重视，但是随着老龄化的日趋严重，这个疾病的患病率越来越高，给我们的社会、家庭造成的负担也越来越大。不管是在美国还是在中国，就这个疾病而言，大概要花费国家GDP的1%，也就是说每年大概要拿出比全部收入的1%还要多的钱来对付这个疾病，这个压力是很大的。一个家庭如果摊上这么一个病人，就中国来讲，要花费13万多的人民币，这个负担当然是不轻的。

那么从临床医学来看，我们怎么区分正常老化和阿尔茨海默病人呢？

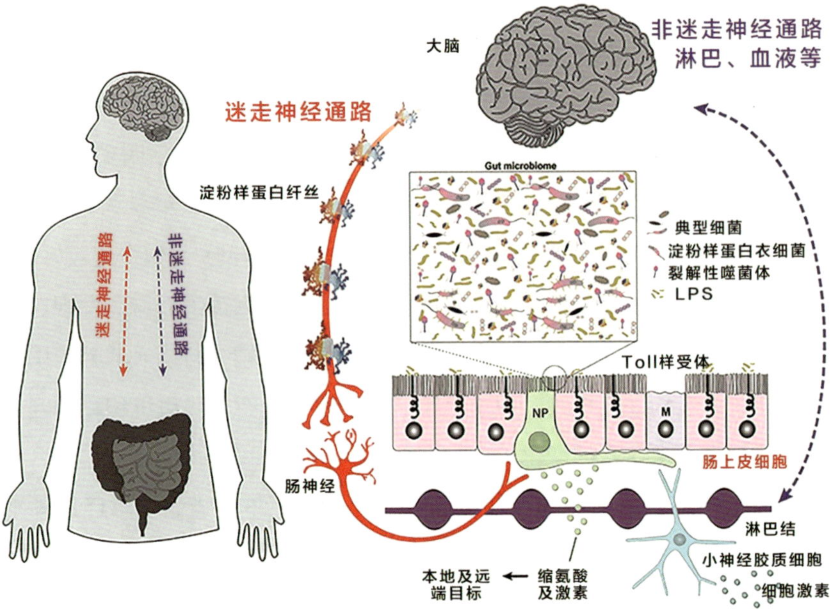

图 3　肠脑轴与记忆力

肠道菌群从孕期开始就影响我们的神经发育，并在一生中与我们的情智及健康有着千丝万缕的联系。很多研究都揭示了肠道菌群对记忆力的影响。比如，给无菌小鼠定植乳杆菌菌株，或口服该菌株代谢物（乳酸），能使小鼠海马体中的神经递质 GABA 水平升高，增强小鼠记忆力。而给无菌小鼠移植阿尔茨海默病患者的肠道菌，会导致其认知能力显著降低。自然分娩和母乳喂养是帮助新生儿建立健康初始菌群的理想方式。

实际上就是靠临床经验。我总结出三点：

第一，如果是正常老化的病人找你来看门诊，他往往说“大夫，我这记性已经很差了”，就比如刚才主持人说“我现在老了，记不住了”，这种情况反而是正常老化引起的；而阿尔茨海默病人往往是乐呵呵地说“我没病”“我没事”，但家属或与其亲近的人发现他有问题了。这是最重要的一点区别。

第二，如果是正常老化引起的记忆力减退，往往经过别人的提示、提醒还可以回忆起来；而阿尔茨海默病人回忆不起来，怎么着都想不起来了，这是第二条。

第三，阿尔茨海默病引起的记忆力减退，往往还有其他伴随症状出现，就是说身体上还有别的表现。但是正常老化引起的记忆力减退，往往只有记忆力减退，没有别的伴随症状或者体征。

所以从我们的（临床）经验上来看，有这三条就能鉴别开来。当然我们现在还有很多辅助检查，包括神经影像检查——做个脑部核磁共振、现在发展很快的分子影像等等。现在血液里也有很多比较特异的标志物，叫 marker，都可以比较准确地把它们区分开来。但是平时我们凭以上三条，就能把它们初步区别开来。好，谢谢主持人。

袁园

谢谢贾老师，解除了我的很多顾虑。然后朱锐老师请您先翻译贾老师的问题和他的回答，一会儿我们再把问题抛给 Schacter 老师。

我们进入下一个问题，这个问题是问 Schacter 教授的，我看到在您的作品《探寻记忆的踪迹》的开篇谈到了马尔克斯的小说《百年孤独》，我们都知道马孔多的村民因为一场奇怪的瘟疫失去了记忆，最后连自我意识和身份都忘记了。

而相比于《百年孤独》当中马孔多那个没有记忆的世界，博尔赫斯的短篇小说《博闻强记的富内斯》中的主角富内斯则是一个完全相反的例子。他因为从马背上摔下来失去了知觉，等他苏醒的时候就完全失去了遗忘的能力。他记得所有事物的所有细节，而他的自我也迷失在了无穷无尽的细节当中。

那么就您在这本书当中提到的马尔克斯和博尔赫斯的例子，我想提一个关于记忆、遗忘和自我意识之间关系的问题，那就是：自我意识是如何既依赖记忆又依赖遗忘的呢？有请朱锐老师翻译。

Daniel Schacter

这是一个很好的问题。书中开头所引用的马尔克斯小说中的马孔多镇很有趣的一点是，他（马尔克斯）描述的这些镇民一开始只是会忘记一些约好的事或者一些日常生活中的事情。而随着时间流逝，他们的记忆力却因为小说中从未解释过的原因慢慢变得越来越差。到了后来，大家甚至都忘记了事物的名字和功能。因为记忆能力的丧失，他们开始变得极度无助。为什么这很有趣呢？我想引出的点有两个，第一个是我觉得这和我们谈到的阿尔茨海默病很有关联，他描述的这种渐进式的记忆丧失，某种程度上和阿尔茨海默病十分类似。它（书中的疾病）一开始的症状很轻，但是会慢慢变得越来越严重且无孔不入，直到这个人失去几乎所有形式的记忆，因此我觉得这是一个很好的类比。

第二个用这两个故事作为《追寻记忆的踪迹》的开头的原因是我认为这些例子很好地展示出了记忆的重要性，以及为何我们脑中的几乎所有的事物都依赖着我们的记忆，而你可以看见这一点能在记忆的几乎所有层面中展现出来。马尔克斯的书中更多的主题是忘记，而在博尔赫斯的例子中，记忆超强的富内斯却几乎不会忘记任何事情。当我在写最开始在美国出版的《追寻记忆的踪迹》的时候，我对于博闻强记的富内斯的思考是：有些时候记住一切和忘记一切一样痛苦。就像我们可以看见富内斯的脑中充满了细节和琐事，以至于他没法进行抽象的思考。俄罗斯心理神经学家亚历山大·鲁利亚在现实生活中也发现了一位和富内斯十分相像的记忆力很强的人，他叫作舍雷舍夫斯基。他极强的记忆力使得他几乎可以记住生活中的所有琐事，但因为他的脑中被塞满了各种细节，他和富内斯一样也很难进行抽象的思考。博尔赫斯的故事和现实中舍雷舍夫斯基的例子都使得我和许多人开始思考，拥有太多的记忆或许和拥有太少记忆一样可怕。

过去 15 年中一个很有趣的研究进展是我们对于超强记忆能力的描绘，这有些像富内斯和舍雷舍夫斯基，我们现在将它叫作超忆症。这些人几乎可以记住生活中发生的每一件事情。比如，我们绝大多数的人都会很难记住 1994 年 5 月 7 日发生了什么，但这些人却可以轻易地做到。

这些人很有趣的地方在于，大多数时间里他们都十分正常地运作着，也并没有被他们的记忆量所压垮。多数时候他们的记忆都没有妨碍到他们的正常生活。我认为这一点为我们理解“记得太多是否是坏事”这一问题提供了一个新的视角。不过我认为在某些情况下拥有太多记忆确实会是一件坏事，其中一个例子是创伤后应激障碍。比如有一些人常常会被无法控制并极力想要忘掉的创伤记忆所淹没。但超忆症却提供了一个至少对于某些人来说，拥有太多记忆却并不一定是坏事的例子。我不确定我有没有回答你的所有问题，但这些是我现在能想到的回答。

Katja Vogt

我想问个问题。超忆症的例子以及“一个人拥有过量的记忆是否是好事”的问题都很有趣。话说回来，在心灵哲学中我们用“发生”来指代脑中正在进行着的活动，这与可以被激发出来或者可以被“发生”的记忆相对。

我的理解是，得超忆症的人只能够在被问到回忆相关的问题时才能回想起来，但是记忆并没有时时刻刻在他们脑中发生着。只有当被问到时，这些记忆才会出现在他们的意识里。我很好奇，你是否会觉得过多的事情同时出现在脑海中是一件坏事，也就是脑中很混乱，很多事在同时发生。

Daniel Schacter

我认为做这个十分重要且有趣的区分，可以帮助我们理解超忆症患者的一些与众不同的行为。第一例超忆症是在 2006 年的一篇论文中被提到的。她最初被称作 AJ，这也是她的姓名首字母的缩写。她之后在自己写的一本关于她症状的书中提到了她的真名，也就是吉尔・普莱斯。她拥有符合你所提到的那种不受控制地进入并塞满她意识的记忆，那种“发生”式的记忆。她并不喜欢这些记忆，并因为和你所提到的相同的原因，认为它们是一种负担。但是当第一个例子被报道出来，被播放了 60 分钟并且至少在美国家喻户晓之后，其他符合超忆症条件的人们也开始慢慢出现了。

结果我们慢慢发现，大多数超忆症患者其实都对自己的记忆能力持蛮正面的态度，并没有觉得有很重的负担。而我觉得这是因为他们对这些记忆更有控制力。他们可以在希望回想起来的时候回想起来，也并没有发现这些记忆会不受控制地入侵他们的意识，所以我觉得你所做的区分是十分正确的。另外一个这些人很有趣的地方关系到一个我们前面讨论过的话题，那就是虽然他们的记忆很准确，但并非在所有的情况下都是如此。

他们会说，这是我印象中 1994 年 5 月 7 号发生的事情，假如你去看他们的日记，会发现他们基本上回忆得都是对的。我们也进一步验证了这些记忆的真实性，他们的回忆依旧很准确。但是有一些其他实验的范式已被证实能让我们中的大多数人的记忆发生扭曲，而我们也在实验室中引导人们生成了错误的记忆。结果这些记忆超群的人和我们一样容易产生错误和扭曲的记忆。我觉得这很好地证明了即使是这些有着超群记忆力的人，他们的记忆本质上也是重建性的，而并不像是录像或者照相。我们可以通过他们和其他人一样容易受到记忆扭曲和错觉的影响看出来这一点。

袁园

好，谢谢朱锐老师。刚才 Vogt 教授提的问题引发了我的一个关于在线和不在线的思考。这可能是社交媒体时代带来的新问题。今天，记忆的储存和检索可能已经脱离了我们的身体，永久保存在了网络上面，你既不能控制它，也不能消除它。它就在网络上面永久地、事无巨细地储存着。

但那样的话，就像我们讲到的，没有记忆的生活是可能的，但没有遗忘的生活可能是自我无法承受的。所以这是这个时代抛出来的一个新问题，每天有无数的关于我们的记忆碎片被上传到网络上面，我也想把这个问题抛出来供大家讨论。

Daniel Schacter

关于技术和记忆，我还想指出一个重要的点。首先我同意如今的社交媒体上有很多以照片和推文的形式出现的回忆线索，而它们确实可以使我们想起许多事以及避免我们遗忘许多事情。然而还有很多心理研究提到过一个有趣的现象，叫作提取诱发遗忘，意思是我们回忆一个事件时，虽然会加强我们对于这一事件的记忆，但也会同时弱化与这个事件相关但却没有被回忆的经历。

很多实验室范式都讨论过这一现象。举个日常生活中出现的例子，当你在看一个 Instagram 或者脸书上面的照片时，你就会想到和这个照片相关的一些事，但是你不会想起和这张照片相关的另一些事情。所以提取诱发遗忘的含义是，这些你现在不去回忆的记忆，在未来会变得更加难以回忆。所以说，像照片这样的社交媒体上的线索确实可以强化你的一些记忆，但是也会削弱另一些和这些记忆相关但是你却并没有提取的记忆。

所以我觉得这个现象让技术对于记忆的影响这个问题变得更加有意思了。因为提取回忆并非只能促进记忆，也会使我们忘记一些当下没有被刻意回想的记忆。

袁园

因为朱老师卡顿了，我就把这个问题先抛给宁肯老师——而且因为杨天明老师的问题是由朱老师准备的，所以我只能把问题抛给宁肯老师。

宁老师，那我就接着问您第二个问题。因为您在第一轮有谈到文学的唤醒作用，所以我特别想问您一些关于唤醒那些存在过但是意识不到的记忆问题。就您自己的经历而言，那些记忆是图像，是声音，是文字，还是混沌的——混合着各种媒介的记忆？就您自己而言，您觉得您的记忆只能通过文学去唤醒吗？还是说可以被各种方式唤醒，只不过您输出的方式是用文学去唤醒他人的记忆？我就把这些问题抛给您。

宁肯

关于唤醒这样一个话题，我相信这应该是文学最重要的一个工程，那么是否必须要通过文学去唤醒记忆呢？我想可能也有其他方式，比如说像催眠、精神分析，像弗洛伊德他们的学说、心理治疗等都可以恢复或唤醒一部分记忆。但是这种唤醒属于偏治疗范畴内的操作，是比较专业的。

而文学的唤醒是比较普遍的，不是病理性的，不是催眠性的，它是一种小说家或者文学作品对生活的描述和展示。它会唤醒很多人在生活中的习焉不察。我认为有些人如果不读书的话，甚至都没有办法进行回忆。我们经常在阅读之中会有这样的一种感觉——阅读的时候，回忆是一种很活跃的因素。而回忆本身也导致了阅读，所以我觉得文学和唤醒之间有一种非常密切的关系。包括像我这样的专业作家，也都需要经常看一些非常经典的或者描述生活的作品。

我记得一位作家说过一些有点外行的话，他说我现在已经不需要再看小说了。一个小说家居然说我现在不需要再看小说了，而只是看点知识、杂学，我觉得这是违反记忆的。因为虽然知识和杂学也可以作为文学作品中很重要的一部分，但是真正需要唤醒的生活细节却不是靠知识唤醒，而是靠生活中的那些细枝末节。像你去买菜，去逛自由市场，钥匙突然丢了，找不着锁了，没法回家了，出来的时候没顾上，这样的事。越是普通的生活细节描述，越能唤醒在生活中已经被忘掉的东西、已经不存在的东西。

我最近还在读美国作家卡佛的短篇小说，阅读他的小说能唤醒我在日常生活中的一些体验。我这样的作家平常很留心生活的一些小是小非，但是如果我没有阅读的话，我觉得就回忆不起来昨天干了什么，前天干了什么，一个星期以及一个月前干了什么，更不用说一年前了——根本想不起来。

但是通过阅读卡佛的一些非常生活化的小说，我就能回忆起我某天

图 4　捷克画家博霍米尔·库比斯塔（Bohumil Kubista）作品《催眠师》

很多心理学实验证实，引导性的问话方式可以让人产生虚假记忆。有心理学家参与审讯时，实验性地引导嫌疑人回忆起自己没犯过的罪行。有学者随机抽样调查英国"自称被女儿诬告性侵的父亲"群体，他们的女儿中有 83.4%（153 人）接受过专业心理辅导，有可能在治疗师的暗示下产生了虚假记忆。

20 世纪 90 年代，关于是否存在弗洛伊德所说的"被压抑的记忆"，心理学界展开了被称为"记忆战争"的激烈讨论，至今没有定论。但基于"压抑说"而盛行一时的"恢复记忆疗法"因经常制造童年性侵虚假记忆及制造冤案，而受到西方大众及主流心理学界的诟病。

是怎么回事，干了什么。而且他小说中的细节一下就唤醒了那些我跟他类似的感觉。我觉得我的生活很丰富，我觉得这种唤醒的功能恐怕只有文学能做到。还有一些好的、比较生活化的电影也能做到。而不是那种纯娱乐的恐怖片、悬疑片，这些都只是满足人们的娱乐需要。但是你要想能够感觉得到自己的存在，那种具体而微的存在的感觉，还是需要纯粹地去描述人的心理，描述人的情感、梦想、烦恼、渴望、焦虑等一系列和心理有关的日常生活。

这样的文学作品最能够唤醒记忆，而记忆的本质，我认为就是生命。没有了记忆，可以说就没有了生命。比如说像刚才贾教授说的阿尔茨海默病，得了阿尔茨海默病就等于一个人丧失了记忆世界，也就丧失了生命。他自己没有任何感觉，但他给别人带来了很大的负担。

如果一个人关注自己，关注生命，他就要通过大量的文学艺术作品去达到这种关注，像毕加索、达利那样的绘画其实都具有唤醒功能。还有音乐也有唤醒功能，它会唤醒人们内心的激荡，所以，我觉得文学艺术的存在都是在唤醒我们的记忆。

当然我说的文学作品是个体的记忆。还有集体的记忆，那么集体的记忆是靠什么唤醒的？也仍然是去靠那些非虚构的故事、历史、哲学、经济等等一系列事物，它们会唤醒人的这种集体性的记忆。文学实际上也会唤醒历史记忆，只不过它和正经的历史学与社会学是不一样的，它有自己的方式，所以我觉得文学最重要的一个功能就是唤醒记忆。

袁园

我现在向 Vogt 教授提一个问题。这个问题其实跟去年出版的一本书有关，那是她主编的与皮浪学说的怀疑论有关的一本著作。我想问，记忆本身其实是一种纪律的机制，包括个人记忆、集体记忆和文化记忆，福柯把这样的一种记忆称为权力的仪式。记忆和知识、权力都具有同样的性别、种族和阶级的特征，也是社会秩序合理化的方式。所以在这个意义上，对记忆的怀疑其实就是对现实的一种怀疑和抵抗。Vogt在这本著作当中谈到，作为一个怀疑论者，并不是持有某种肯定或者否定的观点，而是需要进行持续的探究。对记忆概念的无知和对记忆概念的教条主义，都会使得这种探究变得不可能。我想请 Vogt 教授从怀疑论跟当代认识论的关系，谈一谈如何处理记忆矛盾的表象和分歧。有请 Vogt 教授。

Katja Vogt

可能思考这个问题的一个角度是去看看哲学家所说的事实性的动词，就是说知道、理解某个事情本身就意味着那个事情带有事实性，要不然你就不会知道或不理解它。表面上看，记忆和知道、理解类似，也有这种事实性在里面。但有趣的是，就像刚刚很多人提到的一样，精确地记住一件事很难，记忆中还包含了重构和主动性的部分。

我认为，“记忆是否是具有事实性的动词”的问题很难回答。从动词的语法上讲，它是事实性的，但这一点可能会误导我们。似乎我们越去思考记忆，就越会意识到认知者在其中扮演的主动成分。我对于 Schacter 教授在上一个问题的回答中提到的一点比较感兴趣，就是说如果我们记得一件事情，比如有记忆被某个事件的照片所触发，那可能同时意味着我们就不太记得其他一些事情了。

所以即使我们的记忆不被有意误导或者操纵，这种选择性也不可避免地会创造自己的叙事。选择性意味着可以有不同的故事，比如不同的照片触发了不同的记忆等等，之后总体上你就有了对于自己过去的不同叙事。所以我认为这些问题很难回答。有趣的是你联系到了我在怀疑论方面的兴趣，因为我认为我们越去思考记忆的主动性维度，就越对于记忆的事实性与否、记忆是怎样的、记忆包括了多少主动重构，保持开放的心态，即使是在记忆力很好、不编造事情的最佳情景下。

不过选择性不可避免地包括了主动性维度。我觉得另外一种很有意思的区分来自柏拉图。他说，我们对一件事的记忆，可能是由相似或者不相似的线索所触发的。比如，相似性体现在，你看到朋友的照片想到这个朋友，而不相似性在柏拉图的例子中体现在，你看到一套裙子想到经常穿这类裙子的人。似乎不相似的线索触发记忆的情况有着不同的机制，它们已经涉及了联想链条，也就是说头脑中的一些事情通过几步联想被联系起来。而联想链条带有随机性的特征，比如，对我来说，小提琴会让我想起巴黎；对你来说，小提琴会让你想起葡萄酒。这进一步强调了即使没有对记忆的人为操纵，记忆仍然具有选择性和随机性。这很有趣。

袁园

因为时间的关系，我们先请朱锐老师提问杨天明老师，因为涉及神经科学的专业，就由您来准备。

朱锐

我对杨老师提出的问题就是：动物的记忆跟人的记忆有什么差别？尽管我们一般认为动物有空间记忆，但是我们一般同时相信动物是没有时间记忆的。动物就是所谓的总是“生活在现在”，但是否动物也有时间记忆呢？杨教授可以用英文来回答。If you want.

杨天明

我想朱教授可能已经读过很多关于海马体和空间记忆相关研究的文献。因为得过诺贝尔奖，所以这些研究最近非常火热。但时间也是一个很有趣的问题。我认为记忆的原理之一就是：能被感知的东西都能被记忆——都会被储存在记忆中。我们都知道动物能够感知时间。很多神经科学家（的研究）显示，猴子、啮齿类以及鸟类等动物都能够判断一个持续的时间段，能够理解事件的时间顺序。它们有时间顺序的概念，可以将顺序存储在记忆中，甚至可以在事后重现这个顺序。所以，如果我们只讨论时间长度的记忆或者时间序列的记忆，动物们显然有。

有意思的是，海马体不仅有助于空间记忆（众所周知），它也与时间记忆高度相关。因为正如我们所知，当我们或动物从空间中的 A 点移动到 B 点，发生空间位置的变化，总有一个先后顺序会伴随着位置的变化产生。当你在运动时，你会接收到不同种类的视觉刺激，以及其他与运动相关的感官刺激。所有这些刺激一起形成一个时间序列。在某种程度上，空间可以由这些感官输入的时序来定义。因此有研究者认为，海马体对空间信息和时间信息的处理可能具有通用的机制。

所以我认为这是一个关于时间记忆的问题。但也许朱教授的问题还包括另一个方面，那就是动物是否有情景记忆。我为不熟悉这个概念的人讲解一下，情景记忆就是对某个特定事件的记忆，比如你今天早餐吃了什么，或者是关于上周派对的记忆。情景记忆有三个重要的要素——何事、何时、何地。“何时”当然是一个非常重要的组成部分。有些人认为动物没有真正的情景记忆，部分理由是情景记忆需要精神上的时间旅行，而这可能是人类特有的能力。而且因为动物没有语言，我们无法（直接）问它们记不记得什么。

不过，有很多研究表明，至少从动物行为的角度来看，它们确实具有记住情景记忆的三个要素的能力，即“什么时候”“在哪”“发生了什么”。举个例子，有一种叫灌丛鸦的鸟，它会在不同的地方储存食物，有时是死去的昆虫，有时是坚果。过一段时间后，它们可以回到原来的位置取回所储存的食物。它们懂得根据食物的种类和可存放时间，于何时去何地取回食物，因为它们知道死去的昆虫没法存放很长时间，但坚果却可以。

因此，仅仅基于这种行为，至少许多动物能够储存关于“何事”“何时”“何地”的记忆，能够把这些要素联系在一起来指导自身的行为。所以我个人认为，动物，至少哺乳动物，包括非人灵长类动物，都具有与我们非常相似的记忆系统。动物没有语言，这是动物和人类之间的一个重要区别。所以言语记忆在我们人类和动物之间肯定是不同的。但除此之外，我认为人类和其他动物在记忆系统方面具有很多相似之处。

袁园

谢谢杨天明老师。接下来我有两个问题提给 Schacter 教授。第一个问题是记忆主观建构的问题。Schacter 教授在书中写到，记忆不是对事件的忠实记录，而是我们的大脑基于当前活动的影响和过去的经验和知识，对事件进行的编码和储存。那既然记忆是个人主观不断重新建构的结果，我们该如何去理解和认同他人的记忆和集体记忆？这是第一个问题。

第二个问题是：是否所有的创伤事件都会被压抑在无意识的记忆里？之后这种无意识的记忆不受控制地、非自愿地、像幽灵一样不断地强迫性地回访，它如何影响我们的感知、思维和行动？

Daniel Schacter

有趣的问题。首先我会快速讲讲关于创伤的问题。我认为总体上，创伤的记忆是最容易记住的，这在现在的记忆研究中被反复证明。经历过创伤的人大多数尽管努力但却很难忘记创伤的经历。而对于是否存在被压抑的创伤相关机制的问题则更有争议，很长时间以来这都是文献中有争议的部分。不过更清楚的一点是，创伤是更容易被记住的，这涉及一个特定的神经环路。很多神经科学领域的研究都关注杏仁核在情绪和创伤记忆中的地位，它和我们之前提到的海马体离得很近。我们对于情绪记忆的神经基础了解得很多，尽管对于重度创伤的了解相对少些，但是我们所知道的都支持这些记忆被更鲜活真实地记住，而不是被压抑到心灵的黑暗角落。

第一个问题很重要，就是说我们之间该如何找到记忆的共同基础。我认为我们需要记得，尽管记忆易于被扭曲，充满主观性，并且我们都对过去有自己的呈现，但是我们仍然共享记忆的核心。如果十个人经历了同样的事件，你可能在其他人那里会得到记忆的不同版本，这被他们的关注点所影响。但是在大多数情况下还是存在记忆的共同的核心，我们可以根据它协作。

我还想回顾一个有趣的问题，也就是在关于人类和动物是否具有相似能力的问题上讨论到的所谓的时间旅行，我同意刚刚所提到的论述。我想强调的是时间旅行包括两个方面：一个是回到过去，我们叫它记忆；另外一个是走向未来。关于动物能不能够像人一样进行向未来的投射、对未来做规划，还存在争论，现在至少有一些证据说明动物可以做到，但是否做得到像人类一样，还有争议，这可能和人类与动物语言上的差异有关。更普遍地说，在心理学上以及神经科学上有大量的证据说明，人在想象未来的时候，跟人在回忆过去的时候，神经过程、心理过程几乎是一样的。

我们实验室针对这个问题研究了 15 年，其他实验室也在研究，我们以及其他人做了脑扫描研究，把被试放到 fMRI 扫描仪中，让他们思考一个过去的事件或者想象未来可能发生的事件, 会看到非常相似的大脑活动。所以我近 10 年或者更久所持的一个观点是，我们会经历这些记忆的扭曲和个体差异的原因之一, 是记忆的一个重要作用不仅是帮助我们回忆过去, 也是使用我们过去的经验投影到未来，为将来发生的事情做规划。我们需要一个非常灵活的记忆系统，所以我们才能把不同记忆的成分重新组合，基于之前的经历为未来可能发生的事情做预演，而这种灵活性也许就是记忆充满重构的原因之一。我们最近也为这个观点提供了新的证据。我想强调的是我们倾向于认为记忆就是关于过去的，但实际上它对于根据过去经验预测未来的作用至少和回顾过去一样重要。

朱锐

我想问两位外国教授同样的问题。因为我个人在学习记忆的时候，越来越发现没有一个心理过程叫作回忆，而只有一个信息提取过程，而这个信息提取过程是被其他的过程所共享的，比如说畅想未来，还有其他很多的心理过程，也就是说没有一个真正的实在的过程叫作回忆。而柏拉图又

图 5　亚当给鸟兽命名（版画）

柏拉图的“回忆说”认为，人在出生之前就具备了完全的知识，人们通过学习活动所获得的知识不过是对被尘世暂时埋没的知识的回忆。以笛卡尔和莱布尼茨为代表的欧陆理性主义也建立在“天赋观念论”的基础上。比如莱布尼茨认为，心灵并不是一块等待书写知识的白板，而是一块有纹路的大理石，这些纹路是我们自然的潜在能力，经过经验的雕琢，才会形成清楚明白的知识。

特别强调回忆是所有知识的来源。如果我这种假设成立的话，我们怎么样去理解柏拉图的这种回忆说？我想问两位教授：一是，可不可以说没有一个过程叫作回忆？另外一个是，回忆是不是真的有所谓的独立的认知意义？

Daniel Schacter

在我看来，回忆是信息提取的一个小的子类。我们可能出于多种原因进行信息提取。当这个原因不是回忆过去的时候，我们会叫它决策、思考未来、想象或创造力。只有当我们有意地回顾过去，想到一个过去的事件，或者突然头脑中出现一个事件，我主观感受到这是我过去的一部分的时候，我才为这个信息提取的子类打上“回忆”的标签。信息提取是我们实验室最近在研究的东西之一，而回忆是信息提取中的一部分。

Katja Vogt

我个人对前面所说的同时研究回溯过去和朝向未来也非常感兴趣，这也是我觉得柏拉图学说最有意思的部分之一，柏拉图自己也对这个问题感兴趣。

我有一个关于动物记忆和情景记忆的问题，因为我会想到无论是在回忆过去还是在畅想未来的过程中，人类不仅有语言文字的维度，也有情感的维度。并且这会关系到它在决策过程中发挥的作用，比如你记得自己吃过一个东西，这种记忆里就包含了对它的态度是喜欢还是不喜欢。它总有一种情感的、“渴望－厌恶”的正－反色彩。我感兴趣的是：动物记忆中有没有这样一种情感反应？我们是否有研究这个问题的手段？我们如何去研究这个问题？

我接下来要讲讲柏拉图的回忆说。实际上，很多当今的柏拉图研究者都在柏拉图的意义上对回忆做一个区分。第一种是不间断的回忆。比如如果你记得自己的生日，虽然你现在没有想着它，但一被问起就可以回忆出来，不需要努力去攫取这种信息。第二种是需要努力攫取的信息。打个比方说，有人问平行线定理是怎么回事，我在 18 岁上高中的时候学过这个，我需要努力攫取才能重建信息。这时候你需要通过一些中间步骤来重建信息。你可能一下子想不起来，但是通过中间步骤可以一步步地接近那个信息。

这种区分当然在某种意义上带有一定的任意性，但是重点在于对于能立即获取的记忆和需要努力攫取的记忆的区分。

图 6　钢丝绒火舞光绘

按照是否能意识到提取过程，记忆可分为“外显”和“内隐”两种。内隐记忆包括程序记忆（procedural memory）、启动效应（priming）和经典条件反射。开车、玩手机、游泳的能力都属于程序记忆。启动效应指先前经验对目前行为的影响，广告的影响就属于此类。内隐记忆很顽强，比如失忆症患者虽然记不住接受培训的经历，却能通过培训学会编程这样复杂的技能。

杨天明

我想在这边回应一下 Vogt 教授问的动物相关的问题。Vogt 教授刚刚问的是，动物是否具有情感性的记忆。实际上动物可能比人更富有这种情感性的记忆。在实验室中，我们用奖赏和惩罚对动物做训练和测试，它们能够学会把声音或图片的刺激和奖赏或惩罚联系起来。在学习之后，它们经常对刺激显示出很多类似情绪的反应，比如心率变化、瞳孔扩张等，这表明它们确实记得这些刺激对它们而言是好还是坏，是会导致奖赏还是惩罚——在动物的记忆中有强烈的情感成分。

袁园

那么我接下来把问题抛给贾建军老师，这个问题同样关于记忆的衰退和丧失。我想问：这种记忆障碍，无论是衰退还是丧失，是否会影响情绪的感受和疏离？还是说这个事件的信息消失了，但是经历事件时的情绪感受并不会受影响？再或是正因为无法去归因到底是什么样的事件导致这样的情感，反而会导致我们在这种情感状态甚至是负面的情感状态当中持续更长时间？好，有请贾建军老师。

贾建军

谢谢主持人。我想对于这个问题，可能在座的各位，特别是像杨老师这样做神经机制研究的专家，在这方面理解得更深一点。我想记忆和情绪都对维持我们人体正常的生理活动发挥着作用。我们体内血液、体液里有很多神经递质，比如记忆与乙酰胆碱有关系，情绪更多的是与五羟色胺、多巴胺有关系，这些神经递质在体内都是相互作用的，这是第一点。

第二点，我们现在通过迅速发展的神经影像学和脑网络的研究发现，很多的神经环路都相互联系，所以说情绪和记忆是密切相关的。但并不是说一个人没有了记忆就没有了情绪，它们并不是很同步的。

另外我们发现，情绪低落是抑郁症最主要的特征之一，而抑郁本身就是阿尔茨海默症发病的一个高危因素。对于它们两者关系的研究，包括基础研究、临床研究，目前来讲有很多。就其发生发展的机制，目前有很多的假设，比如说我刚才提到的神经递质的关系、脑网络的关系等等，但是确切的机制目前也不是太清楚。

所以说今天晚上通过跟我们周围的老师，特别是做宏观科学的老师们跨界的对话，我们增长了不少知识。这种对话提示我们在研究客观世界的时候，有时候要把主观上的能动性、宏观上的东西等结合起来，进一步开拓我们的思维，把很多假说变为现实。还有一点，刚才大家说的 episodic

记忆，叫事件记忆，从我们临床角度上来讲，实际上叫情景记忆。情景记忆可能是事件记忆的一部分，但二者不是等同的。

袁园

原本我还计划分享几个案例，但是因为时间的关系，留到下一次吧。我就做一个简单的结语。

因为我是做纪录片和当代艺术摄影的，我理解记忆本质上就是视觉的图像，同时也是想象力的媒介。在这个意义上，所有的艺术作品在某种意义上都是一种记忆装置，而所有的记忆装置都具有塑造未来的潜力。也正是因为记忆的这种冲突和张力，激发出特别丰富多样的当代艺术实践。我想讲一个观点，作为当代艺术而言，要主动地、积极地、激进地遗忘。主动地遗忘历史，就像宁老师主动地虚构记忆一样。因为历史是权力建构的，它把断裂的、矛盾的历史整理为一个连续的叙事，人们会因为这样重构的历史丧失思考和生活的能力。所以当代艺术要主动、激进地去遗忘，跟这样的历史相对立。借用尼采的话说，遗忘对于任何行动都是必不可少的。

最后我想用下面的话来做结语。我们今天从文学、哲学、心理学、神经科学等角度来探讨记忆，只有深刻地理解记忆的复杂性、矛盾性、脆弱性和灵活性，我们才可能真正去理解和改变我们所身处的这个被记忆影响和决定的世界。

好，感谢各位嘉宾的精彩分享。由于时间关系，我们今天的线上讲座就到这里，谢谢观看直播的观众。

附录一：
不可预测的心灵
——精神分裂症、迷幻体验和预测误差最小化的范围

贝里特·布罗加德（Berit Brogaard）

2020 年 12 月 14 日

摘要

根据层级预测处理框架，大脑是一个假设测试机器，将内部产生的预测或假设与低层处理中的感觉信号相匹配。在当前活跃的假说不能与感觉信号相匹配的时候，就会产生预测误差。预测误差信号被投射到更高层次的处理中，根据预测误差来修正当前的预测。这个测试和修正假设的过程一直持续到预测误差缩小到“足够好”。预测处理的倡导者认为，在这个意义上，预测误差最小化是一个总体的统一原则，支配着大脑的所有操作，从而解释了所有心理处理的机制。

对预测框架的一个常见批评是：由于预测和信念一样，有一个从心灵到世界的适应方向，它们在动机上是惰性的；因此，有人认为，预测处理不能解释像欲望这样的态度，因为这些态度是由于其从世界到心灵的适应方向而拥有动力。在这里，我认为没有足够的证据证明预测处理不能容纳具有从世界到心灵的适应方向的态度的范式例子。预测处理的真正问题并不直接与态度的适应方向有关，而是与态度的范围有关。我论证说明预测处理缺乏资源来解释广域态度，首先以精神分裂症中的迷幻体验和扭曲的体验为例来证明这个框架的缺陷，然后论证同样的问题也困扰着正常知

觉的案例。

关键词

广域态度；适应方向；做梦；幻觉；空心面具错觉；狭隘的思维方式；预测误差最小化；预测处理；迷幻体验；精神分裂症

一、绪论

层级预测处理框架认为，大脑不断地将内部产生的假设或预测与层级处理的较低层次的感觉信号相匹配（Friston, 2003, 2009, 2010; Feldman & Friston, 2010; Bar, 2003; Clark, 2013, 2016, 2020; Hohwy, 2012, 2013, 2020）。在当前活跃的预测与感觉信号不匹配时，会产生预测误差。预测误差信号被投射到更高层次的处理，起到根据预测误差修正当前预测的作用。这个测试和修正假设的过程一直持续到预测误差被缩小到“足够好”。预测处理的倡导者认为，在这个意义上，预测误差最小化是一个总体的统一原则，支配着大脑的所有操作，从而解释了所有心理处理的基础机制（Friston, 2009, 2010; Hohwy, 2012, 2013, 2020; Clark, 2016, 2017, 2020）。

预测处理框架通常用贝叶斯认识论来说明，它为假设分配先验概率、可能性和后验概率。先验概率是假设正确的概率，无关乎它与传入的感觉信号的匹配程度；可能性是假设在与传入的感觉信号的匹配程度的基础上是正确的概率；而后验概率是同时考虑到先验和可能性的假设的概率。

为了了解大脑如何在预测处理框架内运作，让我们考虑一个高度简化的颜色处理案例，在这个案例中，你的大脑的任务是确定刺激你视网膜上锥体的光线的颜色。通常情况下，你整天待在全是橙色的办公室里——一个有着橙色地板、橙色天花板、橙色墙壁、橙色家具和橙色办公用品的办公室。但今天你决定冒险进入你的同事塔菲（Taffy）的全是黄色的办

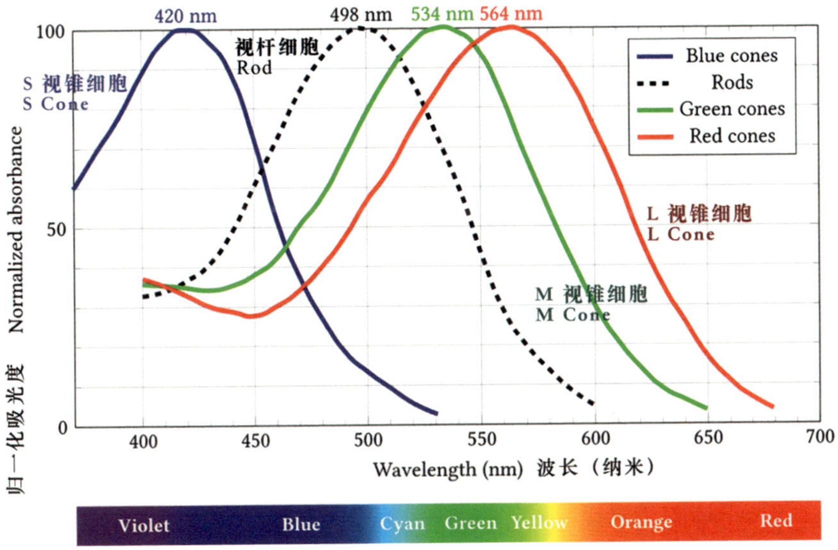

图 1　视细胞与光波

公室——一个有着黄色地板、黄色天花板、黄色墙壁、黄色家具和黄色办公用品的办公室。然而，通过一点“魔法”，我们在你的大脑中隐藏了所有关于你目前下落的信息。

为了产生一个关于刺激视网膜上视锥细胞的光的大致颜色的初步预测或假设，你的大脑依赖于从过去的经验中提取并储存在长期记忆中的统计规律性，例如黄色光对红色视锥细胞的刺激略多于绿色视锥细胞的规律性【见图 1】。

图 1 显示了 S（蓝色）、M（绿色）和 L（红色）视锥细胞和视杆细胞的最佳波长的曲线。视锥细胞对有色（有色彩的）日光有反应，而视杆细胞对无色彩的（黑白）夜光有反应。底部是检测到的光的波长。

由于你通常整天待在全是橙色的办公室里，你的视锥细胞活动是由橙色光引起的假设的先验概率非常高，因此，这个假设成为大脑的初始预测，然后用你的视锥细胞活动来测试这个初始预测的准确性。然而，由于你是在塔菲的全黄色办公室而不是你的全橙色办公室，初始预测低估了对你的红色和绿色视锥细胞的刺激，因此产生了一个预测误差信号。

预测误差信号告诉你的大脑要调整它的预测。然而，假设你的大脑过度调整，预测你的视锥细胞活动是由黄绿色的光引起的。由于这种预测高估了你的红色和绿色视锥细胞受刺激的程度，产生了一个预测误差信号，从而使你的大脑调整预测。假设你的大脑随后又预测你的视锥细胞活动的原因是黄光，这个预测与你的视锥细胞活动有足够的对应关系。因此，你的大脑得出结论，你的视锥细胞活动的近似颜色是黄光。

预测处理框架还有第二个关键部分。在预测处理框架中，并非所有的预测误差在修订预测或产生预测的模型时都被赋予了相同的权重。分配给预测误差信号的权重大小，取决于预测信号的精确度。高精度的信号往往比低精度的信号可靠得多。因此，如果一个预测误差信号被预测为高度精确，那么该信号所编码的预测误差对预测的修正有很大贡献。相反，如果信号被预测为低精度的，那么信号就会被削弱，编码的预测误差不会导致预测的修正。

因此，大脑不只是试图预测感觉信号的隐藏因，它还试图预测这些信号的精确度。像预期的原因一样，预期的精确度基于从过去经验中提取的统计规律性。例如，大脑认为雾天的观察条件在统计学上与不精确的或嘈杂的视觉信号相关。因此，在有雾的观察条件下，预测误差信号被削弱，现有的预测指导大脑对其环境的预期。

虽然预测处理框架初看起来可能无关痛痒，但它却提出了两个极具争议的主张。一个是预测误差最小化是解释所有心理过程所需的唯一基本认知种类（Friston, 2009, 2010; Hohwy, 2013; Clark, 2013, 2016）；另一个是所有自下而上的过程都是预测误差信号。

第一个主张引发了对预测框架的大部分批评。一个常见的批评是，由于预测和信念一样，有一个心灵到世界的适应方向，所以它们在动机上是惰性的（Colombo & Wright, 2017; Klein, 2017）。然而，根据一个标准的动机图片，可以追溯到大卫·休谟（David Hume），仅有信念是不足以产生动机的。借用克拉克（Clark, 2020）的一个例子，假设当你把车开到家门口时，你意识到你的房子着火了。你将如何行动取决于你的欲望。如果你想拯救你的家，你会试图灭火，或拨打 911。如果你希望获得保险补偿，你可能会从车道上退下来，去别的地方。如果你对你的家没有任何欲望，你可能只是待在你的车里，看着火焰吞噬你的房子。因此，欲望似乎是激励我们行动的必要条件。然而，由于预测在动机上是惰性的，所以预测处理无法解释欲望。

这种反对意见有时会以适应方向来说明。信念具有的是从心灵到世界的适应方向，而欲望则是从世界到心灵的适应方向（Anscombe, 1957）。我们到底应该如何理解适应方向，一直是争议的焦点（参见如 Platts, 1979；Smith, 1987, 1994；Humberstone, 1992；Zangwill, 1998；Sobel & Cobb, 2001；Archer, 2015）。但是在直观的解释上，当一个态度有一个从心灵到世界的适应方向，比如信念或预测，而这个态度不适应这个世界，那么我们就会理性地要求修改这个态度，而不是改变世界来适应这个态度。相比之下，当一个态度有一个从世界到心灵的适应方向，比如欲望，而这个态度并不适应这个世界，那么我们就被理性地要求改变世界来适应我们的态度。根据这种直观的理解，未实现的欲望，就其在理性上要求我们采取行动而言，是内在的动机，而预测和信念则不是。这里有一个不言而喻的假设是，要想让欲望推动我们采取行动，它们必须不被更强的欲望所替代。

克拉克在 2020 年的一篇论文中对这一批评路线做出了详细的回应。他回答的核心是，促使我们立即行动的欲望是大脑层面的高精度本体感觉预测（Clark, 2020: 5；参见 Rao & Ballard, 1999；Friston, 2013）。高精度的本体感觉预测是一种可靠的预测，它能立即发出运动指令，使我们按预测行事。如果你高精度地预测你现在会移动你的手，那就会立即发出一个运动指令。因此，就像它们所承载的欲望一样，高精度的本体感觉预测也具有内在的动力。

预测可以在不引导出行动的情况下具有动力。如果你很精确地预测到你明天会参加系里的会议，你的预测不会立即发出运动指令，从而引导你的行动。但是，你的预测仍然可能具有动力，因为它促使你采取必要的行动来参加明天系里的会议。

克拉克的建议，即预测可以有内在的动力，似乎很有道理。但需要强调的是，与驱动知觉的预测不同，这种预测有一个世界到心灵的适应方向，而不是心灵到世界的适应方向。因此，与驱动知觉的预测不同，具有内在动力的预测与欲望的适应方向相同。这并不是反对克拉克对预测所做的具有动力和不具有动力的区分。事实上，预测处理已经有资源来捕捉支持知觉和动机预测的预测适应的不同方向。在预测处理框架内，知觉的预测误差，即预测和感觉输入之间的不匹配，通过修改预测直到它足够适合感觉输入而被最小化。相比之下，当预测具有动力时，预测误差——预测和世界之间的不匹配——通过改变世界以适应预测而最小化。

欲望和动机预测远不是态度的唯一例子，它们具有世界到心灵的适应方向。正如我将在下一节论证的那样，至少有五类态度具有从世界到心灵的适应方向。更重要的是，许多不以真为目标的态度，也最好被理解为具有从心灵到世界的适应方向。做梦就是一个最好的例子。然而，在预测处理框架内解释做梦比迄今为止假设的更棘手。正如我们将看到的，已接受的观点未能对梦的内容提供一个令人满意的解释。然而，我论证，这个缺陷并不是预测处理的解释所固有的，因为关于做梦的不同理论与预测处理框架是兼容的。

预测处理的真正问题并不直接与态度的适应方向有关，而是与态度的范围有关。我认为，预测处理缺乏资源来解释广域（broad-scope）态度。我首先以精神分裂症中的迷幻体验和扭曲体验为例来证明该框架的这一缺陷，然后论证同样的问题也困扰着正常知觉的案例。

二、态度类型和适应方向

适应方向的标准说法，可以追溯到安斯康姆（1957: 56）：一种态度的适应方向是与它的目标相联系的。信念有一个从心灵到世界的适应方向，因为它们的目标是真；而欲望有一个从世界到心灵的适应方向，因为它们的目标是实现（Platts, 1979; Smith, 1987, 1994; Zangwill, 1998）。

由于目标的概念是规范性的，所以适应方向的概念也是规范性的。当一个态度有一个从心灵到世界的适应方向，比如信念，如果这个态度不适应这个世界，那么我们就被合理地要求修改这个态度，而不是改变世界来适应这个态度。相比之下，当一个态度有一个从世界到心灵的适应方向，比如欲望，而这个态度不适应这个世界，那么我们就被合理地要求改变这个世界以适应我们的态度。在这种情况下，只要欲望在理性上要求我们改变世界，欲望就有内在的动力，而信念则不要求我们这样做。

多年来，一些思想家对这种适应方向的说法提出质疑（Sobel & Cobb, 2001; Archer, 2015）。这个建议的问题是双重的。其一，态度的适应方向与理性要求相联系的建议会受到反例的影响。例如，一个吸毒者渴望更多的毒品，并不是理性地要求他寻求和摄取更多的毒品。另外，所有具有心灵与世界适应方向的态度都与真有联系的建议似乎是反直觉的。事实上，人们普遍认为，像假设、幻想和相信这样的态度具有相同的适应方向，尽管假设和幻想并不以真为目标。正如韦勒曼（Velleman, 1992）所说的那样：

> 除了信念之外，还有许多认知态度，这些态度具有相同的适应方向，因此采取相同的构成性谓词。假设P、假定P、幻想P等等都是态度，在这些态度中，P不是被视为对将要产生的东西的靶表征，而是被视为对所是东西的表征。(Velleman, 1992: 12)

韦勒曼的观点是这样的：除了信念之外，还有几种态度显示出心灵与世界的适应方向，比如假设、假定和幻想。然而，假设和幻想并不以真为目标。相反，这些态度从心灵到世界的适应方向的原因是，它们都表征了假设、假定或幻想的东西。它们不以真为目的，而是以表征为目的。它们属于一类被称为“认知态度”的态度。认知态度与指导行动（如打算、想要或评价）

的意动态度和情感态度（如害怕、宽恕或后悔）形成对比，后者可以说既是表征性的又是意动性的。

认知性态度、意动性态度和情感性态度属于所谓的“态度三要素”（Insko & Schopler, 1967），传统上被视为态度的一个详尽分类。然而，情况远非如此（Brogaard, 2020）。除了认知性、情感性和意动性态度之外，还有疑问性态度（如想知道、寻找、自愿关注）（Eilan, 1998；Koralus, 2014；Ransom 等，2017）、指令性态度（如期待、信任、要求）（Archer, 2015；Schmidt & Rakoczy, 2019）、承诺性态度（如承诺自己、威胁自己、拒绝）和声明性态度（如指责、谴责、诅咒）。【见表 1】

表 1　态度的类别

态度的类别	态度的例子
认知性态度	相信、记住、假设、假定、幻想、做梦、无动力的预测
意动性态度	意图、想要、希望、评价、有动力的预测
情感性态度	恐惧、后悔、宽恕、祝贺、痛苦
疑问性态度	想知道、寻求、自愿关注
指令性态度	期待、信任、要求
承诺性态度	承诺自己、威胁自己、拒绝
声明性态度	指责、谴责、诅咒

认知性态度有一个从心灵到世界的适应方向，而疑问性、指令性、承诺性和声明性态度有一个从世界到心灵的适应方向。认知性态度具有指示性内容，而疑问性、指令性、承诺性和声明性态度具有非指示性内容。情感态度是具有心灵到世界还是世界到心灵的适应方向，以及它们的内容是指示性的还是非指示性的，仍然是激烈辩论的主题（这种分类并不打算详

尽无遗）。

这种分类与塞尔（Searle, 1976）的言语行为分类相重叠。这并非巧合，因为塞尔的言语行为分类是受安斯康姆（Anscombe, 1957）的适应方向概念的启发。

然而，言语行为应该与态度分开。言语行为是我们通过说话来完成的行为，而态度是我们通过进行某些心理活动来完成的行为，例如，形成或保持一种信念或做出推论。对别人做出承诺需要做出言语行为，但对自己做出承诺只需要采取承诺的态度。同样地，命令别人做某事需要做出言语行为，但期望别人做某事只需要承担期望的态度。（这里的期待态度是指令性的。正如我们已经看到的，也有一种认知上的期待态度。在这个意义上，期待只是为了预测。）

类似的话也适用于其他态度类别。声明性言语行为只能由一个真诚的、有权力带来指定事态的说话人做出。例如，如果我说“你被解雇了！”“我发现你被指控有罪！”或“我任命你为系主任”，那么，只有当我有权力这样做，并且我是真诚的，我才会使你失业、被指控有罪或成为系主任。如果我没有权力这样做，或者我是不真诚的，那么我就不能成功地宣布任何事情成为事实。声明性言语行为的对应态度也有类似的成功条件。但我通过假设一个声明性的态度所能带来的东西要有限得多。我可以通过假设一种诅咒的态度来诅咒你。同样地，我可以通过假设责备的态度来责备你，这意味着使你有罪。但是，我不能仅仅通过假设指责的态度来合法地宣布你有罪。

根据韦勒曼对适应方向概念的解释，认知态度由于是表征性的，所以具有从心灵到世界的适应方向，而意动性的、疑问性的、指令性的、承诺性的和声明性的态度由于不是表征性的，所以具有从世界到心灵的适应方向。我将保留一种可能性，即情感态度可能同时具有表征性和非表征性的特征。

这一提议意味着只有认知性态度具有指示性内容。意动性、疑问性、指示性、承诺性和声明性的态度具有非指示性的内容。

阿切尔（Archer, 2015）提出了一个替代韦勒曼的说法，根据这个说法，一个态度的适应方向是该态度的一个推理属性。在这种说法中，当态度适合作为演绎有效论证的前提或结论时，它们就有一个从心灵到世界的适应方向。像幻想和想象这样不以真为目标的态度，就属于适合作为演绎式有效论证的前提和结论的态度。例如，在一个虚构的情境中，一个假装是美国副总统的孩子可以这样推理：

> 如果我是美国的副总统，那么我的名字是卡马拉·哈里斯。
> 我是美国的副总统。
> 所以，我的名字是卡马拉·哈里斯。

在这个设想的例子中，孩子并不相信她是美国副总统，也不相信她的名字真的是卡马拉·哈里斯。她只是进行了虚构，从而假装她是美国副总统，她的名字是卡马拉·哈里斯。

由于不以真为目标的态度适合作为演绎有效论证的前提和结论，它们有一个从心灵到世界的适应方向。所以，阿切尔的说法与我所捍卫的韦勒曼的说法是一致的。然而，我们有理由倾向于韦勒曼的说法而不是阿切尔的说法，理由是前者在解释上比后者更为基本。换句话说，阿切尔的说法是以韦勒曼的说法为前提的。这个论点是直截了当的，是态度的指示性内容解释了为什么它适合作为一个演绎有效论证的前提或结论，而不是反过来。

正如我们已经看到的，预测处理可以在具有动力的预测方面提供对欲望的解释。预测处理是否能够解释所有具有从世界到心灵的适应方向的态度，还有待观察。此外，预测处理是否能够解释那些尽管不以真为目的但具有从心灵到世界的适应方向的态度，也有待观察。在下一节中，我们将仔细研究预测处理是否能解释做梦，这是一个具有从心灵到世界的适应方向但不以真为目标的态度的主要例子。

三、做梦的预测性解释

预测框架的首要原则是预测误差最小化（Friston, 2009, 2010；Hohwy, 2012, 2013, 2020；Clark, 2013, 2016）。由于预测的态度涉及什么是实际为真的，而做梦的态度则不涉及，所以乍看起来，预测处理缺乏解释做梦的态度的资源。但预测处理的倡导者坚持认为，预测处理完全有能力解释做梦的态度。然而，正如我们将看到的，对做梦的普遍预测性解释是不充分的，因为它未能提供对梦的内容的解释。然而，这个缺点最终并不是预测处理固有的缺陷，因为对做梦的另一种预测性解释并没有继承这个问题。

在盛行的做梦预测论中，预测误差最小化的关键原则支配着梦中的生活和醒来的生活，尽管睡眠期间缺乏重要的感官输入（Hobson & Friston, 2012；Hobson & Friston, 2014；Hobson 等 , 2014；Bucci & Grasso, 2017）。正如霍布森和弗里斯顿（2014）所说：

> 大脑在睡眠和清醒时基本上在做同样的事情；有一个关键的区别——睡眠时没有感官输入。然而，反复发生的层级信息传递仍在进行，不断变化的期望和层级预测构成了梦的内容。(Hobson & Friston, 2014: 8)

大脑区域如初级视觉皮层、基底前脑和运动皮层在做梦时保持活跃，这解释了梦的似生活特征。除了在清醒的梦境中做梦者意识到他们在做梦，前额叶皮层的执行控制中心在做梦时是受到抑制的。因此，在普通梦境中，我们缺乏元认知意识，也就是说，我们认为自己是清醒的，尽管我们实际上是在做梦。同样，在普通梦境中，运动指令被抑制，导致身体瘫痪——至少在快速眼动睡眠期间是如此，快速眼动睡眠是大多数梦发生的睡眠阶段。

根据目前流行的对做梦的预测性解释，梦境生活和普通生活的一个关键区别是，我们的梦境在任何程度上都不依赖新的感官输入，而是几乎完全由我们大脑的先天虚拟现实发生器产生（Hobson & Friston, 2012；Hobson & Friston, 2014；Hobson 等 , 2014）。

布奇和格拉索（Bucci & Grasso, 2017）认为，与日常生活一样，运动皮层在做梦时也会产生高精度的本体感觉预测，但由于运动指令的抑制，我们不能以这样的方式行事，以使本体感觉预测的预测误差最小。

然而，这种说法是错误的。这个论点是建立在梦境和现实世界的混淆上的。在正常做梦期间，我们通常不会在现实世界中采取行动，但做梦期间运动皮层产生的本体感觉预测不是对现实世界的预测，而是对梦境世界的预测，我们当然可以在梦境世界中进行梦境行动。正如霍布森等人（2014）所认为的，在快速眼动睡眠期间，梦中的行动在生理上是以快速眼动的形式实现的。

来自现实世界的感官信息有时确实会进入梦境（例如，闹钟的声音）。然而，大脑倾向于预测来自外部世界的信号具有低精度。因此，这些信号被减弱了。

当我们醒着并接触到感官信息时，我们的生成模型试图通过将预测与传入的感官输入相匹配来重构世界。但是，当来自外部世界的感觉输入（如果有的话）被削弱时，我们如何使预测误差最小化有意义？霍布森等人（2014）认为，预测误差最小化可以通过两种方式进行——通过更新当前的假设并可能修订生成模型，或者通过最小化这些模型的复杂性。正如他们所说：

> 从技术上讲，贝叶斯模型证据的（对数）可以分解为准确性和复杂性；其中对数证据随着准确性（预测误差小）而增加，但随着复杂性——进行预测所需的自由度——而减少……这意味着必须将生成模型的复杂性降到最低，以使其证据最大化（Hobson 等 , 2014: 6）。

这里的建议是，在没有来自外部环境的感觉信号的情况下，大脑通过最小化预测和内部模型的复杂性来最小化预测误差。因此，在做梦期间，预测误差最小化就减少为大脑模型和预测的复杂性最小化。

减少模型的复杂性包括减少逻辑和形而上学的不一致以及对自然规律的违反。然而，正如霍布森等人适时指出的那样，做梦的大脑寻求减少复杂性的建议，这似乎与梦的现象学相悖。梦境似乎常常比现实本身更复杂，有时它们具有幻想的一面，违反空间、时间和视角的连续性，甚至违反逻辑规律。例如，一开始并不在你梦中的人突然出现，而且表现得好像他们一直都在那里；一个童年的朋友在你眼前变成了一个同事；或者你在梦中某一刻是一位在飞往日本的飞机上的成功企业家，但一瞬间你就变成了一个高中生。

对于他们对预测误差最小化的解释与梦的现象学相悖的反对意见，霍布森等人（2014）提供了一个相当意外的回复：

> 复杂性是一个模型的属性，而不是一个模型所提供的（假想的）推论的内容。如上所述，复杂性最小化的功能是确保模型能够泛化。换句话说，将突触连接的复杂性降到最低，可以有效地推断出更多不同的感觉情景——这些情景可能在做梦时被编排出来。复杂度最小化所要适应的正是梦的内容的多样性。（Hobson 等，2014: 7）

这里传达的想法似乎是，生成模型的复杂性与它的表征内容的复杂性没有关系，也许是因为模型的复杂性而不是它的内容，包括模型以复杂的方式在大脑的许多突触中实现。

然而，如果在做梦时使预测误差最小化只是为了使生成模型的某些复杂性参数最小化，而这些参数与梦的内容没有关系，那么预测处理框架就没有对大脑如何生成梦的内容提供解释。这对预测处理来说是一个严重的问题，因为预测处理坚持认为预测误差最小化的原则在解释上是根本的。

然而，我认为霍布森等人（2014）对预测误差最小化在做梦时的作用的想法是错误的，大脑产生梦境内容的方式与我们清醒时产生体验性的方式基本相同。以下是我的建议的核心。虽然在做梦期间，来自外部世界的感觉信号大多不存在，但情景记忆和想象力很可能成为做梦期间的似感觉信号的来源。尽管记忆也是产生假设或预测的内部模型的主要场地，但并不存在将假设与情景记忆和想象力所提供的似感觉信号相混淆的风险。似感觉的信号传达的信息，与我们目前所关注的问题有关，或者与我们正试图理解或在心中编排以便更稳固地将它们存入长期记忆的新近经验有关。相比之下，我们产生预测的内在模型表征了我们之前对世界的观念。这些模型已经根据我们生活中的经验进行了扩充和修改。

在我看来，预测误差最小化机制修正了由内在模型产生的关于梦境的预测，并根据似感觉信号进行了更新。对于梦境内容的产生，大脑的预测误差最小化机制需要大大减少预测误差。

然而，鉴于由情景记忆和想象力产生的类似于感觉的信号的分散性，大脑在梦中产生的预测不可能是高度精细的。如果是这样，预测误差将永远不会变得足够小，从而使梦的内容产生。因此，为了使大脑能够修改预测，以适应作为感觉信号的记忆和想象片段，大脑在做梦时的预测，必须比在普通知觉中为配合传入的感觉信号而修改的预测粗略得多。

如果大脑只需要修改内部产生的类似感觉的信号以适应粗略的预测，我们应该期望梦的内容不如知觉的内容那么确定——或者换个说法，我们应该期望梦境缺乏细节。梦的现象学确实表明是这样的。例如，时钟和手表在梦中通常是空白的，或者随着时间闪烁，信件和电子邮件的书面内容也常常缺失。有时，如果做梦者决定阅读，信件或电子邮件的书面内容就会被填上，这就解释了为什么我们通常不能在梦中阅读两次信件或电子邮件。

这里所提出的关于大脑如何产生梦境内容的预测性说明也可以解释为什么梦境有时会呈现出幻想的一面，违反了空间、时间和视角的连续性。鉴于我们基本上是在做梦时编造类似感觉的输入，这种违反是可以预期的。

四、广域与狭域相比较

正如我们所看到的，没有明确的证据表明，具有从心灵到世界或从世界到心灵的适应方向的态度的范例给预测处理带来了特殊的问题。我现在要论证的是，预测处理的真正问题与态度的适应方向没有直接关系，而是与态度的范围有关。正如我们将看到的，一旦我们把注意力转向狭域和广域的态度之间的区别，预测处理就会遇到麻烦，这种区别与从心灵到世界和从世界到心灵的适应方向之间是正交的。

比方说，当一种态度是由自下而上的过程主导的大脑处理的结果时，它就是广域的，而当一种态度是由自上而下的过程主导的大脑处理的结果时，它就是狭域的。有些态度本来就是狭域的或广域的。例如，针对虚构世界的态度（如假装、幻想和做梦）本身就是狭域的，而依赖于减少对信息流的自上而下的限制的态度在范围上本身就是广域的（如走神、积极倾听和自由的头脑风暴）。

许多其他的态度（如知觉、关注和思考）在范围上并非本身就是狭域的或广域的，而是沿着谱系变化的。它们在谱系上的位置取决于一些因素，如任务说明（Navon, 1977）、先前的期望（Oliva & Schyns, 1997）、心理状态或心态（Hertz 等，2020）和动机强度（Gable & Harmon-Jones, 2010）。未界定的任务规定、高期望值、高动机强度和狭隘的心态倾向于缩小态度的变化范围，而界定了的任务规定、很低的期望值、宽广的心态和低动机强度倾向于扩大态度的变化范围。

研究得最多的具有变化范围的一种态度是注意。纳翁（Navon, 1977）首先揭示了注意力从狭域转移到广域，以及反向的转移。在一个纳翁式的范式中，参与者被呈现出一个大的整体形状（如字母 T），由较小的局部形状（如字母 E）组成。【见图 2】

图 2 是由一个整体形状（字母 E 或字母 T）和一致（a）或不一致（b）

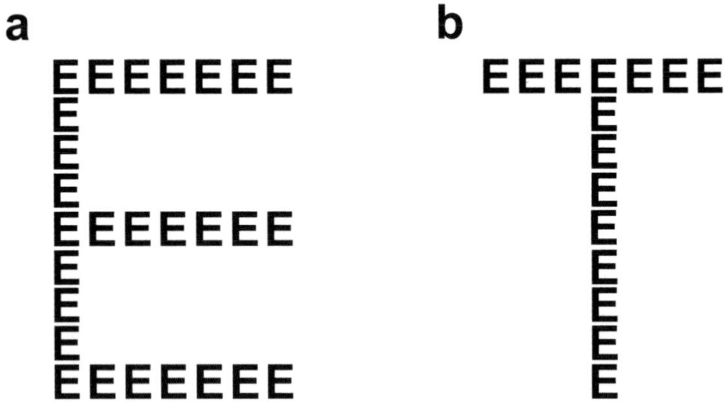

图 2　纳翁式刺激

的较小局部形状（字母 E）组成的纳翁式刺激。在这两种情况下，参与者可以很容易地在大的整体形状和小的局部形状之间进行切换。但是，在没有任何任务规定的情况下，参与者在一致和不一致的条件下对整体形状的检测比对局部形状更快（来自 Wong & Chang, 2018）。

当被要求关注整体形状或其组成部分时，参与者在两种条件下都能轻易地从大的整体形状切换到小的局部形状（Navon, 1977）。但在没有任何任务规定的情况下，对比局部形状，参与者在一致和不一致的条件下都能更快地检测到整体形状（Navon, 1977）。然而，这种使整体形状比局部形状能够更快检测到的整体优先效应，可以被任务规定（Navon, 1977）、先前的期望（Oliva & Schyns, 1997）、心态（Hertz 等，2020）和动机强度（Gable & Harmon-Jones, 2010）所推翻。

许多精神障碍的特点是具有不寻常范围的态度。例如，重度抑郁症往往涉及大量的窄域态度，如局部注意、狭隘的思维和反刍思维。相比之下，像狂躁症和精神分裂症这样的精神障碍，往往涉及大量的广域态度，如全局注意、广博思维和有脱节的自由联想。

在下一节中，我将论证，由于精神分裂症中大量的广域态度，这种疾病中常见的听觉幻觉涉及异常的自下而上的过程。正如我们将看到的，这些自下而上的过程不是预测误差信号，这与预测处理所说的所有自下而上的处理都是预测误差信号相悖。

五、精神分裂症的幻觉

幻觉是类似于真实经验的体验，但在没有相关外部刺激的情况下发生。例如，视觉和听觉幻觉与迷幻药、谵妄和精神障碍有关，如精神分裂症、分裂情感障碍或双相情感障碍（Teeple 等 , 2009）。虽然没有单一的机制可以解释所有的视听幻觉，但幻觉的特点往往是一种异常广域的精神状态。

在精神分裂症中，最常见的幻觉形式是声音和语音的听觉幻觉。大约 70% 被诊断为精神分裂症的人报告有听觉幻觉（Waters 等 , 2012）。这些幻觉往往有以下特点：（i）它们往往感觉像是真实的体验；（ii）受试者往往对幻觉的发生、内容和频率缺乏控制；（iii）幻觉体验感觉“陌生”，与受试者自己的心理过程分离；（iv）幻觉往往与不愉快的情绪有关。虽然（i）和（ii）可能同样适用于神经典型个体的幻觉，但（iii）和（iv）是发生在精神分裂症和相关疾病中的幻觉所特有的（Waters 等 , 2012；Wilkinson, 2014）。

一种广为接受的观点是，精神分裂症的听觉幻觉是由于扭曲的自下而上的感觉信号和反常的自上而下的过程的结合而发生的（Thoma 等 , 2017）。对自下而上的感觉信号的扭曲有两种最合理的解释，即精神分裂症患者在信号到达感觉皮层之前缺乏适当过滤掉传入信号的噪音的能力（Thoma 等 , 2017）。传入信号的噪音成分是否在听觉皮层中被进一步放大，仍是未知数。

异常的自上而下的过程，已被用来解释为什么有噪音的传入信号被理解为有意义的声音或语音。自上而下的过程参与解释传入的感觉信号，但有很高噪音的信号通常不会对知觉经验做出贡献。很多传入的噪音要么在丘脑的注意门控机制层面上逃脱了我们的注意，要么是脱敏的结果——这是一种神经元对重复刺激停止强烈发射的现象。例如，由于脱敏，空调的持续背景声音在一段时间后往往会逃避我们的注意。

回顾一下，在预测处理框架内，根据信号的预期精度将增益归于该信号，大脑由此来处理传入信号的预期确定性或不确定性（Hohwy 2013: 64-66；Clark 2016: 53-59）。一个信号的预期精度越高，信号的增益就越大。所以，预期精度低的信号在预测或模型的修正中并没有发挥任何重要作用。相反，大脑几乎完全依赖其先前获得的信息。当感觉信号被预测为具有较高的精确度时，增益就会很高，信号在修正假设和模型中起着重要作用。

然而，在精神分裂症中，大脑显然不具备可靠的机制来衡量传入信号的精度。通常情况下，大脑能够以相当高的可靠性预测一个有噪音的信号具有低精度，这反过来又削弱了信号对假设生成和修正的影响。然而，患有精神分裂症的受试者似乎缺乏可靠地估计传入信号精度的能力，因此不会减弱低精度的信号。

对无关信息进入精神分裂症受试者大脑的这一解释，仍然给我们留下了这样的问题：是什么原因导致大脑产生假设，导致将有噪音的信号解释为语音或声音？一种可能性是，低精度信号随机地重新激活音素和语义信息的语义记忆模板，导致预测的产生，然后作为对低精度信号的解释。

幻听起源于语义记忆中随机确定的信息激活的假说并不能解释为什么精神分裂症的受试者把幻听当作外来的，而不是他们自己内心的声音。

这里的主流理论是，精神分裂症也涉及大脑源头监控的功能障碍，即追踪信号是否源自外部环境、幻想、情景记忆或想象的机制（Waters 等，2006, 2012）。

关于精神分裂症中听觉幻觉的拟议说法提出了预测处理的一个反例。低精度信号进入精神分裂症患者的大脑，因为大脑不能准确预测其低精度。相应地，这些低精度的信号应该对预测的更新有一定的影响。但是基于语义记忆中的语音和语义模板的预测并没有因为预测和信号之间的不匹配而更新，这强烈地表明信号并没有对预测误差进行编码。因此，精神分裂症中传入的低精度信号并不是错误的预测信号，这与预测处理的两个核心前提相悖，即所有自下而上的信号都是预测误差信号，以及大脑所做的一切都是为了最小化预测误差。在下一节中，我论证了迷幻体验给预测处理带来的类似问题。

六、迷幻的幻觉

研究最多的致幻剂是赛洛西宾（二甲 -4- 羟色胺磷酸，psilocybin），即神奇蘑菇或蘑菇的活性成分。摄入后，赛洛西宾被代谢为代谢产物赛洛新（二甲 -4- 羟色胺，psilocin）。赛洛新的功能几乎完全是作为一种 5- 羟色胺激动剂发挥作用，与感觉皮层的 5-HT2A 血清素受体结合，直接与迷幻体验相关（Glennon, 1990；Vollenweider 等，1998；Nichols, 2004；Presti & Nichols, 2004）。

与精神分裂症的幻觉不同，迷幻体验几乎总是视觉的。赛洛西宾已被证明可以诱发视觉幻觉和错觉，以及联觉体验（Brogaard, 2013；Brogaard & Gatzia, 2016）。常见的迷幻体验包括偏执性体验（例如，误认为别人的笑声或目光是针对受试者的），以及违反正常界限的外部环境的扭曲（例如，草从你的鞋子里长出来）。醉酒期间见证到的联觉体验通常是由音乐诱发的彩色、几何网格、矩阵或分形（回顾见 Sinke 等，2012）。这些迷幻体验是愉快的还是不愉快的，取决于各种背景因素。

目前还不太清楚药物诱导的联觉体验与药物诱导的幻觉或错觉有何区别（Brogaard & Gatzia, 2016）。报告的视觉障碍包括外部物体具有不寻常的颜色、质地和形状或经历奇怪的转变的体验。受试者有时会描述看到融化的窗户、会呼吸的墙壁或盘旋在物体表面的螺旋状几何图形（Brogaard, 2013）。例如，科特和罗克（Cott & Rock, 2008）报告了他们的一个受试者描述的下面这种迷幻体验："房间里爆发出令人难以置信的霓虹灯色，并融入了我所见过的最精致的令人难以置信的分形图案。”许多作者将这种体验描述为幻觉，而不是错觉或联觉体验（Hartman & Hollister, 1963；Cott & Rock, 2008）。在此，我将把这些错觉体验归入幻觉，但在幻觉和联觉之间做一个区分。

关于赛洛西宾如何引起幻觉的主流理论，赛洛新与视觉皮层第五层锥体神经元上的 5-HT2A 血清素受体结合（Brogaard, 2013）。该受体部位的激活导致谷氨酸的释放增加，谷氨酸是大脑的主要兴奋性神经递质（Ceglia 等 , 2004； Torres-Escalante 等 , 2004）。视觉皮层中谷氨酸细胞外水平的增加已被发现会导致视觉皮层中代谢活动的增强和脑波活动的同步化（Vollenweider 等 , 1997； Scruggs 等 , 2003； Nichols, 2004； Komet 等 , 2013）。视觉皮层的过度活跃引发了连接视觉皮层和丘脑的神经元中 GABA（γ- 氨基丁酸——译者注）的释放增加。赛洛新还能与神经元上的 5-HT2A 血清素受体结合，从而直接导致 GABA 的细胞外水平增强。由于 GABA 是大脑的主要抑制性神经递质，从视觉皮层投射到丘脑的中间神经元释放的 GABA 增强，导致丘脑的注意门控机制受到抑制。

注意门控机制通常会过滤掉环境噪音和丘脑中随机产生的信息。但当注意门控机制被抑制时，丘脑内部产生的随机信息和环境产生的噪音就会自由地涌入视觉皮层（Kim & McCormick, 1998; Markram 等 , 2004）。传入的噪音和随机信号导致下颞叶（IT）皮层的视觉区域被激活，并且不受控制地或随机地产生关于信号的所谓远端原因的预测。这反过来又导致了视觉错觉或视觉幻觉。

类似的机制也被认为是对药物诱导的联觉的一种解释（Brogaard, 2013）。与幻觉一样，赛洛西宾诱导的联觉可能源于赛洛新与 5-HT2A 血清素受体的结合导致的视觉和听觉皮层的过度激活，然后增加局部谷氨酸水平。视觉和听觉皮层的神经元与本地神经元以及丘脑和前额皮层的神经元形成反馈回路。对丘脑的投射在区分传入信息和整合来自不同感觉渠道的信息方面起作用，而对前额叶皮层的投射则在假设形成方面起作用。

在正常的多感官知觉中，当传入信号的空间和时间属性相匹配时，

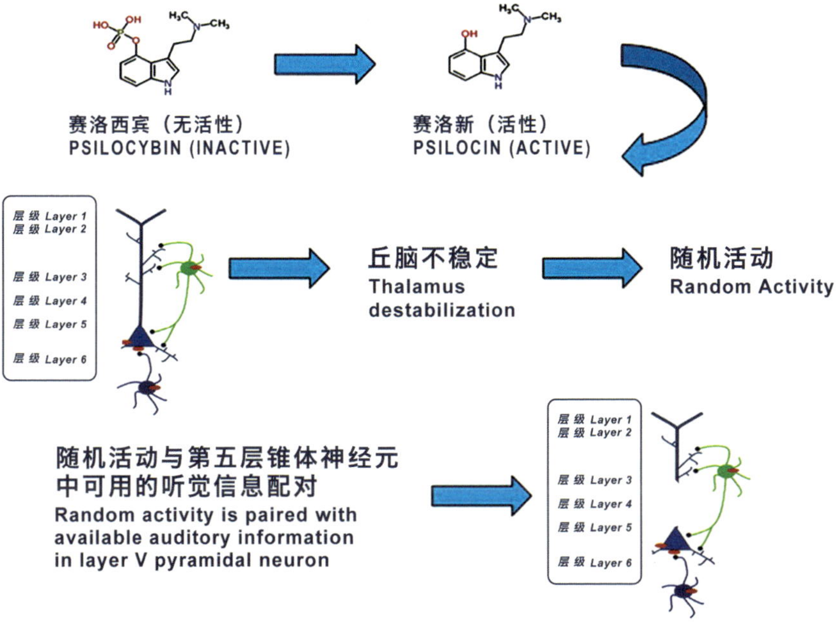

图 3　赛洛西宾代谢为赛洛新

来自视觉和听觉通道的低层多感官结合会在听觉皮层中通过丘脑皮层反馈回路自发地发生（Schroeder & Foxe, 2005）。然而，视觉皮层的过度兴奋活动会导致丘脑的注意门控机制的不稳定。这有许多后果，如对传入刺激的注意辨别力下降，允许更多的信息涌入感觉皮层，刺激特异性抑制的丧失，丘脑中随机活动的增加，以及在实际匹配空间和时间属性的基础上对多感官刺激的低层、自发整合的破坏。

低层整合机制的破坏可能导致不一致的体验，例如在看到物体掉落之前听到它砸在地上。这种低层整合的破坏的另一个结果可能是不属于一起的刺激的耦合，如音符和彩色几何分形（Sinke 等 , 2012）【见图 3】。这些类型的视觉体验也经常在没有诱因的情况下发生，可能是丘脑随机活动的结果（Behrendt & Young, 2004；Sagiv 等 , 2011）。

图 3 无活性的赛洛西宾被代谢为活性成分赛洛新，然后赛洛新在第五层锥体神经元中引发 5-HT2A 兴奋性反应，在 GABA 中间神经元中引

发抑制性反应。这导致丘脑的不稳定，从而引发丘脑随机活动。在视觉皮层中处理的随机活动与第五层锥体神经元中可用的听觉信息配对，从而产生联觉体验（来自 Brogaard, 2013）。

就像精神分裂症中的幻觉一样，迷幻体验变成了预测处理的一个问题。由于丘脑中注意力门控机制的不稳定而进入感觉皮层的信号是低精度的信号，但大脑并没有预测到它们的低精度，因此没有减弱它们。尽管没有被减弱，但鉴于随机产生的预测未能与低精度信号相匹配，因此没有更新。因此，低精度信号并不编码预测误差，这与预测处理所坚持的所有自下而上的信号都是预测误差信号，以及大脑所做的一切都是为了最小化预测误差的说法相悖。接下来，我们转向在精神分裂症中所看到的不同类型的异常经验。正如我们将看到的，预测处理在这里也有缺陷。

七、精神分裂症和空心面具错觉

由于精神病患者自上而下和自下而上的过程之间的平衡受到干扰，导致无法纠正自上而下的影响，因此精神病患者，如精神分裂症患者，不太容易受到各种视觉错觉的影响。其中一个是空心面具错觉。

在空心面具错觉中，当神经典型的受试者在远处看到面具的内侧时，看起来就像面具的外表面突出来了（Gregory, 1973）。对这种幻觉效果的典型解释是，由于我们很少看到脸的内表面，大脑构建了一个预测的三维形状，看起来就像一张鼻子突出的正常脸【见图 4（左)】。

当面具慢慢转动时，这种效果甚至更加明显。当观看者最初看到的是面具的内侧，然后慢慢旋转面具以呈现其凹陷的背面，大脑“纠正”凹陷的刺激为凸起的刺激。事先对人脸的概念推翻了传入的信号，部分原因是我们遇到的人脸通常是凸形的，部分原因是大脑没有足够的时间获得足够的视觉信息来构建面具的凹陷背面。

一些研究表明，由于精神分裂症患者自上而下和自下而上过程之间

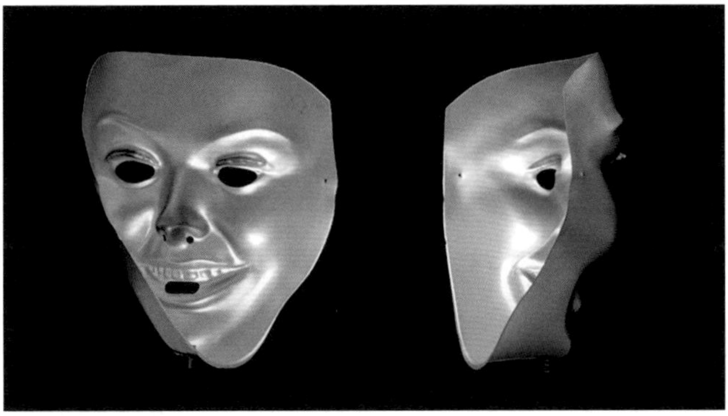

图 4　空心面具错觉

的平衡受到干扰，精神分裂症患者不会体验到空心面具的错觉（Schneider 等, 1996； Schneider 等, 2002； Emrich 等, 1997； Dima 等, 2009）。类似的结果也在其他精神病状况中被发现, 如极端的睡眠剥夺（Sternemann 等, 1997）、戒酒（Schneider 等, 1996）和大麻中毒（Emrich 等, 1997）。

最近有两项研究，通过在空心面具错觉范式中使用 fMRI 和 EEG 数据的动态因果模型（Dima 等, 2009； Dima 等, 2010），测量了精神分裂症受试者和神经典型对照者的连接性。这些研究的结果显示，与神经典型对照组相比，精神分裂症患者在知觉空心面具错觉的过程中，自上而下的过程受到了损害（Dima 等, 2009； Dima 等, 2010）。具体来说，两组人在对脸部类型（凹面与凸面）的连接调节方面存在差异。对照组受试者在面对空心面具时，表现出从顶内沟（IPS）到外侧枕叶复合体（LOC）的自上而下过程的优势，而精神分裂症受试者在知觉同一刺激时，表现出顶内沟到外侧枕叶复合体的自上而下反馈的减弱和从 V1（初级视觉皮层——译者注）到外侧枕叶复合体的自下而上过程的增强。

因此，患有精神分裂症的受试者把面具看成是空心的，因为他们的内部模型不能产生对传入感觉信号的预测。结果，传入的感觉信号没有得到纠正。

精神分裂症中自上而下的预测信号的明显减少表明，这种疾病中不寻常的自下而上的过程并没有对预测误差进行编码，鉴于所有自下而上的信号都是预测误差信号的说法，这给预测处理带来了一个问题。

但是，给预测处理带来麻烦的不仅仅是异常知觉的情况。正如我们在下一节所看到的，自由联想不需要参与预测误差最小化。

八、 自由联想和广域态度

在此，我们要做一些初步的标记。自由联想测试中的联想反应通常分为主导性和非主导性。当一个联想是对一个主要词的高度普遍的反应时，它就是主导的。例如，根据纳尔逊自由联想数据库，其中包含5000多个提示词和联想反应，对“丈夫”的主导反应是“妻子”（143个反应）。对“丈夫”的非主导反应包括“男人”（3）、“配偶”（3）、“爱”（2）、“已婚”（1）、“男性”（1）和“愚蠢”（1）。没有人产生的反应也被称为特异性反应或单例。

一个相关的分类将联想反应分为即时、中间和远程反应，反映了目标词和联想反应之间的联系有多明显。例如，如果提示词是“糖”，那么“糖果”是即时反应，“商店”是中间反应，而“商业”是远程反应。

在神经典型受试者中，自由联想的即时性如何，通常被认为是联想强度的函数，也就是说，通常认为第一个想到的联想是触发的最强联想（Nelson等，2000；Nelson等，2004）。在一项操纵认知负荷的研究中，波若和巴尔（Boror & Bar, 2016）挑战了这一假设，表明自由联想的即时性取决于心理模式。在一系列四个实验中，神经症受试者被要求以最快的速度对一个目标词做出反应，并在键盘上打出第一个想到的联想词。一共有100个目标词（例如，“白人”“朋友”“学校”）——50个来自荣格（Jung, 1910），50个来自杰弗里斯等人（Jefferies等，2009）。每个试验区块以随机顺序呈现10个目标词。反应时（RT）被测量为从目标词开始到第一次按答案键的时间。

在实验 1 中，认知负荷是通过工作记忆任务来操纵的，在低负荷或高负荷条件下，受试者被要求在头脑中记住一串数字，并在每个区块结束后大声重复它们。在实验 1A 中，受试者被要求在低负荷条件下记住两个数字，在高负荷条件下记住六个数字。在实验 1B 中，这串数字是四位和七位。

在实验 1A 和 1B 中，低负荷下的受试者明显比高负荷下的受试者记忆得更准确，但在 RT 上没有明显差异。为了测量自由联想的差异性，波若和巴尔（Boror & Bar, 2016）使用了一种熵的测量方法，跟踪每个答案在不同受试者中被提供的概率。一个答案在不同受试者中的概率越高，就越表明更低的独创性和更高的可预测性。使用这个公式，发现低负荷下的联想方差明显高于高负荷，表明在较高的工作记忆负荷下，独创性较差。

实验 2 测试了是否只有高工作记忆负荷才会导致自由联想的缩小。在这里，通过要求受试者完成一项字母化任务来增加认知负荷，该任务要求指出每个目标词的第一个字母的正确字母顺序。在低负荷条件下，如果单词的第一个字母按字母表顺序在第二个字母之前，受试者被要求先按“1”再按“2”，如果第一个字母在第二个字母之后，则先按“2”再按“1”。在高负荷条件下，受试者被要求用“1”“2”和“3”键来表示目标词前三个字母的正确字母顺序【见图 5】。

图 5 为实验 2 中字母化任务的说明。在低负荷条件下，受试者被要求使用“1”和“2”键来表示每个目标词的前两个字母的顺序。因此，要正确回答“white”（白色）这个词，受试者必须先按“2”再按“1”，因为前两个字母的字母顺序是 <h, w>。在高负荷条件下，受试者被要求使用“1”“2”和“3”键来表示每个词的前三个字母的顺序。因此，对“white”（白色）这个词的正确反应是按“3”，然后按“1”，再按“2”，因为前三个字母的字母顺序是 <h, i, w>（来自 Boror & Bar, 2016）。

结果显示，高负荷下的受试者明显比低负荷下的受试者要慢。随着认知负荷的增加，为每个目标词提供的非主导性联想的比例明显下降。这

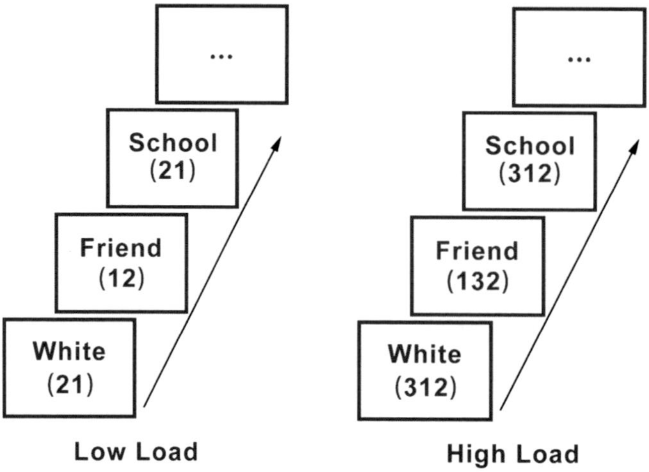

图 5　字母化任务

些发现表明，导致自由联想变窄的不仅仅是高工作记忆负荷，而且是更普遍的高认知负荷。

实验 3 测试了心理探索的“瓶颈”是否只发生在高认知负荷或同时发生在高知觉负荷的情况下。在低知觉负荷条件下，受试者被要求注意以随机顺序出现在屏幕上的彩色字母的单一特征（颜色），并且每当他们观察到一个红色的字母时就按下键来做出反应。在高知觉负荷条件下，受试者被要求注意两个特征（颜色和字母类型），并在每次观察到一个绿色 L 时按下按键做出反应。

在这个实验中发现，高负荷条件下的受试者比低负荷条件下的受试者犯错误报警的比例明显要高。

最后一个也是第四个实验是为了排除这样的可能性：低负荷条件下的受试者没有首先激活直接的、最强的联想——就像高负荷条件下的受试者那样——而是通过花额外的时间去寻找更“有趣”的远程反应来实现更大的反应差异。

在这个实验中，受试者先看到一个启动词（如“护士”），然后是一个探测刺激（一个词或一个假词）（如“医生”或 Schmoktor）。他们被要求快速报告探测刺激是否是一个词。与第一个实验一样，认知负荷是通过要求处于低负荷或高负荷条件下的受试者记住一串数字来操纵的。

第四个实验的结果显示，在任务切换范式中，较长的反应时与联想方差的减少相关，从而证实了延迟反应是由于远程联想的激活，而不是受试者在寻找更有趣的答案。

这些发现表明，在低认知负荷下，第一个有意识的联想可能是内心探索的产物，而不一定是所触发的最强的联想，这与联想反应的即时性仅仅是联想强度的一个函数的常见假设相悖。

较高的认知或知觉负荷直接减少了自由联想的方差，从而增加了预测性的联想思维模式。这反过来又指出，较高的心理负荷与利用、局部注意、狭隘和消极情绪之间存在关联，反之，较低的心理负荷与探索、全局注意和积极情绪之间存在关联（另见 Hertz 等 , 2020 年）。低认知负荷可能会激励神经症患者采取探索模式，因为远程联想，就像外部环境中的新刺激一样，本质上是有回报的。

因此，自由联想本身并不是一个广域的心理过程。相反，在高知觉或认知负荷下，受试者利用更直接和明显的联想，表明在高知觉或认知负荷下的自由联想是一个窄域的心理过程。

波若和巴尔（Boror & Bar, 2016）研究的一个有趣的结果是，高认知负荷与反刍思维的方式相同，即反复纠缠于同一个想法。反刍思维是常见的抑郁症、焦虑症和压力症，它也缩小了人们的自由联想（Bar, 2009）。因此，高认知负荷和反刍思维似乎都会降低对新刺激的内在回报，导致知觉或认知上的利用模式。

这些发现给预测处理带来了另一个问题。如果预测误差最小化确实是大脑的首要原则，那么大脑自然要做的事情就是减少联想方差，并在更大程度上依赖即时联想。然而，正如波若和巴尔（Boror & Bar, 2016）所指出的，当认知资源可用时，大脑有一种默认的倾向，即超越最直接的联想，而激活独特的联想。因此，大脑被引向不可预测性和探索，而不是预测误差最小化。事实上，正如之前的一篇论文（Brogaard & Sørensen, 2020）

中所论证的那样，即使是物体知觉所需的场景主旨知觉和缩放注意，也涉及自下而上的处理，不能被理解为预测误差信号。①

参考文献

Anscombe, G. E. M. (1957). *Intention*. Oxford: Basil Blackwell.

Archer, A. (2015). Reconceiving direction of fit. *Thought: A Journal of Philosophy* 4(3), 171-180.

Bar, M. (2003). A cortical mechanism for triggering top–down facilitation in visual object recognition. *J. Cogn. Neurosci.*, 15, 600-609.

Bar, M. (2009). The proactive brain: Memory for predictions. *Philosophical Transactions of the Royal Society B*, 364:1235-1243.

Bar, M., Kassam, K. S., Ghuman, A. S., Boshyan J., Schmidt, A. M., Dale, A. M., Hamalainen, M. S., Marinkovic, K., Schacter, D. L., Rosen, B. R. & Halgren, E. (2006). Top-down facilitation of visual recognition. *Proc. Natl. Acad. Sci. U.S.A.*, 1032, 449-454.

Barlassina, L. & Hayward, M. K. (2019). More of me! Less of me!: Reflexive imperativism about affective phenomenal character. *Mind*, 128(512), 1013-1044.

Baror, S. & Bar, M. (2016). Associative activation and its relation to exploration and exploitation in the Brain. *Psychological Science*, 27, 776-789.

Brogaard, B. (2013). Serotonergic hyperactivity as a potential factor in developmental, acquired and drug-induced synesthesia, *Front. Hum. Neurosci.* 7:657, 2013. doi: 10.3389/fnhum. 2013. 00657.

Brogaard, B. (2020). *Hatred: Understanding our most dangerous emotion*. New York: Oxford University Press.

---

① 我很感谢在 2020 年 11 月 5 日参加中国人民大学哲学与认知科学跨学科交叉平台讲座的一位听众，他对本文早期版本提出了有益评论。我还要感谢 Homas Alrik Sørensen 对于这些相关问题的有益讨论。

Brogaard, B. & Gatzia, D. E. (2016). Psilocybin, LSD, mescaline and drug-induced synesthesia. In Preedy, V.R. (ed.), *The neuropathology of drug addictions and substance misuse*, Volume 2. Elsevier: 890-905.

Brogaard, B. & Sørensen, T. A. (2020). Predictive processing and object recognition. In Cheng, T, & Hohwy, J (eds.). *Expected experiences: The predictive mind in an uncertain world*, New York: Routledge, in press.

Bucci, A. & Grasso, M. (2017). Sleep and dreaming in the predictive processing framework. *Philosophy and Predictive Processing*.

Ceglia, I., Carli, M., Baviera, M., Renoldi, G., Calcagno, E. & Invernizzi, R. W. (2004). The 5-HT receptor antagonist M100, 907 prevents extracellular glutamate rising in response to NMDA receptor blockade in the mPFC. *J. Neurochem.*, 91, 189-199.

Clark, A. (2016). *Surfing uncertainty: Prediction, action, and the embodied mind.* New York: Oxford University Press.

Clark, A. (2017). Predictions, precision, and agentive attention. *Consciousness and Cognition*, 56, 115-119.

Clark, A. (2020). Beyond desire? Agency, choice, and the predictive mind. *Australasian Journal of Philosophy*, 98(1), 1-15.

Colombo, M. & Wright, C. (2017). Explanatory pluralism: An unrewarding prediction error for free energy theorists. *Brain and Cognition*, 112, 3-12.

Cott, C. & Rock, A. J. (2008). Phenomenology of N, N-Dimethyltryptamine use: A thematic analysis, *Journal of Scientific Exploration*, 22(3), 359-370.

Dima, D., Roiser, J. P., Dietrich, D. E., Bonnemann, C., Lanfermann, H., Emrich, H. M. & Dillo, W. (2009). Understanding why patients with schizophrenia do not perceive the hollow-mask illusion using dynamic causal modeling. *Neuroimage*, 46, 1180-1186.

Dima, D., Dietrich, D. E., Dillo, W. & Emrich, H. M. (2010). Impaired top-down processes in schizophrenia: A DCM study of ERPs. *NeuroImage*,

52(3), 824-832.

Eilan, N. (1998). Perceptual intentionality, attention and consciousness. In O'Hear, A. (ed.), *Royal institute of philosophy, supplement 43: Current issues in philosophy of mind*, Cambridge, UK: Cambridge University Press.

Emrich, H., Leweke, F., Schneider, U. (1997). Towards a cannabinoid hypothesis of schizophrenia: Cognitive impairments due to a dysregulation of the endogenous cannabinoid system, *Pharmacology Biochemistry and Behavior*, 56 (1997), 803-807.

Friston, K. J. (2003). Learning and inference in the brain. *Neural Netw.*, 16(9), 1325-1352.

Friston, K. J. (2009). The free-energy principle: A rough guide to the brain? *Trends Cogn. Sci.*, 13(7), 293-301.

Friston, K. J. (2010). The free-energy principle: A unified brain theory? *Nat. Rev. Neurosci.*, 11(2), 127-138.

Friston, K. J. (2013). Active inference and free energy. *Behav. Brain Sci.*, 36, 212-213.

Gable, P. & Harmon-Jones, E. (2010). The motivational dimensional model of affect: Implications for breadth of attention, memory, and cognitive categorisation. *Cognition and Emotion*, 24(2), 322-337.

Glennon, R. A. (1990). Do classical hallucinogens act as 5-HT2 agonists or antagonists? *Neuropsychopharmacology*, 3, 509-17.

Gregory, R. L. (1973). The confounded eye. In Gregory, R. L. & Gombrich, E. H. (eds). *Illusion in Nature and Art.* London: Duckworth, 49-96.

Hartman, A. & Hollister, L. E. (1963). Effect of mescaline, lysergic acid deithylamide and psilocybin on color perception. *Psychopharmacologia*, 4, 441-451.

Herz, N., Baror, S. & Bar, M. (2020). Overarching states of mind. *Trends in Cognitive Sciences*, 24, 184-199.

Hobson, J. A. & Friston, K. J. (2012). Waking and dreaming consciousness: neurobiological and functional considerations. *Prog. Neurobiol.,* 98, 82-98.

Hobson, J. A. & Friston, K. J. (2014). Consciousness, dreams, and inference: the cartesian theatre revisited. *J. Conscious. Stud.*, 21, 6-32.

Hobson, J. A. Hong, C. C.-H. & Friston, K. J. (2014). Virtual reality and consciousness inference in dreaming. *Front. Psychol.*, 09 October 2014. doi: 10.3389/fpsyg.2014.01133.

Hohwy, J. (2012). Attention and conscious perception in the hypothesis testing brain. *Frontiers in Psychology*, 3(96), https://doi.org/10.3389/fpsyg.2012.00096.

Hohwy, J. (2013). *The predictive mind.* Oxford University Press.

Hohwy, J. (2020). New directions in predictive processing. *Mind & Language*, 35(2), 209-223.

Hollingworth, A. & Henderson, J. M. (1998). Does consistent scene context facilitate object detection. *J. Exp. Psychol. Gen.*, 127, 398-415.

Humberstone, I. L. (1992). Direction of fit. *Mind*, 101(401), 59-83.

Insko, C. A. & Schopler, J. (1967). Triadic consistency: A statement of affective-cognitive-conative consistency. *Psychological Review*, 74(5), 361-376.

Jefferies, E., Patterson, K., Jones, R. W. & Lambon Ralph, M. A. (2009). Comprehension of concrete and abstract words in semantic dementia. *Neuropsychology*, 23, 492-499.

Joffily, M. & Coricelli, G. (2013). Emotional valence and the free-energy principle. *PLoS: Computational Biology*, 9(6): e1003094.

Jung, C. G. (1910). The association method. *American Journal of Psychology*, 21, 219-269.

Kim, U. & McCormick, D. A. (1998). The functional influence of burst and tonic firing mode on synaptic interactions in the thalamus. *J. Neurosci.*,

18, 9500-9516.

Klein, C. (2007). An imperative theory of pain. *Journal of Philosophy*, 104(10): 517-532.

Klein, C. (2015). *What the body commands: The imperative theory of pain*. Cambridge: MIT Press.

Klein, C. (2018). What do predictive coders want? *Synthese*, 195(6): 2541–57.

Kometer, M., Schmidt, A., Jäncke, L. & Vollenweider, F. X. (2013). Activation of serotonin 2A receptors underlies the psilocybin-induced effects on oscillations, N170 visual-evoked potentials, and visual hallucinations. *J. Neurosci.*, 33, 10544-10551.

Koralus, P. (2014). The erotetic theory of attention: questions, focus and distraction. *Mind and Language*, 29(1), 26-50.

Kveraga, K., Boshyan, J. & Bar, M. (2007). Magnocellular projections as the trigger of top-down facilitation in recognition, *Journal of Neuroscience*, 27, 13232-13240.

Larson, A. M., Freeman, T. E., Ringer, R. V. & Loschky, L. C. (2014). The spatiotemporal dynamics of scene gist recognition. *Journal of Experimental Psychology: Human Perception and Performance*, 40(2), 471-487.

Lee, H.-M. & Roth, B. L. (2012). Hallucinogen actions on human brain revealed. *PNAS*, 109(6), 1820-1821.

Markram, H., Toledo-Rodriguez, M., Wang, Y., Gupta, A., Silberberg, G. & Wu, C. (2004). Interneurons of the neocortical inhibitory system. *Nat. Rev. Neurosci.*, 5, 793-807.

Martinez, M. (2011). Imperative content and the painfulness of pain. *Phenomenology and the Cognitive Sciences*, 10, 67-9.

Martinez, M. (2015). Disgusting smells and imperativism. *Journal of Consciousness Studies*, 22(5-6), 191-200.

Navon, D. (1977). Forest before trees: the precedence of global features in visual perception. *Cogn. Psychol.*, 9, 353-383.

Nelson, D. L., McEvoy, C. L. & Schreiber, T. A. (1998). The University of South Florida word association, rhyme, and word fragment norms. http://w3.usf.edu/FreeAssociation/. Retrieved on Dec 8, 2020.

Nelson, D. L., McEvoy, C. L. & Dennis, S. (2000). What is free association and what does it measure? *Memory & Cognition*, 28, 887-899.

Nelson, D. L., McEvoy, C. L. & Schreiber, T. A. (2004). The University of South Florida free association, rhyme, and word fragment norms. *Behavior Research Methods, Instruments & Computers*, 36, 402-407.

Nichols, D. E. (2004). Hallucinogens. *Pharmacology & Therapeutics*, 101(2), 131-181.

Oliva A. & Schyns, P. G. (1997). Coarse blobs or fine edges? Evidence that information diagnosticity changes the perception of complex visual stimuli. *Cogn. Psychol.*, 34, 72-107.

Palmer, S. E. (1975). The effects of contextual scenes on the identification of objects. *Mem. Cognit.*, 3, 519-526.

Platts, M. (1979). *Ways of meaning*. London: Routledge and Kegan Paul.

Presti, D. & Nichols, D. (2004). Biochemistry and neuropharmacology of psilocybin mushrooms. In R. Metzner (ed.) *Teonanacatl: Sacred Mushroom of Vision*. El Verano, CA: Four Trees, 89-108.

Ransom, M., Fazelpour, S. & Mole, C. (2017). Attention in the predictive mind. *Consciousness and Cognition*, 47, 99-112.

Rao, R. P. & Ballard, D. H. (1999). Predictive coding in the visual cortex: A functional interpretation of some extra-classical receptive-field effects. *Nature Neuroscience*, 2(1), 79-87.

Schmidt, M. F. H. & Rakoczy, H. (2019). On the uniqueness of human normative attitudes. In Bayertz, K. & Roughley, N. (eds.), *The normative animal? On the anthropological significance of social, moral and linguistic norms*. New York: Oxford University Press, 121-136.

Schneider U. , Leweke F. M., Sternemann U. , Weber M. M. & Emrich H. M. (1996). Visual 3D illusion: A systems-theoretical approach to psychosis, *European Archives of Psychiatry and Clinical Neuroscience*, 246 (1996), 256-260.

Schneider, U., Borsutzky M., Seifert J. , Leweke F. M. , Huber T. J. , Rollnik, J. D. et al. (2002). Reduced binocular depth inversion in schizophrenic patients, *Schizophrenia Research*, 53, 101-108.

Schroeder, C. E. & Foxe, J. (2005). Multisensory contributions to low-level, 'unisensory' processing. *Curr. Opin. Neurobiol.*, 15, 454-458.

Scruggs, J. L., Schmidt, D. & Deutch, A. Y. (2003). The hallucinogen 1-[2,5-dimethoxy-4-iodophenyl]-2-aminopropane (DOI) increases cortical extracellular glutamate levels in rats. *Neurosci. Lett.* 346, 137-140.

Searle, J. (1976). A classification of illocutionary acts. *Language in Society*, 5(1), 1-23.

Sinke, C. Halpern, J. H., Zedler, M., Neufeld, J., Emrich, H. M. & Passie, T. (2012). Genuine and drug-induced synesthesia: A comparison. *Consciousness and Cognition*, 21(3), 1419-1434.

Sobel, D. & Copp, D. (2001). Against direction of fit accounts of belief and desire, *Analysis*, 61(1), 44-53.

Smith, M. (1987). The humean theory of motivation. *Mind*, 96, 31-61.

Smith, M. (1994). *The moral problem*. Oxford: Blackwell.

Sternemann U., Schneider U., Leweke F. M., Bevilacqua C. M., Dietrich D. E. & Emrich H. M. (1997). Pro-psychotic change of binocular depth inversion by sleep deprivation. *Der Nervenarzt.*, 68(7), 593-596.

Teeple, R. C., Caplan, J. P. & Stern, T. A. (2009). Visual hallucinations: differential diagnosis and treatment. *Primary Care Companion to the Journal of Clinical Psychiatry*, 11(1), 26-32.

Thoma, R., Meier, A., Houck, Bet et al. (2017). Diminished auditory sensory gating during active auditory hallucinations in schizophrenia. *Schizophr*

Res. 2017. doi: 10.1016/j.schres.2017.01.023.

Torralba, A., Oliva, A., Castelhano, M. & Henderson, J. (2006). Contextual guidance of attention in natural scenes: the role of global features on object search. *Psychol. Rev.*, 113, 766-786.

Torres-Escalante, J. L., Barral, J. A., Ibarra-Villa, M. D., Perez-Burgos, A., Gongora-Alfaro, J. L. & Pineda, J. C. (2004). 5-HT1A, 5-HT2, and GABAB receptors interact to modulate neurotransmitter release probability in layer 2/3 somatosensory rat cortex as evaluated by the paired pulse protocol. *J. Neurosci. Res.*, 78, 268-278.

Velleman, D. (1992). The guise of the good. *Noûs*, 26(1), 3-26.

Vollenweider, F. X., Leenders, K. L., Scharfetter, C., Maguire, P., Stadelmann, O. & Angst, J. (1997). Positron emission tomography and fluorodeoxyglucose studies of metabolic hyperfrontality and psychopathology in the psilocybin model of psychosis. *Neuropsychopharmacology*, 16, 357-372.

Vollenweider, F. X., Vollenweider-Scherpenhuyzen, M. F., Bäbler, A., Vogel, H. & Hell, D. (1998). Psilocybin induces schizophrenia-like psychosis in humans via a serotonin-2 agonist action. *Neuroreport*, 9, 3897-3902.

Waters, F., Badcock, J. C., Michie, P. T, & Maybery, M. T. (2006). Auditory hallucinations in schizophrenia: Intrusive thoughts and forgotten memories. *Cognitive Neuropsychiatry*, 11, 65-83.

Waters, F., Allen, P., Aleman, A., Fernyhough, C., Woodward, T. S., Badcock, J. C., Barkus, E., Johns, L., Varese, F., Menon, M., Vercammen, A. & Larøi, F. (2012). Auditory Hallucinations in Schizophrenia and Nonschizophrenia Populations: A Review and Integrated Model of Cognitive Mechanisms. *Schizophrenia Bulletin*, 38(4), 683-693.

Wilkinson, S. (2014). Accounting for the phenomenology and varieties of auditory verbal hallucination within a predictive processing framework. *Consciousness and Cognition*, 30, 142-155.

Wong, N. H. L. & Chang, D. H. F. (2018). Attentional advantages in video game experts are not related to perceptual tendencies. *Scientific Reports* 8(1), 1-9.

Zangwill, N. (1998). Direction of fit and normative functionalism. *Philosophical Studies*, 91, 173-203.

附录二：
视觉和艺术中光的哲学原理

朱锐

一、引子

中国画中有三个空间：高远、深远和平远。高远空间也许是范宽《溪山行旅图》【见图 1】最主要的特点。图下半部的云雾切断画面，构成一种平远距离，让观察者无法准确判断山的距离远近，从而更加衬托山的高耸。山顶上的植物清晰可见，仿佛向我们招手，营造出一种像浪一样涌来的视觉氛围。但这幅画更独特的地方在于它对深远空间的建构。它的深远主要体现在画面右侧两山之间黑暗的狭缝及其间的瀑布。这道瀑布比较特别，既是水，又像光。不少人认为它看起来像一道闪电。

怎样理解这种视觉感受方面的双重性：一方面是水，一方面是光？这个问题牵涉另一个问题，即：中国画中到底有没有光？在回答这个问题之前，首先需要对“光”做一个定义，做一个概念的分析，然后再回来讨论范宽这幅画中光和空间的关系。

二、反射光与照明光

简单来说，光在认知科学中，或者作为一个视觉的表征，它分两类：一类是明暗，另一类是颜色。明暗由视网膜处在副中央凹（parafoveal）

图 1　北宋范宽作品《溪山行旅图》

周围的视杆细胞来处理。它处理的是光的强度，也就是说单位面积里光子的数量。中央凹区域（foveal）有一个黄斑（macula）部位，其中的视锥细胞负责处理颜色。它们主要处理的是与波长相关的信息。视锥细胞的解析度非常高，视杆细胞的解析度则相对较低。所以人的视觉分为清晰的中央视域和相对模糊的周围视域。这种模糊和清晰的关系，实际上也是艺术史上一个非常重要的现象，这里由于篇幅关系，就不展开了。①

简单来说，视觉的过程包括三个基本元素，它们是：视觉对象（perceived）；视觉中介（medium），也即柏拉图的第三者；所视（percept/perceived as）。毛泽东《沁园春·雪》里有句“山舞银蛇，原驰蜡象”——山看起来像白色的蛇在飞舞，平静的高原像白色的大象一样在奔驰。这是个视觉场景，于是也可以做一个三分：“视觉对象”是山、高原和丘陵；“所视”是银蛇和蜡象；而“视觉中介”就是光。我们看到的任何东西也都有这三方面要素。关于这三者，还有很多具体的内容，比如在“所视”和“视觉对象”之间，信息的传递实际上是一个非常复杂的过程——从视网膜到丘脑再到脑后枕叶的视觉区域等信息处理过程，我们这里略去不谈。②

再用一个例子来说明视觉元素三分的道理。《麦克白》第二幕第一场有一个很有名的场景：麦克白在弑君篡位之前，突然看到自己的房间里有一把匕首。匕首的手柄对着他【见图2】。于是他说出了下面这段非常有名的独白。

> Is this a dagger
> which I see before me,
> The handle toward my hand?
> Come, Let me clutch thee.

---

① 读者可以参考 Jonathan Crary, 2001, *Suspensions of Perception: Attention, Spectacle, and Culture*, Cambridge: MIT Press。

② 参见 Samir Zeki, 1993, *A Vision of the Brain,* Oxford: Blackwell Scientific Publications ; R. L. Gregory, 1978, *Eye and Brain: The Psychology of Seeing*, 3rd. edition, New York: World University Library ; Margaret Livingstone, 2002, *The Biology of Seeing*, New York: Harry N. Brams。

图 2　1971 年电影《麦克白》剧照

I have thee not, and yet I see thee still.
Art thou not, fatal vision,
Sensible to feeling as to sight?
Or art thou but a dagger of the mind,
a false creation,
Proceeding from the heat-oppressèd brain?
I see thee yet, in form as palpable
As this which now I draw.

面前摇晃着、
柄对着我手的，
不是一把刀子吗？
来，让我抓住你。
抓不到，可是仍旧看见你。
不祥的幻象，
你只是一件可视不可触的东西吗？
或者你不过是一把想像中的刀子，
从狂热的脑筋里发出来的虚妄意匠？

我仍旧看见你，

你的形状正像我现在拔出的

这一把刀子一样明显

（朱生豪译）

这个例子比《沁园春·雪》稍微复杂一点，因为它是一个幻觉。这里的“视觉对象”是什么？“视觉对象”可能什么都没有，或者可能只是房间里的空气、灰尘。“视觉中介”是光。评论家说，他之所以会看到匕首，是因为他在弑君之前有一种恐惧和负罪感。良心以及房间里黯淡的物理光线构成这里的“视觉中介”。但他的“所视”不是空气，而是匕首。

总之，视觉对象、视觉中介和所视都与光有关。尽管视觉对象是具体的物体，但我们看到的都是从物体表面反射到我们视网膜上的光。所以我们看到的其实都是光或者“光阵”。光同时又是看的条件和中介（medium/condition）。这种作为中介的光，英语里有一个特殊的词，叫作“光源”——illuminant。而“所视”是我们大脑经过对光信息的处理所得到的一种命题式结论，即大脑所认为的看到的对象，是人、鬼或是别的东西。这种视觉命题是有两重性的。一方面我们可以把光看成是物体或者物体性质，比如“苹果”“红苹果”“匕首的手柄对着我”等等。另一方面我们也可以自觉地把光就看成是光。也就是说，光虽然是中介，但也可以是所视。这是一个很关键的区分，也就是所视的二重性[①]。

一般的视觉经验，很少注意到所视的二重性。而艺术可以故意突出我们常常忽略的对象。打个比方说，印象派刚出现的时候之所以引起惊诧甚至愤怒，就是因为画家画的不再是物体，物体作为“所视”开始隐退，形式开始消失，而画的就是光这个中介。下面这幅画里的“所视”就是圣

① 詹姆斯·吉布森（James Gibson）强调一幅画的对象（如路尽头的房子）可以被看成是距离我们很远的屋子，也可以被看成是距离很近的画上的一块油漆。因此当被试者站在画前，被要求估计房子距离问题时，他可以按照画本身的距离，也可以按照路的长短来判断所描绘的房子的大约距离。这实际上是同一个道理。见 J. J. Gibson，1979，*The Ecological Approach to Visual Perception*. Boston: Houghton Mifflin。

图 3　莫奈作品《圣拉扎尔火车站》

拉札尔火车站光和影的互动关系【见图 3】。在这幅画里，我们可以看到这种视觉过程中所视的二重性。一方面物体作为所视开始隐退，另一方面光作为所视开始往前涌现。用柏拉图的话来说，光从第三者变成了第一者。

还有莫奈的《干草堆》【见图 4】。其中的二重性更强：一方面草堆的物体性质很明显，所视是两个明显的草堆，这符合一般的视觉逻辑；但另一方面这幅画又在强烈地告诉我们，其所视同时也是光本身。霜给草堆涂上了一层霞光，霞光既蓝又橙。光的颜色闪烁不定，有不确定的朦胧和充满阳光的忧郁。

根据前面这种视觉元素三分，我们可以从概念上去区别光的种类。第一个是物体之光（即脑子所看到的物体，所处理的物体信息），即反射光。视觉对象其实都是由物体表面的反射光构成的。第二个是使得物体看得见的光源，即照射光。当我们讲光作为视觉中介，其实主要指照射光，如阳光、月光、灯光等等。

图 4　莫奈作品《干草堆》

在认知科学上，反射光和照明光的区分非常重要。人脑在认识世界的时候，靠的是物体表面的反射光，特别是反射率（Reflectance）。反射光实际上是经过物体表面处理过的照明光，是不稳定的，因为环境中的光线总是千变万化的。但物质的反射率保持不变。人不能依靠环境中千变万化的光去认识物体的性质。所以人脑选择了相对稳定的反射率来认识世界的性质。“反射率”在数学上就是“反射光”除以“入射光”，即下面的两个公式。为什么有两个公式？因为光的信息有模糊性。光信息可以代表光的“强度”，但也可以代表光的“波长”（lamda），所以反射率的公式有两个。但它们在概念上是一样的，就是反射光除以入射光。

$$R_{\Omega,\nu}=\frac{L^{\mathrm{r}}_{\mathrm{e},\Omega,\nu}}{L^{\mathrm{i}}_{\mathrm{e},\Omega,\nu}} \qquad R_{\Omega,\lambda}=\frac{L^{\mathrm{r}}_{\mathrm{e},\Omega,\lambda}}{L^{\mathrm{i}}_{\mathrm{e},\Omega,\lambda}}$$

以下面这个红色光带为例：我们可以明显看出左右两边光的亮度是不一样的【见图 5】。但是在我们的脑子里面，我们认为它们是同一个颜色。左右两边的红色是同一个红色。它们只是在两种不同的照明条件下所呈现

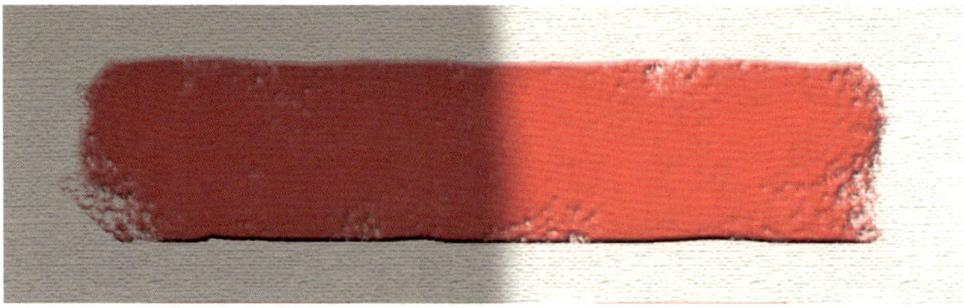

图 5　亮度和色彩

图 6　窗边白墙

的不同状态。但红作为物体性质，左右是一样的。所以说照明光和反射光的区分非常重要，要不然就无法说明我们的视觉经验。也就是说，一般来说，照明光的变化，并不影响由反射光所表现出来的物体性质。

于是，反射率所表征的是人脑所认为的物体性质，包括颜色、材质、肌理、线条和空间结构等等。比如这幅照片，是我自己照的房间窗边白墙【见图 6】。窗户在画外右边，光线从窗户照进来，最右边的墙面很光亮。阴影是凹进去的部分。靠左侧的墙面，光有一点散射。尽管整个画面里光的强度不同，白色的亮度也不同，但人脑认为它是同一面墙，一般不会认为它是由不同颜色、不同材质构成的。

图 7　何藩摄影作品《靠近阴影》

于是这涉及视觉科学中一个很重要的恒定性原则。简单来说，人脑在处理光的时候，它遵守一个所谓忽略光源 / 照明光的原则（discount the illuminant），从而达到视觉恒定性的要求（the constancy principle）。但这又不是说照明光不重要。譬如光束的方向往往是人脑用以判断和解释光信息的依据。如果仅仅依靠反射光，艺术作品中的物体性质会具有二重性或者说模糊性。比如上面这幅照片，是香港著名摄影师何藩的作品【见图 7】。其中的墙面被不同明度的反射光划分成四个区域。在我们的大脑看来，高亮度的白色区域可能是物体结构上的凸起，但也可能是物体材质的颜色亮度较高所致。两种解释都有可能。但一旦与照明光的方向结合起来看，大脑就会对物体的构造有比较明确的判断。通过画面左下角女士头后墙面上的小投影，我们可以准确判断出入射光来自画面右上角。大脑从而判断出，左侧高亮的白色区域是入射光直射的墙面，而不是代表材质本身颜色亮度。如果没有入射光的辅助，我们很容易以为整个画面中的墙面是一个连续平面，而不会认为存在一个垂直于画面的墙面。

总之，照明光和反射光的区分虽然简单，但在艺术创作中的意义却非常重大。照明光和反射光的差别，以及人脑对它们的处理，给予了艺术家巨大的创作空间。很多艺术家通过这些细微的光的处理来表达它的意义。

基于前面的分析，我们可以这样来简单概括古今中外的光艺术。第一，光可以用来建模（modeling）；第二，光可以用来投影（casting shadow）；第三，光可以是所视。建模，即运用光影来表征物体表面的结构和性质，比如凹凸、高深、前后。建模所使用的都是物体表面的反射光。而所谓投影，是物体本身的不透明性所造成光的缺失。它被光的来源所规定，与照明有一种相反的关系，即对光的否定就会造成 casting shadow（投影）。根据这种否定性，我们可以判断光源的方向。投影在西方，尤其是文艺复兴以后的西方艺术中成为一个非常重要的手段，被用来表现照明光的性质及来源。照明光的性质是指，它是自然光还是非自然光，是室内光还是室外光，是月光还是烛光，等等。第三种把光作为所视，在当代艺术中尤为常见。艺术的表现对象就是光，而不是用光来表现艺术。比如光艺术家詹姆斯·特瑞尔（James Turrell）的作品《浪人》。它向我们充分揭示了光作为所视的空间意义。我们乍一看，会以为看到的是室外，但实际并没有室外空间，而只是室内的灯光设计。詹姆斯·特瑞尔用一种极简主义的方式，让我们知道照明光对空间、视觉的定义作用——它能够揭示我们意想不到的东西。

然而光作为所视本身，也具有一种很强烈的不稳定性。哲学家在讨论意识的时候，有一个现象性意识叫 qualia。这种现象性的意识在很大意义上可以被解释为是光的不稳定性，即由光作为所视所带来的不稳定性所导致的。所以莫奈的画在一般意义上来说不应该细看，因为细看不了。我们应该用视网膜边缘的副中央凹视杆细胞去感受艺术作品的意境。在这方面，它跟东方艺术就非常相近了。

有了前面简单的理论铺垫，现在可以来讨论一下前面提到的问题，就是“中国画中到底有没有光?”首先我们来看郭熙的一句话,即所谓“水色春绿，夏碧，秋清，冬黑”。有一位评论家曾这样说:“这里的水色，从现在看就是光色。”这个肯定是没有错的，因为所有的颜色都是光色。但更准确地说，水色是反射光，而不是照明光。另外一位宋代的艺术家和艺术评论家韩拙说:“分阴阳者，用墨而取浓淡也。凹深为阴，凸面为阳。”从这句话中我们可以很明确地看出，中国人非常了解反射光在揭示物体结构上的重要作用。这里的“凸面为阳”就是“高光”，也是讨论中国画时经常用到的词。范宽的《溪山行旅图》里有很明显的自觉的高光处理，就是石头的凸面颜色较浅，呈白色；而石头的深面、背面呈黑色。所以如果有人认为中国人不懂光，用韩拙那一句话就可以驳倒他。但我们也不能因此就把问题草草解决了，因为从西方人的角度来讲，他们说中国画没有光和影，所说的其实是另外一种光，就是贡布里奇说的“东方人常常不画投影”，东方人一般会忽略 casting shadow。① 在西方人看来，东方人不重视投影和光源的处理。但贡布里奇同时提醒我们，“东方人常常不画投影，不表明他们不会画”。因为后面我们有个别例子说明，中国人知道怎么表现这种照明光和投影的关系。总之，当西方人觉得中国画中没有光，往往是指中国画缺少对照明光的表征，而不是说没有建模用的物体表面的反射光。确实，中国画中充满建模用的反射光，但一般不表征照明光的投影。然而，还有一种照明光概念，一种哲学或者宗教意义上的光概念。从这个概念角度上看，中国人不仅懂照明光，而且中国人的照明光是非常伟大的。

---

① E. H. Gombrich, 1995, *Shadows: The Depiction of Cast Shadows in Western Art*. London: The National Gallery.

三、内生光与外生光：柏拉图

前面讲到反射光和照明光的区分，照明光也叫光源。光源按种类可以有四种分类方法。第一种可以分为自然光和非自然光。比如印象派就很重视自然光，而后印象派的苏拉喜欢用室内的非自然光。在前电影时期，这种自然光和非自然光的差别是现代艺术史上很重要的风格差异。第二种分为日光、月光、烛光等等。在中国的诗歌里面，这种光感是非常强烈的，特别是有关月光和烛光。比如“何当共剪西窗烛”“床前明月光”等例子不胜枚举。不同光源带出的感受是不一样的。月光像流水，烛光闪烁着温情和家的温暖。第三种分法是室外光和室内光的差别。注意，室内光未必是非自然光。比如维密尔的室内光，靠室内这个语境来充分表现阳光的魅力。维密尔是一个室内光大师。还有室外光大师，如毕沙罗、莫奈。

而我们这里要讲的是第四种分类，即“外生光”与“内生光”的区别。所有的物质世界的光都是外生光。而内生光的同义词非常多，比如“灵光”“神光”“宇宙之光”“道德之光”“至善之光”等。内生光是一种精神概念，是一种神秘、非科学的光。但这并不说明它们不重要或者只是隐喻。因为从视觉经验上讲，人对内生光的感受很切实。尽管没有物理基础，但是我们却能够感受到一个人的道德光芒——一个伟人、一个善良的人、一个充满爱的人，他们身上散发出一种光芒。那种光芒，对很多人来讲，是一种切实的体验，而不仅仅是一种隐喻。这就好像梦境或者鬼神，它们的客观不真实性并不代表它们不是确切、实实在在的认知现象。而当艺术表现这些现象时，所画的鬼神、梦境等也就是实实在在的鬼神和梦境。内生光也是如此。它好比哈姆雷特，尽管非现实真实，却是艺术或者经验真实。在这个意义上，我们可以不夸张地说，内生光是艺术中非常重要的照明光。

在艺术和人类体验上，内生光和神性（divinity）、灵性（ghost/immaterial）以及宇宙本体等密切相关。如果你认为宇宙充满了至善和正义，那么宇宙的星空不仅是物质的星空，也可以是一种道德的星空，这就好比康德所强调的。内生光理论的集大成者是柏拉图的徒孙普罗提诺

(Plutinos)。他将内生光称为 emanation（ἀπορροή, aporrhoe），即一种由内向外的涌流。

内生光的哲学根源来自柏拉图《理想国》第六部中很有名的洞穴比喻。洞穴比喻里面有一个非常有名的“日喻”。在柏拉图看来，人所处的世界是现象界，是一种洞穴世界。现象界的太阳实际上是洞穴之火，而我们看到的物体只是火投射的影子。影子被我们看成是真实的所视，是存在对象。在柏拉图看来，人在现象界中靠感官，尤其是视觉去认识世界、获得意见；然而视觉是有缺陷的。柏拉图批评视觉，认为它不像其他的五感——味觉、嗅觉等都可以直接感受对象，比如你的手可以直接触摸和感受物体，不需要其他中介，而视觉除了作为视觉对象的第一者和眼睛第二者，还必须有第三者参与，而这个第三者就是光。视觉的缺陷就表现在它对第三者的依赖上。你的视力再好，但如果你身处黑暗之中，就什么也看不见。

而光这个第三者，在柏拉图看来，又有它的特殊性。作为第三者的光，一方面使“知识”成为可能，是“知识”的条件，但本身不能成为直接知识——直接看太阳会使人目盲，光不能是直接的视觉对象。光既是知识的条件，又是知识的局限。知识不能超越这个局限去认识条件本身。所以光不能是直接的视觉对象。从逻辑上去推理，当我们去观察光的时候，我们依然需要第三者这个媒介，第三者需要第三者才能成为第一者，以此类推，即光永远只能是第三者。

跟洞穴世界相对的，是柏拉图所说的理念世界。与洞穴世界相比，理念世界也有它的太阳，而且是“真正的”太阳。而这个太阳是至善，是形式，是抽象的理念。这个听起来有点玄乎，但它实实在在地存在于我们的生活中。比如我们看到父母辛苦把我们养大，看到老师对我们的培育，接受路人的善意，我们看到这些善的时候，都会被感动，似乎看到一种光芒。这种光芒就是柏拉图所说的至善本来所具有的一种太阳的光芒和温暖。这个感觉是非常强烈的，所以不能简单地觉得柏拉图这个理论只是一种哲学臆想。从柏拉图哲学上讲，理念世界也有太阳，而这个太阳就是宇宙的至善。

与现实世界的太阳不同，人可以凭理智（nous）直接凝视，认识至善。而现实的太阳是不可直视的，因为人的视觉感官有缺陷，离不开第三者，而理智却可以直接加入对象，同对象融为一体。这是柏拉图认识论的一个非常重要的概念。这里的关键，不是柏拉图的日喻是否仅仅是比喻，因为柏拉图的日喻对西方的思维、西方的艺术和西方的宗教都有极其深刻的影响。即使柏拉图的日喻仅仅是一种哲学上的比喻，这种比喻到艺术那里，就不再是比喻，而变成了实实在在的艺术对象。所有艺术中的灵光、神光、至善之光、宇宙之光等都是内生的，endogenous 是由内向外散发、涌流的。[①] 作为一个认知对象，它不需要第三者。第二者理智可以直接凭借作为第一者的内生光来认识第一者。它不具有物理世界中视觉与光的局限性。另外，内生光没有阴影。我们知道，阴影源自光无法穿透物体。而内生光是没有阻碍的，也就没有阴影。内生光可以直接凝视，是沉思、坐禅和宗教修行的对象。

意大利文艺复兴早期相对比较有名的一幅画，画的是耶稣治愈盲人【见图 8】。我们在那里可以看到前面所说的反射光与照明光的差别。而照明光在这里指内生光。我们可以看到背景里的建筑是阴影。建模用的阴影非常准确。建筑物不是永恒的，它是一种今天在明天就不在的东西，具有时间性。而这种反射光建模充分地表现了这种城市的临时性、不恒定性。相反，与建筑表面生动的建模光（反射光）相比，前景中耶稣和他的圣徒们都没有阴影。盲人好像有一点阴影，但也可能是画本身不清楚。如果有阴影就更好了，就更进一步支持这里的分析。圣人没有阴影，因为他们是圣人，有灵性和圣性。他们的光是内生光。

所以在这幅画上，画家既画阴影又不画阴影。它充分表现了两个世界的差别。前面的世界是神的世界、圣徒的世界，充满道德光辉和永恒；而后面是人类栖居的非永恒世界。所以两个世界的光影逻辑完全不一样。[②]

---

① 感谢田萍教授关于这个问题的讨论。正如田萍所指出的，柏拉图的理智之光所“照见”的，是为感官（眼睛）所看不见的共相、一般、本质。的确，在柏拉图那里，只有 nous 才能“看见”理智之光；然而当艺术来表现理智之光的时候，nous 和眼睛的区分就消失了。

② E. H. Gombrich, 1995, *Shadows: The Depiction of Cast Shadows in Western Art*. London: The National Gallery.

图 8　杜奇奥作品《耶稣治愈盲人》

我们再来看卡拉瓦乔的《以马忤斯的晚餐》【见图 9】。这幅画非常有意思。画左站着店主或者店小二，也就是服务人员。他的投影在耶稣身后的墙上，面积非常大。虽然耶稣明显处在他的阴影之中，耶稣的脸却充满了光明。是不是卡拉瓦乔画错了？为什么耶稣脸上没有阴影？答案是耶稣脸上的光是内生光。脸由内生光为照明光。但耶稣的手又有阴影。有些艺术家认为这里有不一致性。但其实这也许恰恰表现了耶稣既是神又是人，所以艺术中的光充满着哲学和意义。

这种非时间性、超时间性的理念性质，也可以用来解释现代艺术中各种抽象派艺术作品，包括克里姆特的《吻》【见图 10】。这幅作品是完全平面的，没有任何光的投影。为什么呢？因为这里的爱不是这两个人的爱，

图 9　卡拉瓦乔作品《以马忤斯的晚餐》

图 10　克里姆特作品《吻》

图 11　J. J·格兰维尔作品《投影》

而是一种永恒的爱的理念。他画的是一般的爱，是柏拉图式的爱的形式。所以他没有画光影。

艺术家总是很有创造力。虽然柏拉图说内生光、道德之光是没有阴影的，但恶会不会有阴影呢？前面说过，麦克白的犯罪心理投射出一把匕首。贡布里奇提到上面这幅政治漫画【见图 11】。画中的人物都是国会议员，他们的影子有火鸡、猪、魔鬼和乞丐。他们为什么有这些阴影呢？也许他们也有内生光，恶的内生光。

基里科是超现实主义的大师和奠基人。他的阴影是一种非常夸张又严谨的阴影。他的阴影给人一种恐惧感、一种世纪末的感觉。下面这幅画就叫《世纪末的阴影》【见图 12】。这种阴影不是自然界的光影，而是一种道德投影，是对即将到来的新世纪、文明的终结、人类的毁灭等的不祥预感。而这种不祥预感通过艺术表现出来，就变成一种阴影。

图 12　基里科作品《世纪末的阴影》

虽然道理非常简单，但其中所蕴含的艺术创作空间是很大的。在西方艺术中，有些艺术家故意模糊精神之光（可以直接观察的第一者）和尘世之光（作为中介的第三者）的差别。一个例子是马奈画的阳台以及马格利特的“评语”【见图 13】。马格利特把人画成了棺材。其中一个棺材在最后边的暗影里面，几乎看不见。而前面几个棺材则代表原作中在自然光照射下所呈现的平面化的人物形象。马格利特的意思是说，马奈画的是生命还是死亡？而死亡就是超越尘世的精神世界的光。马格利特当然是在开玩笑，但是他对光的二重性理解还是非常深刻的。

柏拉图和普罗提诺的内生光，成为基督教思想一个核心内容。《圣经 · 新约 · 启示录》里有约翰的一段话：“我未见城内有殿，因主神全能

图 13　马奈作品《阳台》(左)和马格利特作品《马奈的阳台》(右)

者和羔羊为城的殿。那城内又不用日月光照，因有神的荣耀光照，又有羔羊为城的灯。列国要在城的光里行走，地上的君王必将自己的荣耀归与那城。城门白昼总不关闭，在那里原没有黑夜，人必将列国的荣耀、尊贵归与那城。凡不洁净的，并那行可憎与虚谎之事的，总不得进那城；只有名字写在羔羊生命册上的才得进去。”(《启示录》21: 22-27) 可以看出，这一段的论述与柏拉图的观点是息息相关的，也更加说明了“圣光”和“内生光”的实实在在的（宗教和艺术上的）意义。

有了前面的基础，我们就可以来分析中国画。除了建模用的反射光，中国画里面也有照明光。它的照明光主要就是“内生光”，类似于前面所说的圣城的光或者至善的光。中国画中的光是一种非常宏大的宇宙之光，是《华严经》中的那种光。这也是中国人的哲学、认知以及艺术意识方面非常独特的特征：“尔时光明过百世界，遍照东方千世界，南西北方四维上下，亦复如是。”

“亦复如是”这四个字很重要。光照到世界的左右上下、东南西北，所有的东西都“亦复如是”，也就是说没有什么差别。东方的这种宇宙之光，就像《沁园春·雪》里面说的：“北国风光，千里冰封，万里雪飘。望长城内外，惟余莽莽，大河上下，顿失滔滔。”所谓“惟余莽莽”，就是在雪片纷飞的世界里，一切都是“惟余莽莽”“亦复如是”。这是宋明理学以来的中国哲学中那种“月印万川”的光感。它既不是西方艺术中常见的投影光、（现实）照明光，也不完全是西方宗教艺术中道德和善的内生光。大概是受到《华严经》的影响，从宋明理学以来，中国画中的光不仅仅有内生光的三个特点（内生、无阴影、可以凝视），而且是“亦复如是”、掩盖个性、“月印万川”、“惟余莽莽”的宇宙之光。

也就是说，在中国人眼中，这种作为第一者的光，不是作为中介的第三者，被用来揭示物与物之间的区分，而是万法归一的第三者否定。它否定物与物之间的区分。这种宇宙意识在诗歌上一个顶级的表现，就是张若虚“孤篇盖全唐”的《春江花月夜》。“滟滟随波千万里，何处春江无月明。”这是一种宇宙意识。在这种宇宙意识里，“空里流霜不觉飞，汀上白沙看不见”。这是一种让人看不见东西的光、让人超脱物与物之间区分的光。“鸿雁长飞光不度，鱼龙潜跃水成文。”“鸿雁长飞光不度”，就是鸿雁不管怎么飞，都飞不到光的外面。“鱼龙潜跃水成文”，就是鱼龙无论潜得多么深，宇宙的光会一直伸到大海的最底层。中国文化就像诗中的光和水一样，无论离开国家多远，它依然像光和水一样包围着我们。

这样说有没有根据呢？中国画大师黄宾虹先生常常在作品里画光。他在画山的时候，山体往往是黑的，但他把黑色的山体分成无数个小块、白点，使得白点无处不在。[①] 他用这些白点来表征光。黄宾虹先生自己是这样解释的——这段解释引自韦笑的论文《光在中国画中的表现》[②]，文章说：“在位置经营上，他喜欢在画面中放置一座重色的大山，层层笔墨中透出点点虚白，正如他自己所说的那句‘一炬之光，通体皆灵’，便在实中有

---

① 叶子编：《黄宾虹山水画论稿》，上海人民美术出版社 2015 年版。

② 韦笑在这篇文章中有讨论黄宾虹先生的画法。

图 14　黄宾虹作品《湖山晴霭》

了虚，那浑然一体的山和整片的树木与画面中的点点虚白相衬托，又在虚中有了实。黄宾虹先生认为‘画有起点，始于光线’。有黑黝黝山色的画面中，所流露出的那片片白点与白斑的鲜明光感，恰是光的抽象形态。正是由于黄宾虹先生对‘抽象光’巧妙的运用，从而使他的作品更加具有灵逸之气。黄宾虹先生到了晚年，更加喜欢表现画面中‘实中虚，虚中实’的玄妙变化，他要透过这种变幻无穷的虚实关系画出既明晰又朦胧的效果。由黄宾虹先生对光的运用和对画面虚实的处理方法中，我们不难发现光与虚实的联系。它们不仅是不矛盾的，并且可以很好地相辅相成。”我们可以用黄宾虹先生这个道理去倒推，去追溯中国古画中这种表现抽象光的，用黑白、虚实、斑点的白来表现的晴霭【见图 14】。

一旦带着这个目的去找，我们就会找到很多。比如石涛的《横塘渔艇》【见图 15】和《秋江独钓图》【见图 16】。他的这种笔法、这种虚实对应，明显看起来就是一种对光的感受。这可能是艺术家石涛本人心中的淡泊的、

图 15　石涛作品《横塘渔艇》

图 16　石涛作品《秋江独钓图》

抽象的、宇宙的光。

下面这幅石涛的《南山为寿》【见图 17】。画面顶部有一条弯曲的河，河的上面仿佛是富有印象派意味的云。那个云是非常写实的云，有光穿透乌云的光感。这在中国画中是非常特别的。另外就是，他在水中画了树的倒影。这在东方画中也是非常少见的，甚至是忌讳的。因为东方艺术家在画自然的时候，他们往往画的是心中的自然，是抽象的自然，是自然的灵、自然的骨和自然的心，而不是这种写实性的自然光。也就是说，这幅画里面似乎有西方人所要找的中国画中的光和影。

前面提到宋明理学。宋明理学强调“月印万川”，两宋画中的宇宙光特别强烈，也就不那么奇怪了。很有名的就是董源的《龙宿郊民图》【见图 18】。这幅画中的光仿佛是从山水中散发出来的，是一种没有方向性的、笼罩万物的光，是“何处春江无月明”“惟余莽莽”的光。

还有巨然的《秋山问道图》【见图 19】。这幅画生动地表现了对两种

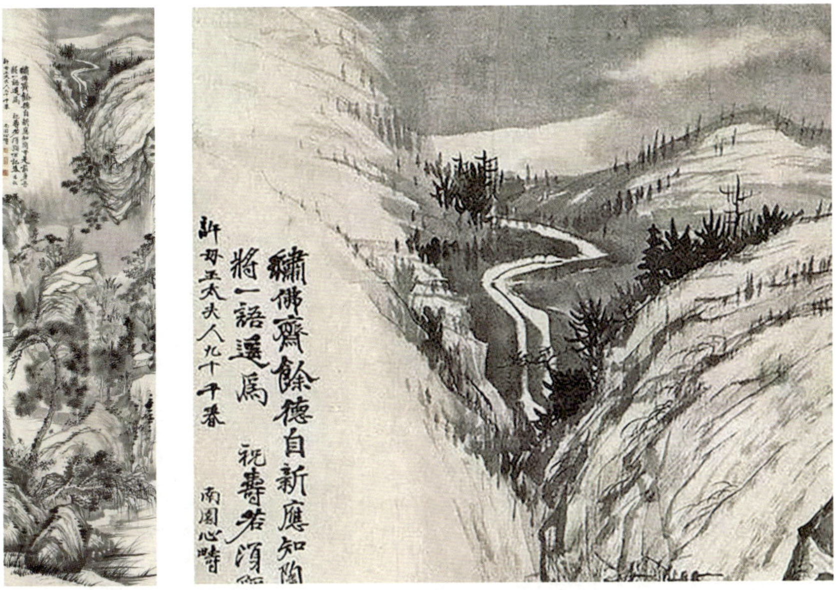

图 17　石涛作品《南山为寿》及其局部

图 18　董源作品《龙宿郊民图》

图 19　巨然作品《秋山问道图》

图 20　郭熙作品《早春图》

图 21　范宽作品《雪山萧寺图》

不同的光的处理。画的左边是传统的建模式的光影运用。我们可以清楚地看见石头和灌木的空间结构，以及它们各自纹理、质地的区别，非常写实。但是，当他问道爬山，越爬越高的时候，他的山变得越来越抽象，越来越“亦复如是”。这是两种光的生动表现。右边的光是一种哲学的光、道之光。而左边的光是一种自然光、现实之光。

郭熙的《早春图》【见图 20】，也反映了同样的道理。范宽的《雪山萧寺图》【见图 21】似乎是一种梦境。我们不知道光从哪里来的，但是光感非常强——艺术家所体验到的内生光。

然后再来看宋徽宗的这幅画【见图 22】。很多西方艺术评论家也注意到了这幅画。他们注意到这幅画里面的光非常强烈——非常强烈的祥和光感，一种圣王、帝王、祥瑞的内生光感。

民国时候的国歌叫《卿云歌》，它实际上也是来自中国古代对光的一种哲学理解。《卿云歌》所说的“卿云灿兮，纠漫漫兮，日月光华，旦复

图 22　宋徽宗作品《瑞鹤图》

旦兮”，表现的也是一种宇宙之光、道德之光。传说舜在山上的时候，大家都围绕在禹的周围吟唱《卿云歌》，来歌颂禹的伟大、禹的光芒。——“复旦大学”的名字就是这样来的。

四、所视光艺术

中国艺术中一般来说确实没有西方人所要找的那种投射的光和影。但是在中国人的画中，光感还是非常强烈的，其中画的是一种内生光、第一者的光。下面这几个例子说明，现代西方对光的理解正在逐渐向中国人这种内生光的艺术靠拢，即第一者的光艺术。从光的角度来讲，西方的艺术有一个从第三者到第一者的渐进。“光”从“中介”过渡到“所视”本身。印象派以来的西方艺术，在自觉地追求所视光的表征，在世俗意义上力图

图 23　喷泉摄影

实现对第一者光的冥想和沉思。在精神上，它更接近东方的光艺术。

首先我们来看冰岛的艺术家埃利亚松（Eliasson）。他首先设立一个平台，像桌子一样，上面放了一些喷泉。然后他用不连续的光去照射这些喷泉。我们就看到这些水变成了珍珠样的晶体。【见图 23】

第二个例子是大家都知道日本著名艺术家草间弥生。她用灯光去表现一种无限的宇宙。光变成了一种宇宙。“滟滟随波千万里，何处春江无月明。”这正是草间弥生所要表现的一种境界。【见图 24】

下面是詹姆斯·特瑞尔（James Turrell）的艺术。他直接用光作为一种所视。这是一种纯粹的光。光就是视觉本身、视觉对象。【见图 25】

最后一个视频的例子来自卡洛斯·克鲁兹－迪兹（Carlos Cruz-Diez），一位委内瑞拉的艺术家，不久前刚刚去世。他为我们呈现的是一个饱和的单色世界，叫《色彩渗透》（*Chromosaturation*）【见图 26】。他所展示的这个饱和的单色世界，跟中国的禅的境界非常相近。因为禅宗的画

图 24　草间弥生作品《水上萤火虫》

图 25　詹姆斯·特瑞尔作品《太阳神阿顿的统治》

图 26　卡洛斯·克鲁兹－迪兹作品《色彩渗透》

图 27　牧溪《渔村夕照》

也是特别强调这种单色的世界。比如南宋的僧人牧溪。下面这幅是牧溪的画《渔村夕照》【见图 27】。

牧溪对日本绘画的影响非常之大。传承牧溪风格的日本画家长谷川等伯的《松林图屏风》【见图 28】在日本被当成国宝。我们可以看到，它的松树作为物形开始隐退。而光本身，那种 chromosaturation 的光开始出现。对比《松林图屏风》和莫奈的“鲁昂大教堂系列”【见图 29】可以看出，印象派受浮世绘影响的地方就在于，画家们都认识到光可以取代物；物形可以隐退、被摆脱，光越来越成为主角。

现在回到一开始引子的问题，就是范宽《溪山行旅图》【见图 1】里，两山之间到底是瀑布还是光？很多人都有这个感觉，即一方面知道他在画瀑布（实际上他没有画任何东西，只是留白而已），但另一方面又有一种强烈的光感。这种光好像是一线天，好像是从山后面来的。这就正好构成

图 28　长谷川等伯代表作《松林图屏风（左）》

图 29　莫奈的“鲁昂大教堂系列”中的《西立面》《雾》及《日落》

了中国画所说的深度空间。所谓深远，就是山的前面和后面的关系。他依靠瀑布和光二重性的建构，达到一种既是瀑布，又是光本身的感觉。范宽的另外一幅画——《雪景寒林图》【见图 30】，画的光感非常明显。

如何去分析瀑布和光的关系？这个瀑布，究竟是水的反射光（光从观看者射向瀑布再反射回来），还是照射光（光从山后照过来）？范宽的这个瀑布是不寻常的。作为留白，它看起来不像是瀑布。我们来对比一下

图 30　范宽作品《雪景寒林图》

石涛及高克恭的瀑布【见图 31】。他们笔下的瀑布有明显的水性和水形。瀑布的水流越靠近地面就越散开，不像范宽这条瀑布是一根线到底，而像一道闪电。另外石涛和高克恭的瀑布都具有明显的位置表征，瀑布的位置十分明确。而范宽这条瀑布的位置不明确。它究竟是在两山之间的深处，还是靠近山的表层？也许它根本就不是瀑布，而就是一线天？范宽本人究

图31　高克恭作品《春云晓霭图》

图 32　巴尼特·纽曼的 Zips 系列作品《合一 I》

竟是如何构思的，我们并没有证据来下任何确切结论，只是站在欣赏者的角度去看，范宽似乎在有意弱化反射光（水光）和照射光（天光）之间的差别，似乎在有意凸显光的二重性。他的瀑布看起来具有金属性，看起来像一个武器、一把方天画戟，又像一道闪电。他似乎在有意地弱化瀑布的水性和水形，强化瀑布和光之间的模糊性。

范宽的瀑布让我们想起巴尼特·纽曼（Barnett Newman）的 Zips。他也受日本极简主义的影响。所谓 Zips，就是一条线。它到底是一个物体，还是一个空白、一道光？我们无法确认。【见图 32】

前文提到过的特瑞尔的《浪人》与范宽的瀑布，其光的构造意义几乎是平行的。特瑞尔让我们产生一种错觉，似乎光代表的是外面——室外是大千世界、阳光灿烂。而范宽用一线天也向我们展示，山的后面是另外一个大千世界。范宽和特瑞尔都极富创意地运用了光对空间的定义功能。

五、光线与光阵

认知科学上有一个很重要的问题：我们看到的光是“光线”还是“光阵”？所谓“光线”是 optic rays，“光阵”是 optic arrays。光线是具体的、物质性的东西，而光阵是抽象的，是信息，是数学关系。“光线说”是一种传统的说法，认为光线到达视网膜，而如何解释是人脑的工作。“光线说”的代表是牛顿，而现在越来越多的人支持詹姆斯·吉布森的“光阵说”，也就是说，我们看到的不是光线，而是光阵信息。20 世纪 80 年代之后，认知科学越来越强调环境本身对视觉和知觉的影响。光阵理论强调，人在环境中可以直接获得世界的信息，光并不是“第三者”。理由很简单，因为儿童和几乎所有“朴素”的成人（即没有受过透视法训练的人）都不知道视觉中介或视角的存在。光阵信息在环境中是“在场”的（simply there），可以由视觉主体直接接收，即所谓直接视觉主义。

然而，吉布森似乎忽略了光阵的内在模糊性，比如颜色只发生在枕叶视觉区（IT）的 V4。V4 损伤患者可以感受光的波长信息，却是色盲（achromatopsia）。另外，物体的光阵是“在场”的，而艺术图像的光阵却不“在场”。尽管有这些缺陷，吉布森的直接主义仍然具有极其深刻的合理性。

如何去理解光的认知性质——是“光阵”还是“光线”？如果是“光阵”，它是怎样被处理的？这依然是认知科学中亟待解决的问题。作为结论，不妨分享一下著名的王希孟的《千里江山图》【见图 33】——在我看来，它是中国画中一首关于光的交响乐。

图 33　王希孟《千里江山图》全景及局部

附录三：
艺术为什么看起来像艺术

朱锐

大家好，今天我想和大家一起讨论一个相对较新的话题，即怎样从人脑的角度去看待艺术，尤其是现代艺术。更具体地说，怎样去审视现代神经科学中所说的“人脑与艺术的平行主义”这一命题。

首先，我想讨论的是，我们为什么要从神经科学的角度去观察人脑与艺术之间的平行主义。一个关键原因是：神经科学不仅为艺术提供了新的视角，对原先已有的艺术现象提出新的解释和诠释；更重要的是，神经科学为艺术打开了一扇新的窗户，让我们开始意识到，也许神经科学能够为包括艺术在内的各种人文社科、社会现象提供一种新的方法论。

所以从这个角度来讲，神经科学的意义是两方面的：一方面是它本身作为一门科学所具有的合理性和它的价值；另一方面，我个人认为更重要的是，它带来一种方法论的突破。所以，即便很多人（包括我在内）也许对神经科学的某些命题或者结论持不同意见，但这不应该损伤或危及神经科学对人文社科方法论的意义。

尼采说过一句话，我们追求知识就像是在挖掘一条隧道，攻击一个城堡。不同的专业、不同的学科都在挖不同的隧道，哪条隧道挖得通，大家就集中去挖那条隧道。我觉得神经科学从某种意义上来说是现代科学（包括社会科学在内）的一条很重要的隧道，大家依然在挖（神经现实这个团队也在挖）。我们想知道，我们应该怎样利用这个新的科学的视窗，来检验传统的哲学以及艺术问题。

今天我的演讲是介绍性的，如果大家有专业的问题，可以在演讲结束后继续与我讨论。

我将演讲内容分为四个部分：第一个部分是基本的视觉原理；第二个部分是神经美学的简介；第三个部分是平行主义的四个命题，以及脑损伤和艺术创作之间的关系；最后一个部分是介绍现代艺术的立体主义、至上主义和野兽派。

一、视觉的基本原理

首先，我们一起了解下视觉的一些基本原理。视觉理论的一些基本原理可以概括如下：视觉是发生在大脑的。我们不应该把视觉看成发生在有机体边缘的感官经验，而应该看作大脑和感官配合的经验（recognized serial vision），即它不仅是视网膜对形象的一种处理，更是大脑皮层对视网膜成像进行计算的复杂过程。所以，我们要克服过去对视觉，也就是对眼睛睁开后看到世界的简单印象。

视觉和大脑神经运算的过程有相似性、共通性。实际上，这种共通性在艺术史的早期已有体现。艺术是二维世界的信息借助一张纸去构造、诠释三维世界的信息。比如文艺复兴时代的透视法，就是利用二维世界的信息去诠释与表达三维世界的意向（表象）。这是艺术的一个基本任务。现代科学的发展让我们清楚地认识到，人脑的基本任务也是如此。因为视网膜上的视觉图像也是二维的图像，而且它是颠倒的二维图像。也就是说，视网膜要把我们看到的二维图像转化成三维的世界，即我们所见的大千世界。艺术的创作过程同样是从二维到三维的过程。这也是平行主义很重要的一个事实基础。

其次，视觉的经验，从现代神经心理学和视觉的角度来说，不仅仅是传统哲学所说的感官经验，而且是感知。传统哲学强调观念和理性、观念和感觉之间的区分。而现在的视觉模型理论否定了这种简单的二元论。

相反，我们睁开眼睛，看到外面的世界，这个过程是有观念的参与的。用心理学或者神经科学的话来说，不仅是自下而上的（bottom-up）信息传输过程，更是自上而下的（top-down）信息构造过程。此外，视觉的过程是一个既分离又组合，既是等级式的、连续式的信息处理过程（sequential process），也是一种平行处理。这些听起来非常抽象，实际上它们对艺术家创作、对我们看待世界，都会产生深远的影响。

视觉过程不仅是一种自下而上的过程，而且是一种自上而下的过程，这个前提和结构就表明：我们看物体的时候，是有很深层的包括记忆、概念甚至文化层面的加入。比如，福柯有一个重要的认识论的概念，叫“知识型”。每一个时代、每一个社会都有它特定的知识型（episteme，希腊语）。人们用知识型的概念去看看待一个世界，所以有时，只要在一个恰当的环境中，我们可以马上看出物体的知识型——艺术或者其他表象背后的知识型。

最后，视觉的基本机制，更是一种意识的投射或主观期待（expectation），而不是简单地接受外界信息。视觉的基本任务，类似于艺术的基本任务，是如何从纷繁复杂、变化不定的信息流之中确立认识世界所必须依赖的信息含量。这在神经科学上或者是认识论上叫作“恒常性问题”（constancy issue）。因为每时每刻，外界的信息量——光、环境和语言，是不断变化的，但是我们认识的世界，却是有一定恒定量和稳定性的。所以，如何从这种变化不断的信息流之中找出稳定的常量，是人脑和艺术共同的一个基本任务。

1. 分离和组合

所有学习视觉神经学的学生，大概第一次上课就会看见的一张图片，叫作“视觉通路”【见图 1】。下面我简单介绍一下这个通路：光从眼睛进入，然后抵达这个区域——初级视觉皮层（primary visual cortex）。每只眼睛都有一个独立的视野，这个视野可以分成两部分，一个是内侧（鼻侧），

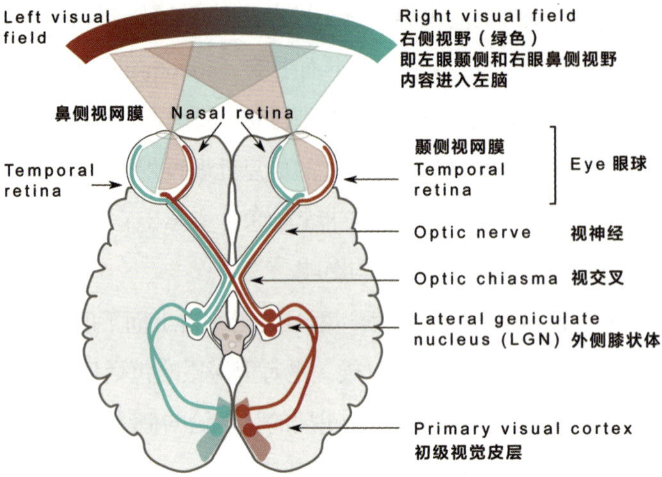

图 1　人类视觉通路

一个是外侧（太阳穴侧 / 颞侧）。每只眼睛的视网膜也分鼻侧和颞侧。

在视野信息分布上，有一个特点，叫作“视差的分布”，外侧视野的视觉信息会跨越中间交叉的地方，然后传到对侧的大脑结构，再经过丘脑的“外侧膝状体”（lateral geniculate nucleus），进一步分化成上部和下部的结构，会传到初级视觉皮层下部这种皮层，然后上部的变成下部的。这个模型说明，我们看世界的过程，是一种分离和组合。

视觉过程首先是分离，先把每只眼睛的信息一分为二：内侧和外侧、左侧和右侧。视野内侧的信息会被传到对面的脑，也就是左侧视野的信息会传到右脑，右侧视野的信息会传到左脑，这是第一次分。

第二次分是上下之分，在膝状体处，上视域的信息会被传到初级视觉皮层的距状沟下部皮层，下视域的信息会被传到距状沟上部的皮层。经过初级的视阈处理以后，信息会不断地传递到二级、三级、四级、五级甚至六级的各种视觉区域，最后它们被综合成一个图像。

这个过程是非常复杂的，但是我们没有必要过多顾及这些细节，我们要记住的关键是：视觉先是分，然后再合。这个过程有一个特点，即把视域外侧的信息通过大脑对侧的皮层处理。

大脑为什么这样做？这在科学上没有一个确定的解释，大家可以自己去探讨是基因还是进化论的原因。

2. 期待和“知识型”

也许这一点是更关键的一点。在外侧膝状体处理视觉信息的时候，从视网膜传过来的外界的视觉信息，只占丘脑输入的 5%，丘脑输入的 40% 实际上来自大脑的皮层。

这说明人在看东西的时候，外界的信息输入只占一小部分，大部分的信息来自信息的接收方，也就是最后的终点站——新皮层，是新皮层先告诉外侧膝状体区域，它应该去怎么样看什么东西，它应该去期待什么，通过期待构成一个最终的视觉图像。这是神经科学近期才确定的，它在某种意义上也证实了我前面提到的两点：

第一点，传统哲学上所谓感知和观念的这种区分，至少是没有神经科学支撑的。因为人脑在看东西的时候，40% 的信息来自皮层。

第二点，人们的期待，决定他们会看到什么东西，会忽略什么东西，而这种期待的来源不仅仅是个人的记忆和生活经验，更是文化的价值和各种各样的文化对人的心理的建构——也就是我前面提到的福柯的“知识型”。

福柯曾经在《词与物》这本书的第一章分析委拉斯凯兹（Diego Velázquez）的《宫娥》【见图 2】的结构，通过这幅画的结构，他表现的正是后来神经科学所证实的“期待决定视觉结果或视觉经验”的这种“知识型”概念。

因此，在“看”的认知过程中，我们应当注意：首先，看的内容，在很大程度上取决于人的记忆、期待，还有文化的理念。其次，我们所谓的“看”，不是真正的“看”——不是我们通常意义上或者常识意义上所说的“睁眼看”。“看”实际上是一种“确认”（re-cognition），不是认知，而是再认知。当我们看东西的时候，不是一个简单的从无到有的认知过程。

图 2　委拉斯凯兹作品《宫娥》

“看”实际上是一种“认”，认不出来就等于没看见，就被忽略了。所以，这造成了一种视觉经验，即对大量的不熟悉世界的信息，我们是根本看不见的、忽略的。

而现代艺术主要的、自觉的或不自觉的努力，是强调我们真的去“看”世界，是脱离“认”的“看”——或者是“裸看”，或者是“不带偏见地”“不带前见地”看。现象学以及后来的各种哲学理论，都在强调怎样克服这种期待，去看到一个光鲜的世界。很多现代艺术流派都表现出这种对视觉的重新构造。

这种对视觉的重新构造，也可以被看作对人类某一个特定时期知识型的特定构造、重新构造。而这种“看”，看到的是一个活泼新鲜的世界，看到的是一个在我们意料之外的世界，这种“看”被很多艺术家认为是一种真实的看。

我们平常的看则是不真实的看，这是一种艺术理念。当然，这种艺术理念从神经科学的角度怎样实现？这是另外一个问题，我们以后有机会

图 3　田晓岚教授拍下的台风过境照片

可以探讨。

现在我举一个例子，上图是我的朋友、苏州大学田晓岚教授在朋友圈发的一张照片【见图 3】。有一天台风经过苏州地区，她就拍下了这张照片。我第一眼看到它，就觉得它像一幅抽象画。乍一看，你不知道这张照片拍的是什么，但是它的色彩、光线、明暗，构成了一个活生生的世界。我们中的很多人都不会注意到它们，大部分人会说它们是无意义的。

我们摆脱前见的价值判断，去看一个活生生的世界，这在某种意义上就是一种艺术的视觉经验。也就是说，观看抽象艺术的时候，不要认为它们很奇怪，不要认为它们是艺术家胡闹的产物——他们只是捕捉了我们常常忽略的直觉的视觉经验。

这也是俄国抽象主义大师康定斯基说的那句话，“越抽象就越直接”。他说的“直接”，不仅是字面意义的直接，而且是在说“真实”，越抽象越真实。所以，抽象主义画作，我们不应认为它是一种概念的抽象，它是把视觉的经验原原本本地呈现在我们面前。

而我们之所以觉得不熟悉，觉得奇怪，很大程度上是因为我们的知识型——我们的文化给我们造成了一种前见，甚至是偏见。

也就是说，现代艺术和古代艺术（我们并不强调现代艺术和古代艺术有一个分水岭），一直在教人们怎么样去看这个世界，一直在重构，在锻炼人们日常的视觉经验。只是现代艺术在这个方面是更自觉的，某种意义上是更热烈的一种视觉运动。

3. 艺术的元素

这种视觉的基本原理使得艺术的元素可以被分成这几类：第一是空间，第二是线条，第三是颜色，第四是运动，第五是照明，第六是形状，第七是形式。

这里要说明的是形状和形式之间的差别。当艺术家或者艺术评论谈到“形状”的时候，通常指的是二维平面上的线条和结构（shape），而“形式”是指三维世界物体的形式，即人长得像人、豹子长得像豹子这种形式。前面我也谈到过，艺术要从二维的形状去揭示三维的形式。

学心理学专业的第一个学期，就会接触《鸭兔错觉图》【见图 4】。这幅图说明了我们的视觉经验是怎样自上而下地被构造的。这幅图的关键，是兔嘴兔唇那一根线——如果我们认为图中是兔子时，兔唇这根线就非常重要。也就是说，兔子这个形式决定兔唇这个形状在格式塔之中的视觉意义。

相反，如果你把图中的动物看成鸭子，这根线条就是一根偶然的、没有意义的线条，尽管我们认为线条对人认知世界往往起着决定性作用，但是我们也应该知道，线条的意义是根据整体的视觉经验甚至是概念来决定的。

下面是另外一个大家可能知道的例子，叫《少女与老妪》【见图 5】，这幅图中，我们应该注意项链的线条。如果你认为图中是一位老妪，那么这根线条就是老太太的嘴巴；如果你认为图中是一个年轻的美女，那么这根线条就真成了项链。是项链还是嘴巴，取决于你的概念。

图 4　鸭兔错觉图

图 5　少女与老妪

图 6　卡尼萨三角

接下来是一个令人感到震撼的例子，叫卡尼萨三角（Kanizsa Triangle）【见图 6】，这个三角本来不存在，但是我们不仅看见一个三角形，而且感觉它比周围的东西亮。

这是错觉，整幅图的明度是一模一样的。也就是说，人脑通过格式塔构造，不仅看出三角形存在，而且构造出背景和前景的差别。这个三角形似乎是凸出来的，"凸出来"就是因为人脑对视觉不断地构造和重构。

这些基本的视觉原理在很多意义上是普遍的，这种普遍性是一种结构的普遍性，也即人脑就是这样构造我们世界的经验的。

因此，神经美学的原理应该适用于所有的艺术。西方艺术也好，东方艺术也好，都遵循同样的规律。尽管在具体细节上——比如风格及艺术表现形式，以及福柯所谓的"知识型"上——会有很大的差别，因此造成不同的有文化特性的视觉体验。

4. 画作间的差别：一个小实验

现在，我要介绍一个我自己设计的小实验：我们来看看下面这两幅画的差别。实际上，这两幅画画的是同一个地方，是英国著名的国家公园，叫德文特国家公园（Derwent Water）。这两幅画大概是同时期的画【见图 7】，但我相信在座的各位以及观看直播的观众，都能一眼看出来哪幅是中国人画的。对，就是左边的这幅。

图 7　两幅描绘德文特国家公园的画作

你们知道是谁画的吗？这位画家在国内不是特别有名，但是他在西方艺术史上占有一个独特的甚至可以说是重要的地位，因为是他让西方的艺术家和艺术评论家第一次系统地认识到中国人看世界的方式。

他的名字你也许不知道，但是他做的一件事你们应该都知道：他把一件商品的名字翻译成中文，那被公认为是翻译得最好的商品名之一。——没错，是“可口可乐”。翻译者的名字叫蒋彝，哥伦比亚大学艺术系终身教授。他的著作包括他的画，在西方现代艺术史上有重要的地位，因为它们让西方人认识了中国的视觉语言。

我们再仔细看一看这两幅画的差别。我想让大家简单地研究一下：这两幅画所代表的视觉经验，它们的差别到底在哪？一幅是蒋彝的画，另一幅是当地人的作品，你可以看出它们之间的相似性。树，牛，还有山谷远景。

画家只记录了他看到的东西，我们却一眼就可以看出这是中国人的“看”，那是西方人的“看”。那么，关键的区分在哪？轮廓和形状？——有道理，例如西方艺术评论家认为，中国人画山是画它的形状（volume），但不画它的重量（mass）。有重量的画体现在颜色的深。但是中国人的山都是很空灵的。第二幅画中的山不仅有体积，也有重量，这是西方人的画。而中国人的画更多的是企及一种意象，但是没有质感。

我们再比较一下牛。当西方人画牛时，我们知道它是有原型的，画家是在画某一头特定的牛；当蒋彝先生画牛的时候，即使它有原型，但是我们更应该认为，他画的不是那一头特定的牛，而是牛的概念，是牛的意象。

同样是树，某种意义上，蒋彝先生的画重点在树上；而在这幅英国人的画中，树可以说不是那么重要。这中间的差别在哪？我们用福柯的语言来说，这是树的“知识型”。这些树是谁？这些树就是蒋彝本人——你可以这样去猜测，他画的不是树，他画的是树的魂。中国有一种说法叫“画山画骨更画魂”，画树也同样如此。

东方的诗人或画家看山水的时候，看的是自己灵魂的一种投射。而外在的意象只是内在情绪的一种表达和表现。而西方人的山、水、树，表达的是另外一种不同的意象和概念——也许有人不同意，但是我们可以讨论——这山、这水是蒋先生的一种寄托。他的山是一种空明的山，跟水融为一体。而西方人画中的山就是山，跟水有明显的差别。

有一个细节，可能大家不知道，东方人画物相的时候，特别是水边的山的时候，是不画影子的。你看西方人画中的山有影子，而蒋先生的山没有影子。美国有一位神经艺术学家，叫帕特里克·卡瓦纳（Patrick Cavanagh），他曾经写过一篇文章在《自然》杂志上发表，据他研究，以他发表文章的时间为界限，东方画的艺术史上，除了一幅画以外，没有人画过影子（shadow）。而西方的画中，影子是很重要的。这之间的差别在哪里？

西方的自然，根据中世纪以来的理念，是上帝的创造物。它要揭示世界的客观特性、几何特性。因此这种远近的对比，表达的是一种对造物主的感激。所以在西方绘画之中，远景往往非常重要。

这种由近入远的境界，就像拉斐尔的《雅典学院》【见图 8】，是从前面的方格式的几何图形，经过不断各种各样的圆，由罗马穹顶式的圆一步一步走向天国。他表达的也是一种柏拉图主义的理念，就是从现在的物质世界经由阶梯，一步步登入真理的世界或曰天国的世界。所以自然代表的是最高的意志和世界的几何性质、物理性质。

而东方人的山、水和树的效果是完全不一样的，这也就是我前面提到

图 8　拉斐尔作品《雅典学院》

的那种视觉的经验，是如何通过艺术和文化的构造，表现出一些细节的差别。我们可以再讲一个例子，这两幅画还有一个很重要的区别，即空间的区别。这里的空间主要是指左、右空间。这种左、右是中国古代文人画的一个很重要的特征。中国画往往画一角，蒋先生画中的叫“马一角”，马远的一角。这边是画实，那边是画虚，左实右虚，是一种很典型的中国画结构。而蒋彝先生的这幅画有一个让我比较意外的特点，他画的是右实左虚。怎样去解释这个倒转？我把这个问题留给大家。

最后我们再看一看左右差别，我问大家一个简单的问题。下面两幅图是英国 19 世纪著名风景画家约翰·康斯太博尔（John Constable）的《干草车》（*The Haywain*）【见图 9、图 10】。你们猜猜，哪幅画是他的原画？

第一幅是他的原画，为什么他会画成这样？这跟人脑的结构有没有关系？大家都知道，大脑其实分为左脑和右脑，它们是可以相互独立的。有一种病人叫作脑分裂患者（split-brain），仿佛一个人变成两个人。

图 9　约翰·康斯太博尔作品《干草车》

图 10　《干草车》反转图像

图 11　葛饰北斋作品《神奈川冲浪里》

我们也知道，左脑和右脑的功能是有很大差别的。对普通人来说，左脑是主脑（dominant brain），而右脑是副脑。左脑的一个重要的功能是什么？是概念。它从概念上、语言上去把握世界。而右脑则更注重形象，更注重具体的细节。

所以我们看东西的时候，往往是从右往左看，如果细节在右，左边就是一个空明的世界，让我们从概念上去把握。所以，如果我们将之倒过来，就会产生一种奇怪的感觉。这是一个简单的例子，一个常识性的例子，让大家意识到艺术的构图不是那么简单的，它在某种意义上要尊重人脑的一些规律。

这是更著名的一幅画，大家都知道的，叫作《神奈川冲浪里》【见图11】。芝加哥的一个反传统主义者把这幅画模仿出这样的反传统的感觉【见图12】。因为传统观念认为右边应该比较大，而他认为是左边比较大，所以给大家造成了这种感觉。

图 12　左右反转的《神奈川冲浪里》

二、神经美学是什么

接下来我们讲第二部分——神经美学是怎么一回事。

神经美学作为一个学科，它的建立是非常近的一件事，严格来说是在1999 年。这一年，英国著名的视觉神经学家萨米尔·泽奇（Semir Zeki）【见图 13】出版了两本著作，一本是《艺术与大脑》（*Art and the Brain*），另外一本书叫作《内心视野——艺术与大脑的探索》（*Inner Vision*：*An Exploration of Art and the Brain*）。这两本著作的发表被当代神经科学公认为是神经美学史上一个里程碑式的事件。所以泽奇先生就被公认为是神经美学的创始人。

从泽奇先生的角度来看，他认为神经科学家们的美学著作突出了艺术属性与大脑组织原理之间的相似之处。这应该归功于泽奇将神经美学引入了科学话语。他认为神经系统和艺术家的目标是相似的，两者都试图理

图 13　萨米尔·泽奇

解世界的基本视觉属性。

什么是神经美学呢？它和传统美学的区分在哪里？传统美学注重的是美的理念和愉悦，强调美的情感和体验；而神经美学所强调的是，美首先是一种感觉经验，尤其是视觉经验。它把艺术当作一种视觉经验来看待，而不是专注于抽象的哲学——传统哲学上所强调的美。

神经科学所揭示的视觉规律、元素和语法，被用来解释和说明艺术欣赏与艺术创作背后的原则和规律，特别是艺术家如何利用（当然往往是不自觉地）人脑的一些认知机制来进行创作，并实现富有震撼力的艺术作品。

也就是说，当神经美学把艺术看成是视觉经验的时候，它所注重的既包括艺术欣赏，也包括艺术创作；既包括我们普通大众欣赏过程的一些规律和经验，也包括艺术家创作时所利用的一些元素和语言公式，它们和

图 14　列奥纳多·达·芬奇作品《蒙娜丽莎》

大脑的机制有一定的平行度。

1. 蒙娜丽莎的似笑非笑

比如《蒙娜丽莎》【见图 14】，画中人是一个大家都熟悉的艺术形象，她似笑非笑，笑一会儿存在一会儿不存在。以前大家都觉得这很神秘，但是现在神经科学基本能够解释蒙娜丽莎的笑为什么这么神秘，笑与不笑之间的区分在哪——这都是因为人的视觉。

人的视网膜有两个区块，其中一个叫黄斑区，黄斑区之外的是副中央凹。黄斑区中间是中央凹【见图 15】，这个区域所包含的主要是视锥细胞，中央凹之外的，叫作视杆细胞。它们之间的差别在于，视锥细胞对光、

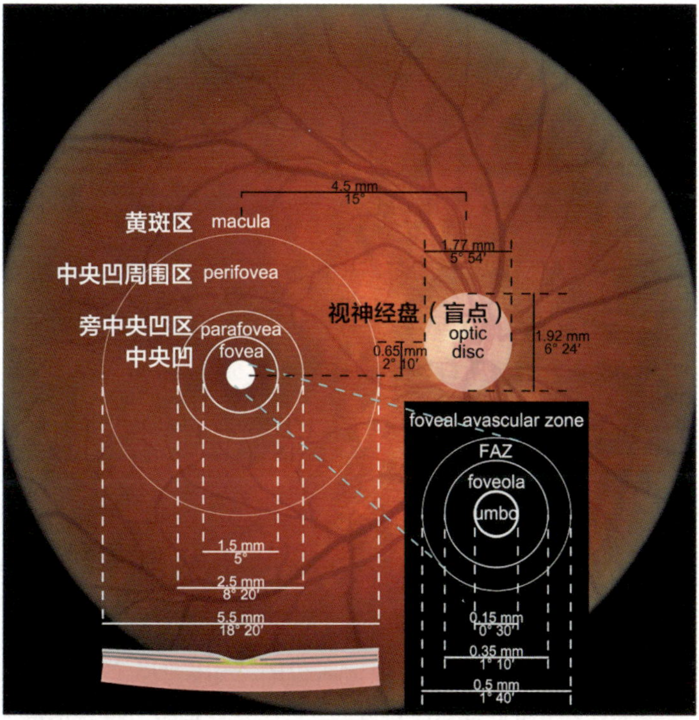

图 15　人眼视网膜黄斑区结构

颜色进行感应，其主要作用是识别颜色，而视杆细胞所关注的主要是黑白、照明之类的信息。也就是说，中央凹是视网膜中视觉辨色力、分辨力最敏锐的区域；相反，周围的视觉区域——副中央凹主要被用来处理运动、黑白对比等敏感度比较低的信息。

这跟蒙娜丽莎的笑有什么关系呢？脑科学家发现，当你注意蒙娜丽莎的眼睛的时候，她的嘴巴那根线条正好处在你眼中副中央凹的位置——就是敏感度比较低的区域，此时她嘴部的线条，在她脸庞的阴影提示之下，就会让你觉得她在笑。

但是，当你的视线集中在她的嘴部的时候，她的嘴部线条就会集中在你的中央凹这个区域——黄斑区的中心区。由于分辨力、解析度非常高，她的笑就消失了。

2. 达利的创作

1973 年，美国神经学家里昂・哈蒙（Leon Harmon）在《科学美国人》（*Scientific American*）上发表了一篇文章，谈到了中央凹和副中央凹这种信息处理上的差别。萨尔瓦多・达利（Salvador Dali），一个超现实主义的画家，读到这篇文章的时候，自觉地创造了一幅名画，这幅名画的名字很长，叫作《伽拉对着地中海的沉思，却在 18 米处变成了林肯头像（纪念色域绘画大师罗斯科）》（*Gala Nude Contemplating the Mediterranean sea which from a distance of 18 meters is transformed into a portrait of Abraham Lincoln [Homage to Rothko]*）”。

看看这幅画，你应该可以自己解释，为什么近看的时候画中是一个裸女，远看的时候却变成了林肯。因为远看的时候，空间分辨力变低了，而走近这幅画的时候，色块所呈现的图像就从裸女变成林肯。

这个例子可以说是对福柯所说的“知识型”的非常强有力的揭示，通过艺术的手段来表达什么是颜色、什么是世界，这个世界取决于你怎样去看。近看，画中是一个裸女；远看，它是一个道德世界，是林肯。

达利为什么用这幅画来纪念罗斯科呢。因为罗斯科是现代艺术中的颜色大师，他的所有作品都充满了颜色，而颜色的意义是什么？达利用中央凹和副中央凹之间的视觉机制差别揭示了所谓的颜色，甚至揭示了我们视觉经验之中文化的构造。这是艺术家本人用神经科学的原理来创造一幅名画的典型例子。

三、平行主义的四个命题

我们下面要讲的是本讲的主要内容——平行主义的四个命题。

命题一

从神经美学的角度来讲，如果我们仅仅从哲学、传统的艺术角度去分析艺术，那么我们就会丢失艺术中的一个重要的层面，这个层面就是艺术所代表的视觉经验。

也就是说，没有对神经基础的理解，美学是不完整的。艺术确实创造一种美的经验，但除了美之外，更重要的也是经验本身。而经验本身必须通过神经感知学、神经视觉理论去解释，在词源学上来说，这和古希腊的概念是一致的。我们说的美学（Aesthetics），来自希腊语中的"感知"，所以"美学"的希腊语含义是"感知研究"，而不是研究美本身。这是第一个命题。

命题二

正是因为艺术包含重要的视觉层面，所以我们可以说艺术之为艺术，是因为它能够接受直接的视觉证实，这叫作"直接感官证实论"。什么是艺术？看起来像是艺术的往往就是艺术，看起来不像是艺术的，就不是艺术。

也就是说，看艺术品的时候，在某种意义上，你是有发言权的，你可以凭自己大脑的权威去判断画得对还是不对。因为艺术的属性和大脑的组织原则之间存在相似之处，艺术看起来就像是艺术。艺术特征能被人脑直接证实，这是第二点。

命题三

艺术家和人脑都在努力捕捉世界的"基本本质属性"（the essential attributes，这是泽奇使用的词语），即柏拉图的理念，或曰形式。

艺术和人脑都是"柏拉图主义者"，它们都试图在纷繁复杂、变化不定的外界信息之中，找出一种稳定的视觉常量。而这种视觉常量，泽奇认为，就是柏拉图所说的理念，或曰形式。

我们可以简单地回溯一下柏拉图对哲学和艺术的关系描述。柏拉图要把艺术家、诗人驱出理想国，他批判艺术，因为艺术模仿的是现实，是一种“影子世界”，而真实的世界是一种理念世界。

但实际上，历史上最忠实的柏拉图主义者恰恰是东西方的艺术。因为新柏拉图主义认为，既然艺术不应该去模仿我们周围的影子世界，那么艺术就应该直接描绘柏拉图的理念世界。

而这种理念形式，这种对世界本质形式的追求，一直是艺术史上的主流。所以，我们可以简单地把所谓的柏拉图的理念分成三种：第一种是中世纪宗教绘画，其所谓典型往往是指脸谱式的人物——上帝、基督、儿童时期的基督以及圣母等等，而在描绘这些宗教典型的时候，他们所持的态度也即他们表现的真理，是柏拉图式的真理。第二种是文艺复兴时期的绘画，尽管画风改变，已经脱离了宗教背景，但是这一时期的艺术所坚持的理念还是柏拉图式的对美的标准的追求。所以文艺复兴时期的画都特别美，因为它们表现的就是美的本质，画家通过各种各样的对称构图来表现出一个理想的人或者世界。第三种是现代艺术，尽管它看起来和文艺复兴时期、和早期的宗教画完全不同，但实际上，它们在内里的追求是一致的，从神经美学的角度来说，是同样的。只是现代艺术所强调的对柏拉图理念的理解有所改变。现代艺术的理念是元素，是构造世界的元素，是一种原子主义的理念概念。

我们简单回顾了西方绘画史上柏拉图理念的改变。维纳斯表现的不是简单的人体，而是美。后来马奈所画的《奥林匹亚》【见图 16】已经不再是一种美，甚至在某种意义上可以说是不美，但它表现的是现代对女性的理解。可以这样说，“奥林匹亚”是一个真实的人，不再是天国的女神，她所表达的态度以及她手的位置，表现的都是现代社会对“什么是女性”这个问题的理解。也就是说，当马奈在画这幅画的时候，他已经开始探讨、研究什么是女性、什么是社会地位，以及各种各样的社会关系。

图 16　马奈作品《奥林匹亚》

最后，外在信息不断变化，大脑必须找到某种感知恒定性，而稳定性本身只来自大脑，所以，大脑必须忽略外部塑造的大部分信息。

因此，现代艺术的一个主要特征，就是通过模块性的认知，分别研究单一的艺术元素，如立体主义的空间、至上主义的线条和野兽派的颜色等等。

现代主义更加自觉地认识到这种意识——视觉经验的建构性，而建构视觉经验本身依赖于一些基本的元素，这些元素独立出来，比如颜色独立出来，线条独立出来，它们所揭示的是一种更原初、更原始的一种柏拉图的理念。

艺术寻找物体表面、面孔、情境等稳定性的持续的本质特征，以获取有关世界的知识。根据美国宾夕法尼亚大学印裔神经学教授沙特吉（Chatterjee）的说法，神经系统将视觉信息分为颜色、亮度和运动等属性。同样地，许多艺术家在 20 世纪隔离和增强了不同的视觉属性，比如马蒂斯强调色彩，考尔德强调运动，而泽奇则认为艺术家一直在努力揭示基本

图 17　亚历山大·考尔德雕塑作品《火烈鸟》

视觉元素之间的区分，以及在大脑内部功能和解剖上都可以相互分离的视觉模块。

芝加哥联邦政府中心广场上很有名的雕塑是考尔德的《火烈鸟》【见图 17】。它看起来，像又不像火烈鸟——像是因为神似，不像是因为它不是一只鸟。也就是说，考尔德已经把火烈鸟还原成为一种基本的视觉元素式的语言。

毕加索一辈子都在研究公牛【见图 18】，因为他认为自己既是斗牛士，又是最后要被斗牛士杀死的公牛本身，所以当他在研究公牛的时候，在某种意义上他也是在剖析自己。但是研究公牛的时候，他不再把公牛当作公牛研究，而是在研究公牛的本质。正是这个本质，这个元素性的本质，在毕加索看来，他自己也可以拥有。

也就是说，公牛的本质，不一定只有公牛才有，人也可以有。所以很多毕加索的自画像，那种几何结构和线条，都表现出一种内在的“公牛性”。最后毕加索把公牛还原为这种简单的线条，就是毕加索把公牛还原

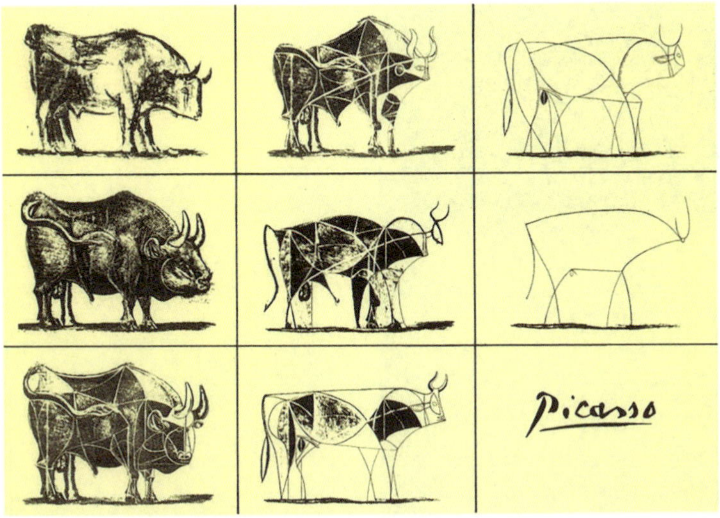

图 18　毕加索的《公牛》的演变

图 19　马蒂斯作品《浴女和乌龟》

图 20　罗斯科作品《9 号》

成“公牛形式”或者“公牛柏拉图理念”的一种过程。

在马蒂斯看来，颜色不再是某一个东西的颜色，颜色是构造视觉世界的一个形式和理念本身。所以当我们在看马蒂斯的画的时候，你不能简单地说他画的是女人，因为这幅画展示的可以是任何一个物体。画中的女人甚至可能是一个自然物体——马蒂斯和毕加索的很多画中，女人看起来像石头，因为他们表现的不是女人的人体，而是一种对颜色的沉思。【见图 19】

这是我前面提到的罗斯科的色域【见图 20】。为什么是色域而不是色块？因为说“色块”时，你就将颜色限定了，将颜色物化了，而“色域”的颜色是没有空间位置的。

还有运动，画家开始研究运动本身。这是马奈的《赛马》【见图 21】，它所表现的不是赛马这个过程，而是由赛马这一事件所表现出来的视觉的运动属性。

透纳当然不是严格意义上的现代画家，但是他的理念与现代艺术是非常相似的。这是他那幅有名的《暴风雪》【见图 22】，请注意港口外的

图 21　马奈作品《赛马》

图 22　透纳作品《暴风雪》

汽船。他要表现的是这艘汽船吗？不是。他表现的是暴风雪这种气象万千的运动现象。

我可以再简单地介绍一下：你可以从我前面提到的中央凹和副中央凹的差别来“读”这幅画，如果你将视线放在外围的线条上，会减弱这幅画的力量。相反，你应该把视线集中在桅杆上，当你把视线集中在桅杆上的时候，中央凹、副中央凹地带的运动更加强烈。所以怎样去看现代艺术也是有讲究的，不一定每根线条都要细看，细看往往会改变甚至减弱艺术效果。

因此，抽象艺术不是严格意义上的、哲学上所谓的逻辑抽象，不是一种概念抽象，而是将构成世界的元素从具体的事物的物象之中分离出来，抽象派艺术可以说是艺术元素高度的具体化和个性化。

当抽象派艺术家画颜色的时候，他就是在画颜色，而不是在画某一个物体的颜色。当他画运动的时候，他就是在画运动，而不是在画你的运动或是他的运动。因为这些元素主义，也正是艺术史自古以来就有的一种柏拉图式的努力和尝试。

大家都知道欧几里得的几何学。事实上，欧几里得“几何学”的希腊原文，直接翻译成中文，叫作“元素”。当欧几里得说“几何是一种元素”的时候，他是什么意思？他是想表达：当我说三角形的时候，当我说线条和线条之间的关系的时候，我不是在说它们是事物的一种形式，而是在说，它们是构造事物的原本的一种元素，和元素周期表上的元素一样。

按照柏拉图主义，线条不是事物的线条，而事物才是用来表现线条的东西，就像物理学家说数学——不是用数学来表示世界的关系，而是世界表现数学。这也是一个很重要的平行主义命题。

命题四

从神经科学的角度来讲，艺术家往往是一个天生的神经学家。他们之所以不同于常人，是因为他们对人脑的机制往往有一种自然的、直觉的理解。

首先，艺术创作和欣赏都应该符合神经组织的原则，而艺术品的属性和艺术家的技巧策略与神经系统组织视觉世界的方式往往有异曲同工之妙。也就是说，艺术家对大脑的机制有一种直观的理解。这是非常关键的一点。

其次，画家，特别是现代画家，凭一种直觉的智慧已经意识到人的视觉过程——人的大脑看东西的时候——所遵循的规律并不是外界的物理规律，而是它自己的规律。

现代艺术恰恰也是抛弃了物理规律，遵循一种跟物理规律不同的、所谓脑的世界规律。

这正是卡瓦纳所说的，绘画中的图像经常违背阴影、反射、颜色和轮廓等物理特性，画家不追随世界的物理属性，而去捕捉反映人类心智所使用的感性洁净。艺术家在尝试不同的绘画形式时，已经事先发现了现在心理学家和神经科学家所承认的人脑的感知原则。

所以为什么艺术家有创造性？因为他已经有意地违背物理世界的规律，找出一种为人脑所默认的新的认知规律。

一个很有名的例子是塞尚的《苹果篮》【见图 23】。当塞尚画《苹果篮》的时候，他有意违背了很多物理规律。举个例子，画中的桌子是不平的，右边比左边高，于是苹果似乎是仰视的，又似乎是平视的，又似乎是俯视的。大部分人是注意不到这些细节的，但这幅画看起来就很好，苹果很有个性，似乎在动。之所以有这种效果，恰恰是由于画家有意地违背了人脑注意不到的物理规律。

另一个更有名的例子是莫奈的《日出·印象》【见图 24】。莫奈画中颜色是闪烁的，闪烁代表的是物体形状和位置之间的可分离性，而这正符合神经科学中的双重视流理论。

我们在一些印象派绘画中所看到的水的闪烁或者太阳的光芒是由等亮物体所产生的，而这实际上是利用背侧流（位置流）和腹侧流（概念流）之间的信息处理方式的差别而创造出来的。

图 23　塞尚作品《苹果篮》

图 24　莫奈作品《日出·印象》

人的视觉皮层分为两个大的区域：一个叫腹侧流，它所关注的是事物的概念和事物本身的形式。而另一个区域——背侧流所注意的，是运动相对的空间位置等。腹侧流处理等亮物体的形式，但由于背侧流无法确定运动或空间位置信息，因此，等亮形式看起来不稳定并且不断闪烁。

莫奈通过等亮这种设计，在某种意义上是把判断物体相对位置的背侧流信息“关”掉了。结果就是人脑只能靠腹侧流，即靠颜色来判别物体的空间位置。这造成的结果是不确定——位置的不确定。所以，这幅画产生了闪烁的效果，颜色脱离了物体本身的固有形式。这就是为什么大家一看见这幅画的时候，就有一种特别愉悦的美感。

四、脑损伤和艺术创作

另外一个神经美学中重要的题目，就是脑损伤病理。病理神经学和艺术创作也有很大的关系。

在讲这个问题之前，我想简单地介绍一个很重要的一般性原则，当我们用神经科学来解释艺术的时候，我们不要简单地以为这是用科学来帮助艺术。恰恰相反，在神经科学史上，科学家们利用艺术来帮助研究人脑。

艺术是已经被确立的、比较正统的一种研究方式，这就和中世纪科学家如牛顿研究自然的理由一样。因为不能直接研究上帝，所以牛顿通过研究物理自然来研究上帝——自然是上帝创造的。

同样的道理，当神经学家由于各种因素和技术限制（包括伦理）不能直接研究大脑的时候，就通过研究“艺术为什么看起来像艺术”来揭示大脑的一些神经原则。这是因为，艺术是大脑创造力的集中表现和典型。而在这个方面，神经病理学和艺术是息息相关的。

人脑的病变——某个或某些部位被损伤——会改变人的视觉经验。而在某些特定情形下，被改变了的视觉经验，经过艺术处理，会创造出一种特别富有震撼力的艺术效果。

我今天将分两个方面来谈这个问题：一个方面是，脑损伤可以赋予患者艺术创作的激情或行为倾向。另外一个方面是，脑损伤可以在一种特定情形下增强艺术表现力。

1. 脑损伤赋予的艺术激情

加利福尼亚大学伯克利分校的艺术系教授凯瑟琳·舍伍德（Katherine Sherwood）曾在《神经科学》杂志上以自我传记的方式，描述了脑出血是如何改变她的艺术的。在文章中，她描述自己由脑出血（CVA）引起左脑中风，使大脑的感知系统从概念系统中获得了解放。前面提到过，左脑是概念脑，右脑是艺术脑或者形象脑，凯瑟琳教授正是左脑大出血引起中风。结果，她的艺术有了一个飞跃。因为她的艺术被完全地从概念系统中解放出来，从而导致一种自由和富有原始击破性意味的艺术风格。

这是自她的文章中摘出来的一些话：

> 大面积中风影响了我的艺术世界，随之而来的瘫痪迫使我换手并成为一名左撇子画家。一些神经科学家假设，我脑中的“翻译官”在我中风期间严重受损，这深刻地解放了我的作品。中风前我的作品缺乏自然性，并有过度理性化的倾向；而中风后的艺术就不那么具有自我意识，作品更有紧迫感和表现力。两个时期的主题正好都是大脑（按：她是大脑艺术家，本来也喜欢画大脑）。对一个艺术家而言，我的中风，既是种挑战，也是种机会，而不仅仅只是一种简单的损失。

她自己在文章中揭示了中风前后的对比。她在 1997 年中风。一幅是她在 1990 年创作的画，名字叫作《有趣的水洼》（*Fun Puddle*）。另一幅是她在中风后的画作。从中可以看出画风的差别。还有两幅是她在 2006 年和 2010 年的画作。

第二个例子叫作额颞痴呆（frontotemporal dementia）。额颞痴呆往往会导致强迫症，可以让人对细节着迷，并有可能激发人的艺术表现欲。

道理很简单，对语言神经学熟悉的人都知道，额颞区这个脑区是概念区。当概念区损伤的病人看见一个苹果，你问他是这什么东西，他虽然说不出来，但他可以画苹果，并且画得非常好。也就是说，他看得见苹果，但是由于语言区、概念区损伤了，所以他就没法说出“这是苹果”。这样的病人往往有一种强烈的艺术表现欲——“虽然我说不出来这是什么，但我可以把它画出来”。

在额颞痴呆患者中也有很多后天获得艺术才能的例子。额颞痴呆可以引起深刻的人格变化，患有额颞痴呆的人可能生活中举止乖张，并在语言、注意力集中和决策能力方面都存在问题。但是研究发现，一些额颞痴呆患者倾向于喜欢艺术，他们的艺术往往是现实主义的，而不是抽象的或者象征性的，其艺术通常是视觉艺术，而且非常详细。患有额颞痴呆的艺术家非常专注于他们的艺术，这表明他们的强迫症有助于这种艺术倾向。

有些自闭症患者往往有语言能力或者社交能力障碍，但是他们可以画出具有大量细节的东西。一个很有名的例子是英国的黑人青年，叫史蒂文·鲍彻（Steven Boucher）。

奥立佛·萨克斯（Oliver Sacks），已故美国著名神经科医生，讲述过旧金山的一名意大利画家的故事，这名画家叫 Franco Magnani，他画了数百个 Pontito 的现实场景——Pontito 是 Magnani 的意大利故乡。Magnani 本来是一个开餐馆的打工仔，本来没有太多的艺术素养，但是患了额颞痴呆以后，他就开始不断地画他记忆中的故乡。

2. 脑损伤增强艺术表现力

脑损伤也可以导致空间忽视，而这种空间忽视可以造就独特的艺术效果。有一个很有名的例子：德国有个很重要的艺术家，叫洛维斯·科林特（Lovis Corinth）。他在 1911 年遭受大脑右半球的中风，康复后重新开始画画，此前他已是非常有名的画家。

图 25　洛维斯·科林特 1909 年画的妻子肖像

图 26　洛维斯·科林特 1911 年骑士扮相自画像

图 27　洛维斯·科林特 1912 年画的妻子肖像

他的艺术风格在中风前是现实主义【见图 25、图 26】，中风后则有了明显改变【见图 27、图 28】，有明显的空间忽视的现象，左边的细节有时会被遗漏，与背景融为一体。而且由于脑损伤，他画的直线都向左倾斜，

图 28　洛维斯·科林特 1912 年作品《在镜前》

图 29　莫奈作品《睡莲池塘》

这反而造就了一种独特的艺术效果。很多艺术评论家认为他的右脑中风把他带入了一流艺术家的殿堂。

还有一个例子是众所周知的莫奈的《睡莲池塘》【见图 29】。这幅画之所以有那么强烈的艺术效果，其实和莫奈的白内障有关系，因为他看不清。这是艺术史上的著名公案。

因此，脑的损伤会造成视觉过程某些方面的障碍，而这种障碍在某些特定情景下，恰恰可以造就独特的艺术效果。

五、立体主义、至上主义和野兽派

现在，我们来谈最后一个内容，就是所谓的立体主义、至上主义和野兽派。

1. 立体主义

视觉发生在脑中，并分成多重步骤，基本任务是找到视觉常量。视觉过程既有纵向的等级，又有横向的平行处理，而视觉阶段可以分早期、中期和末期。因此，神经美学认为，我们可以用类似的分类结构去分析不同的艺术风格。

比如为了达到稳定性，V1（初级视觉区域）对信息进行了并行处理，造成包括颜色细胞、运动细胞的活动，并分别与 V4 或 V5 细胞连接。总体上每个视觉区域都着重处理一个特殊的视觉属性，如 V4 的颜色、V2 的形状和 V5 的运动等等。而立体主义力图从视觉感知中消除视角、光照和深度的影响。可以说，立体主义力求平面效果。然而从神经美学的角度来讲——至少这是泽奇本人的观点——它却没能提供视觉所需要的稳定性，也就是说，泽奇认为，立体主义是一种（从他的角度来说）失败的视觉尝试。

2. 至上主义

神经科学家发现大约三分之一的 V2 细胞，显示出对各种复杂形状特征的有差异反应，而且，在 V2 细胞中有一些方向细胞，也就是说，有些细胞只对某些特定方向的线条有反应，而对其他方向的线条却没有反应。

这种线条方向的细胞，从神经美学的角度讲，也构成马勒维奇（Kazimir Malevich）“至上主义”的原则，因为马勒维奇认为艺术并不需要描绘现实客观世界，甚至与客观世界没有任何关系。

在1927年出版的《至上主义》一书中，他明确地阐述了“至上主义”的核心概念。他说：“在至上主义之下，我只关注纯粹感觉在创造性艺术中的首要地位，对于至上主义者来说，客观世界的视觉现象本身毫无意义。”因此，艺术中重要的是感觉，与它的环境来源毫不相干。他根据基本的几何形式创造了至上主义的语法，而这种至上主义的语法就是一些简单的线条和几何图形。因此我们可以这样去看待至上主义：它表现的实际上是一种“线条柏拉图主义”。线条不是用来表现物体的，相反，物体是用来表现线条的。这和诺贝尔奖获得者、著名的视觉神经学家大卫·休伯尔（David Hubel）和托斯坦·尼尔斯·维厄瑟尔（Torsten Nils Wiesel）的神经学发现——线条是感知的形式和基石——是不谋而合的。可能有人知道皮特·蒙德里安对线条的研究，在他看来，线条才是艺术，线条之间的关系才是艺术的真理。

再举一个例子。日本餐厅有个特点——给人特别好的视觉感受，仔细一看，它们其实非常简朴。它们靠的就是蒙德里安式的线条，把空间构造成非常优美、非常简洁的视觉享受。再如中国的屏风，各种各样简单的线条布局，为什么会产生审美愉悦？这是不是跟人脑中的线条细胞等有一定的关系？

3. 野兽派

另一个例子就是野兽派。所谓野兽派，注重的不是线条，也不是平面的、多维度的、视觉的立体主义经验，而是颜色。

野兽派的一个重要艺术特征，就是把颜色从物体形式中独立出来。野兽派画家马蒂斯、德兰、让·梅钦赫尔、乔治·布拉克都强调把颜色从形状和物体中解放出来，导致所谓“错误的颜色”。也就是说，野兽派是错误颜色的代表，他们之所以强调错误，正是为了强调颜色可以从物体的性质中分离出来，他们表现的是颜色本身而不是物体。

图 30　马蒂斯作品《奢华、宁静和欢乐》

图 31　乔治·布拉克作品《艾斯塔克旁边的橄榄树》

上图是马蒂斯著名的《奢华、宁静和欢乐》【见图 30】，类似的还有乔治·布拉克的《艾斯塔克旁边的橄榄树》【见图 31】。画中树的颜色是错误的。注意，他不是在画树，他是在画颜色。

六、科学和艺术的桥梁

总结一下，所谓神经美学的平行主义，就是认为大多数艺术家同时也是天才的神经学家，他们对人脑的视觉机制和语法规则有相当直接的感受。

而艺术创作的关键并不是还原终端的视觉产品，而是研究人脑创作视觉产品时所依赖的颜色线条和运动等元素，以及人脑对这些元素加以改变和组合的过程。也就是说，人脑的视觉过程和艺术的创作过程有相似之处，而艺术欣赏也多多少少依赖这种脑和艺术的平行。揭示这种平行主义，成为神经美学的一个主要课题。脑损伤和一些病理现象能够解放甚至提高人的艺术天赋。

另外，现代派艺术，包括很多现代艺术的流派——立体主义、至上主义、野兽派等等，对各种视觉语法和元素进行实验和探索。脑损伤造就不同的艺术流派，而其中的艺术成就也可以根据平行主义的原则来加以分析和批判。

不过，神经美学只是美学的一个分支，它揭示的只是美的一个方面。神经美学是一种经验科学，目前它还不能代替传统美学，还未能从哲学上解释美的本质和美的愉悦。所以我们不应该夸大神经美学的意义，不能以为有了神经美学，我们就可以解释所有的艺术现象。艺术是一个大千世界，我们还有艺术社会学、艺术政治学、艺术市场……神经美学所揭示的是艺术的感知、艺术的感觉。

尽管神经美学有内在的局限，但是它的意义确实不可否认。一方面，它确立了一个富有内在意义和价值的美学新方向；另一方面，它也对艺术创作和欣赏的去神秘化做出了积极贡献，能够解释以前不能解释的一些现象。

神经美学也有它的陷阱，这个陷阱是还原主义。目前在西方发表的很多著作，都有一些把艺术简单化和机械化的倾向。我们应该注意到美的复杂性以及神经美学的实验特质。

无论如何，今天我演讲的主旨，仍是通过介绍神经美学，来建立一座科学和艺术、人文和自然之间的桥梁。

在演讲结束前，我想读一首大家耳熟能详的中国古诗，我想让大家通过视觉感受这首诗。它的首联和颔联是传统的艺术化意境，但是它的尾联给人的感觉是完全不一样的——它是一种新的视觉体验。这种视觉体验对我个人而言，似乎是一种野兽派的艺术——这听起来很好笑，但你知道我在说什么。

这首诗是王昌龄的诗："寒雨连江夜入吴，平明送客楚山孤。洛阳亲友如相问，一片冰心在玉壶。"谁知道最后一句的意思？——什么是"冰心"，什么是"在玉壶"？我查了很久，没人能够解释，谁也没见过。但是这句诗的颜色，这种全新的视觉体验，恰恰抓住了我们的心。没有人知道他说的是什么，但是我们都知道他说得好。

在这首诗中，似乎也隐藏着整个艺术史的一个奥秘：怎样从表象世界突然飞跃，找出连我们自己都不知道的，但是又觉得对的一种视觉和美学的体验。

图片版权许可说明*

哥德尔定理与认知科学的局限

图 1，维也纳求学期间的哥德尔，原名 Young Kurt Gödel as a student in 1925，公有领域图片

图 2，哥廷根大学教职工明信片上的希尔伯特，原名 David Hilbert postcard，公有领域图片

图 3，爱因斯坦的办公室，原名 A photo of Albert Einstein's office (Princeton, New Jersey, April 1955)，Ralph Morse 摄，公有领域图片

图 4，碗还是盘子？，原名 Song Porcelain，Gary Todd 摄，Unsplash 许可图片

图 5，1947 年图灵在拉夫堡大学参加业余田径协会冠军赛，原名 Alan Turing running，公有领域图片

图 6，迈克尔·乔丹，原名 Michael Jordan's Steakhouse，Camplese 摄，CC BY 2.0 许可图片，许可协议见 https://creativecommons.org/licenses/by/2.0/

图 7，仿章鱼触手机械臂，原名 OCTOPUS arm1，Lau Marghe 摄，CC BY 3.0 许可图片，许可协议见 https://creativecommons.org/licenses/by/3.0/

图 8，“章鱼”剪纸作品，原名 Masaya Fukuda's Kirie / Kirigami Octopus, katexic 摄，CC BY 2.0 许可图片，许可协议见 https://creativecommons.org/

* 本书图片均由朱子姝搜集整理或绘制，图注文字亦由朱子姝撰写，特此说明。

licenses/by/2.0/

图 9，机器人 Ai-Da 及她的自画像，原名 Ai-Da with self-portrait, Leemurz 摄，CC BY-SA 4.0 许可图片，许可协议见 https://creativecommons.org/licenses/by-sa/4.0/

理解

图 1，两组相同缝距的双缝干涉条纹，原名 SodiumD two double slits, Pieter Kuiper 摄，公有领域图片

图 2，第一个做双缝实验的托马斯・杨的肖像，原名 Thomas Young, Henry Briggs 绘于 1822 年，公有领域图片

图 3，苏联科幻电影《索拉里斯星》剧照，公有领域图片

图 4，恩里科・费米在黑板前，原名 Enrico Fermi (1901-1954)，公有领域图片

图 5，《纽约客》刊登的外星人偷垃圾桶漫画，Alan Dunn 绘，公有领域图片

图 6，电影《模仿游戏》中译码机器 Bombe 的拍摄道具（现收藏于布莱切利公园），原名 Christophere (the bombe machine) from The Imitation Game at Bletchley Park, William Warby 摄，CC BY 2.0 许可图片，无修改，许可协议见 https://creativecommons.org/licenses/by/2.0/deed.zh

图 7，语序与语义，自制图片。背景图片为白娘子木雕照片，原名 Wood Carving of Lady Snake Bai, ngader 摄，CC BY 2.0 许可图片，使用时在图片上添加了文字，许可协议见 https://creativecommons.org/licenses/by/2.0/deed.zh

图 8，达特茅斯学院的贝克图书馆，公有领域图片

图 9，胼胝体与裂脑人，原名 Corps calleux, Valcat96 提供，CC BY-SA 3.0 许可图片，无修改，许可协议见 https://creativecommons.org/licenses/by-sa/3.0/deed.zh

图 10，裂脑人实验左右视野示意图，自制图片。背景图片一，雪景，原名 Meadow Hut Snow Farm，André Richard Chalmers 摄，CC BY-SA 4.0 许可图片，使用时在图片上添加了文字，许可协议见 https://creativecommons. org/licenses/by-sa/4.0/deed.zh；背景图片二，鸡爪，原名 Chicken normal and five toed foot，Arie M. den Toom 摄，CC BY-SA 4.0 许可图片，使用时裁去原图右侧的另外一只鸡爪，并在图片上添加了文字，许可协议见 https://creativecommons.org/licenses/by-sa/4.0/deed.zh

图 11，500 米口径球面射电望远镜（FAST 望远镜），YouTube 频道 Absolute Cosmos 提供，CC BY 3.0 许可，无修改，许可协议见 https://creativecommons.org/licenses/by-sa/3.0/deed.zh

什么是洞见

图 1，夜晚水面的反光，原名 Water Night Reflection，Free-Photos 许可图片

图 2，脑部功能性磁共振成像，引自论文 Tik, Martin, et al. "Ultra-high-field fMRI insights on insight: Neural correlates of the Aha!-moment." Human brain mapping39.8 (2018): 3241-3252。CC BY 4.0 许可，使用时裁剪去除了原图的下半部分，许可协议见 https://creativecommons.org/licenses/by-sa/4.0/deed.zh

图 3，莫扎特 C 大调四重奏曲谱，原名 Mozart Quartet In C Notes，公有领域图片

图 4，莫扎特和贝多芬在 1787 年（钢版画），原名 Mozart and Beethoven in 1787 (Steel engraving)，公有领域图片

图 5，乔・卡巴金，原名 Jon Kabat-Zinn，Mari Smith 摄，CC BY 2.0 许可图片，无修改，许可协议见 https://creativecommons.org/licenses/by/2.0/deed.zh

图 6，拉马努金邮票，原名 Srinivasa Ramanujan 1962 stamp of India，

公有领域图片

图 7，数学家张益唐，公有领域图片

图 8，柏拉图的洞穴之喻，原名 Plato’s“Allegory of the Cave”，Markus Maurer 绘，CC BY-SA 3.0 许可图片，无修改，许可协议见 https://creativecommons.org/licenses/by-sa/3.0/deed.zh

图 9，被深蓝击败的加里·卡斯帕罗夫，YouTube 频道 Analytics India Magazine 提供，CC BY 3.0 许可，无修改，许可协议见 https://creativecommons.org/licenses/by/3.0/cn/

图 10，118 岁的虚云法师，公有领域图片

图 11，沃尔夫冈·苛勒代表作《人猿的智慧》，公有领域图片

图 12，经颅直流电刺激及 10-20 系统，自制图片。背景图片一，YouTube 频道 Civil Disturbia 提供，视频标题“DARPA unveils brain device that boosts learning by 40%”，CC BY 3.0 许可，无修改，许可协议见 https://creativecommons.org/licenses/by/3.0/cn/；背景图片二，原名 21 electrodes of International 10-20 system for EEG，公有领域图片

图 13，南华寺六祖惠能坐化真身塑像，公有领域图片

图 14，数学家莱布尼茨收藏及标注过的易经卦象图，公有领域图片

图 15，GPT-3 对哲学问题的回答，自制图片

图 16，希尔德加德雕像，原名 Sculpture of Hildegard of Bingen by Karlheinz Oswald，Gerda Arendt 摄，CC BY-SA 3.0 许可图片，无修改，许可协议见 https://creativecommons.org/licenses/by-sa/3.0/deed.zh

无知与偏见

图 1，帮助自我认知的周哈里窗，自制图片

图 2，特朗普与达克效应，Gage Skidmore 摄，CC BY-SA 2.0 许可图片，使用时在图片上添加了文字，许可协议见 https://creativecommons.org/licenses/by-sa/2.0/

图 3，以色列犹太大屠杀纪念馆名字堂，照片由 Noam Chen 为以色列旅游局拍摄，CC BY-ND 2.0 许可图片，无修改，许可协议见 https://creativecommons.org/licenses/by-nd/2.0/

图 4，詹姆斯·斯塔克画作《熟睡的猪》，原名 Pigs, sleeping，公有领域图片

图 5，电影《傲慢与偏见》海报，norika21 提供，CC BY-SA 2.0 许可图片，无修改，许可协议见 https://creativecommons.org/licenses/by-sa/2.0/

图 6, 维基百科上的 188 种认知偏差, 图片由 John Manoogian III 设计, Buster Benson 进行分类与描述，TilmannR 执行。CC BY-SA 4.0 许可图片，使用时去掉了图片的标题“THE COGNITIVE BIAS CODEX”，并添加了中文译名，许可协议见 https://creativecommons.org/licenses/by-sa/4.0/deed.en

图 7, 风险四神兽, 自制图片。背景动物图片均为 Unsplash 许可图片。其中，大象照片，Geran de Klerk 摄；犀牛照片，Lucas Alexander 摄；海蜇照片，Joel Filipe 摄；黑天鹅照片，David Clode 摄

主体性的建构

图 1，享堂内的王阳明像，Augustohai 摄，CC BY-SA 4.0 许可图片，使用时裁去了图片下边缘石碑底座部分，许可协议见 https://creativecommons.org/licenses/by-sa/4.0/deed.en

图 2，法国后现代主义哲学家德勒兹，由两张照片叠加而成。德勒兹照片，CC BY-SA 3.0 许可图片，照片作者未知，无修改，许可协议见 https://creativecommons.org/licenses/by-sa/3.0/deed.zh；德勒兹的签名，公有领域图片

图 3，塔可夫斯基（左）与布列松（右），由两张照片拼接而成。塔可夫斯基照片，Festival de Cine Africano FCAT 提供，CC BY-SA 2.0 许可图片，许可协议见 https://creativecommons.org/licenses/by-sa/2.0/；布

列松照片，Stugonna 摄，CC BY-SA 4.0 许可图片，许可协议见 https://creativecommons.org/licenses/by-sa/4.0/deed.en

图 4，朱载堉《乐律全书》中“弦准”配图，公有领域图片

图 5，《头脑特工队》中走神的爸爸的意识总控室，Pacsonic9000 提供，CC BY-SA 4.0 许可图片，许可协议见 https://creativecommons.org/licenses/by-sa/4.0/deed.en

图 6，高德纳技术热度周期，自制图片

图 7，人工智能冷暖简史，自制图片

图 8，人工智能威胁论漫画，自制图片

记忆

图 1，井上光晴，公有领域图片

图 2，海明威认为作者只应该描写“冰山”露出水面的部分，AWeith 摄，CC BY-SA 4.0 许可图片，无修改，许可协议见 https://creativecommons.org/licenses/by-sa/4.0/deed.en

图 3，肠脑轴与记忆力，Santos Susanne Fonseca、de Oliveira Hadassa Loth、Yamada Elizabeth Sumi、Neves Bianca Cruz、Pereira Antonio 绘，CC BY 4.0 许可图片，使用时添加了中文译名，许可协议见 https://creativecommons.org/licenses/by/4.0/deed.en

图 4，捷克画家博霍米尔·库比斯塔作品《催眠师》，公有领域图片

图 5，亚当给鸟兽命名（版画），公有领域图片

图 6，钢丝绒火舞光绘，原名 steel wool photography of fire dance，Steve Halama 提供，Unsplash 许可图片

附录一：不可预测的心灵——精神分裂症、迷幻体验和预测误差最小化的范围

图 1，视细胞与光波，作者为 Francois~frwiki，CC BY-SA 4.0 许可图片，使用时添加了中文译名，许可协议见 https://creativecommons.org/licenses/by-sa/4.0/deed.en

图 2，纳翁式刺激，自制图片

图 3，无活性的赛洛西宾被代谢为活性成分赛洛新，引自 Berit Brogaard 的论文，CC BY 3.0 许可，使用时添加了中文译名，许可协议见 https://creativecommons.org/licenses/by/3.0/

图 4，空心面具错觉，YouTube 频道“心理学の教材”提供，视频标题“【3 時間耐久】ホロウマスク錯視”，CC BY 3.0 许可，无修改，许可协议见 https://creativecommons.org/licenses/by/3.0/cn/

图 5，字母化任务，自制图片

附录二：视觉和艺术中光的哲学原理

图 1，北宋范宽作品《溪山行旅图》，公有领域图片

图 2，1971 年电影《麦克白》剧照，公有领域图片

图 3，莫奈作品《圣拉扎尔火车站》，公有领域图片

图 4，莫奈作品《干草堆》，CC BY-SA 4.0 许可图片，无修改，许可协议见 https://creativecommons.org/licenses/by-sa/4.0/deed.en

图 5，亮度和色彩，CC BY-SA 4.0 许可图片，David Briggs 摄，无修改，许可协议见 https://creativecommons.org/licenses/by-sa/4.0/deed.en

图 6，窗边白墙，朱锐摄

图 7，何藩摄影作品《靠近阴影》，公有领域图片

图 8，杜奇奥作品《耶稣治愈盲人》，公有领域图片

图 9，卡拉瓦乔作品《以马忤斯的晚餐》，公有领域图片

图 10，克里姆特作品《吻》，公有领域图片

图 11，J. J・格兰维尔作品《投影》，公有领域图片

图 12，基里科作品《世纪末的阴影》，公有领域图片

图 13，马奈作品《阳台》（左）和马格利特作品《马奈的阳台》（右），公有领域图片

图 14，黄宾虹作品《湖山晴霭》，公有领域图片

图 15，石涛作品《横塘渔艇》，公有领域图片

图 16，石涛作品《秋江独钓图》，公有领域图片

图 17，石涛作品《南山为寿》及其局部，公有领域图片

图 18，董源作品《龙宿郊民图》，公有领域图片

图 19，巨然作品《秋山问道图》，公有领域图片

图 20，郭熙作品《早春图》，公有领域图片

图 21，范宽作品《雪山萧寺图》，公有领域图片

图 22，宋徽宗作品《瑞鹤图》，公有领域图片

图 23，喷泉摄影，Joanna Apanowicz 摄，Unsplash 许可图片

图 24，草间弥生作品《水上萤火虫》，Sila Elgin 摄，Unsplash 许可图片

图 25，詹姆斯・特瑞尔作品《太阳神阿顿的统治》，Solomon R. Guggenheim Foundation 提供，CC BY 2.0 许可图片，无修改，许可协议见 https://creativecommons.org/licenses/by/2.0/

图 26，卡洛斯・克鲁兹 - 迪兹作品《色彩渗透》，由两张照片拼接而成，Gilbert Arévalo 摄，均为 CC BY 2.0 许可图片，无修改，许可协议见 https://creativecommons.org/licenses/by/2.0/

图 27，牧溪《渔村夕照》，公有领域图片

图 28，长谷川等伯代表作《松林图屏风（左）》，公有领域图片

图 29，莫奈“鲁昂大教堂系列”中的《西立面》《雾》及《日落》，公有领域图片

图 30，范宽作品《雪景寒林图》，公有领域图片

图 31，高克恭作品《春云晓霭图》，公有领域图片

图 32，巴尼特·纽曼的 Zips 系列作品《合一 I》，公有领域图片

图 33，王希孟《千里江山图》全景及局部，公有领域图片

附录三：艺术为什么看起来像艺术

图 1, 人类视觉通路, Miquel Perello Nieto 绘, CC BY-SA 4.0 许可图片, 使用时添加了中文译名，许可协议见 https://creativecommons.org/licenses/by-sa/4.0/deed.en

图 2，委拉斯凯兹作品《宫娥》，公有领域图片

图 3，田晓岚教授拍下的台风过境照片，由田晓岚教授本人授权使用

图 4，鸭兔错觉图，公有领域图片

图 5，少女与老妪，公有领域图片

图 6，卡尼萨三角，公有领域图片

图 7，两幅描绘德文特国家公园的画作，均为公有领域图片

图 8，拉斐尔作品《雅典学院》，公有领域图片

图 9，约翰·康斯太博尔作品《干草车》，公有领域图片

图 10，《干草车》反转图像，由图 9 反转制成

图 11，葛饰北斋作品《神奈川冲浪里》，公有领域图片

图 12，左右反转的《神奈川冲浪里》，由图 11 反转制成

图 13, 萨米尔·泽奇, lighting magazine 提供, CC BY-SA 4.0 许可图片, 无修改，许可协议见 https://creativecommons.org/licenses/by-sa/4.0/deed.en

图 14，列奥纳多·达·芬奇作品《蒙娜丽莎》，公有领域图片

图 15，人眼视网膜黄斑区结构，原图照片由 Danny Hope 拍摄，图上的线条及注释作者为 User:Zyxwv99，CC BY 2.0 许可图片，使用时添加了部分中文译名，许可协议见 https://creativecommons.org/licenses/by/2.0/

图 16，马奈作品《奥林匹亚》，公有领域图片

图 17，亚历山大·考尔德雕塑作品《火烈鸟》，原名 Chicago (ILL)

Alexander Calder, “Flamingo”, 1974. Acier.，vincent desjardins 摄，CC BY 2.0 许可图片，无修改，许可协议见 https://creativecommons.org/licenses/by/2.0/

图 18，毕加索的《公牛》的演变，原名 PABLO PICASSO “The Bull metamorphosis”，Sora 提供，CC BY-ND 2.0 许可图片，无修改，许可协议见 https://creativecommons.org/licenses/by-nd/2.0/

图 19，马蒂斯作品《浴女和乌龟》，公有领域图片

图 20，罗斯科作品《9 号》，G. Starke 摄，CC BY-SA 2.0 许可图片，无修改，许可协议见 https://creativecommons.org/licenses/by-sa/2.0/

图 21，马奈作品《赛马》，公有领域图片

图 22，透纳作品《暴风雪》，公有领域图片

图 23，塞尚作品《苹果篮》，公有领域图片

图 24，莫奈作品《日出·印象》，公有领域图片

图 25，洛维斯·科林特 1909 年画的妻子肖像，公有领域图片

图 26，洛维斯·科林特 1911 年骑士扮相自画像，公有领域图片

图 27，洛维斯·科林特 1912 年画的妻子肖像，公有领域图片

图 28，洛维斯·科林特 1912 年作品《在镜前》，公有领域图片

图 29，莫奈作品《睡莲池塘》，公有领域图片

图 30，马蒂斯作品《奢华、宁静和欢乐》，公有领域图片

图 31，乔治·布拉克作品《艾斯塔克旁边的橄榄树》，公有领域图片

图书在版编目（CIP）数据

什么是洞见：哲学与认知科学明德讲坛对话实录．第 1 辑 /（美）朱锐主编．— 北京：商务印书馆，2022
ISBN 978-7-100-21404-9

Ⅰ．①什… Ⅱ．①朱… Ⅲ．①认知科学—文集 Ⅳ．① B842.1-53

中国版本图书馆 CIP 数据核字（2022）第 140718 号

什么是洞见

哲学与认知科学明德讲坛对话实录

（第一辑）

朱锐　主编

商务印书馆出版
（北京王府井大街 36 号　邮政编码 100710）
商务印书馆发行
上海雅昌艺术印刷有限公司印刷
ISBN 978-7-100-21404-9

2022 年 10 月第 1 版　　开本 700×1000　1/16
2022 年 10 月第 1 次印刷　　印张 24¼

定价：128.00 元